清华大学优秀博士学位论文丛书

重力-侧力系统可分组合结构体系抗震性能研究

赵鹤（Zhao He）著

Research on Seismic Behavior of Composite Structural Systems with Separated Gravity and Lateral Resisting Systems

清華大學出版社
北京

内容简介

传统的装配式组合结构一般采用重力系统和侧力系统耦合的结构体系，导致结构构件内力受层数影响，不利于结构的标准化。针对上述背景，本书提出一种重力-侧力系统可分组合结构体系，对该结构体系的抗震性能展开了研究，建立了可面向大规模体系分析的高效数值模型，重点探讨了结构的受力机理、变形特征、破坏模式，并提出了抗震损伤评估方法。

本书可供从事装配式结构、数值模型开发、抗震分析与损伤评估等领域研究和应用的相关人员参考。

图书在版编目(CIP)数据

重力-侧力系统可分组合结构体系抗震性能研究/赵鹤著.—北京：清华大学出版社，2024.3

(清华大学优秀博士学位论文丛书)

ISBN 978-7-302-65886-3

Ⅰ.①重… Ⅱ.①赵… Ⅲ.①抗震结构－研究 Ⅳ.①TU352.11

中国国家版本馆 CIP 数据核字(2024)第 064934 号

责任编辑：戚　亚
封面设计：傅瑞学
责任校对：赵丽敏
责任印制：曹婉颖

出版发行：清华大学出版社
　　网　　址：https://www.tup.com.cn，https://www.wqxuetang.com
　　地　　址：北京清华大学学研大厦 A 座　　**邮　　编**：100084
　　社 总 机：010-83470000　　**邮　　购**：010-62786544
　　投稿与读者服务：010-62776969，c-service@tup.tsinghua.edu.cn
　　质量反馈：010-62772015，zhiliang@tup.tsinghua.edu.cn
印 装 者：小森印刷(北京)有限公司
经　　销：全国新华书店
开　　本：155mm×235mm　　**印　张**：14.25　　**字　　数**：240 千字
版　　次：2024 年 5 月第 1 版　　**印　　次**：2024 年 5 月第1 次印刷
定　　价：139.00 元

产品编号：099021-01

一流博士生教育
体现一流大学人才培养的高度(代丛书序)[①]

人才培养是大学的根本任务。只有培养出一流人才的高校,才能够成为世界一流大学。本科教育是培养一流人才最重要的基础,是一流大学的底色,体现了学校的传统和特色。博士生教育是学历教育的最高层次,体现出一所大学人才培养的高度,代表着一个国家的人才培养水平。清华大学正在全面推进综合改革,深化教育教学改革,探索建立完善的博士生选拔培养机制,不断提升博士生培养质量。

学术精神的培养是博士生教育的根本

学术精神是大学精神的重要组成部分,是学者与学术群体在学术活动中坚守的价值准则。大学对学术精神的追求,反映了一所大学对学术的重视、对真理的热爱和对功利性目标的摒弃。博士生教育要培养有志于追求学术的人,其根本在于学术精神的培养。

无论古今中外,博士这一称号都和学问、学术紧密联系在一起,和知识探索密切相关。我国的博士一词起源于2000多年前的战国时期,是一种学官名。博士任职者负责保管文献档案、编撰著述,须知识渊博并负有传授学问的职责。东汉学者应劭在《汉官仪》中写道:"博者,通博古今;士者,辩于然否。"后来,人们逐渐把精通某种职业的专门人才称为博士。博士作为一种学位,最早产生于12世纪,最初它是加入教师行会的一种资格证书。19世纪初,德国柏林大学成立,其哲学院取代了以往神学院在大学中的地位,在大学发展的历史上首次产生了由哲学院授予的哲学博士学位,并赋予了哲学博士深层次的教育内涵,即推崇学术自由、创造新知识。哲学博士的设立标志着现代博士生教育的开端,博士则被定义为独立从事学术研究、具备创造新知识能力的人,是学术精神的传承者和光大者。

---

① 本文首发于《光明日报》,2017年12月5日。

博士生学习期间是培养学术精神最重要的阶段。博士生需要接受严谨的学术训练,开展深入的学术研究,并通过发表学术论文、参与学术活动及博士论文答辩等环节,证明自身的学术能力。更重要的是,博士生要培养学术志趣,把对学术的热爱融入生命之中,把捍卫真理作为毕生的追求。博士生更要学会如何面对干扰和诱惑,远离功利,保持安静、从容的心态。学术精神,特别是其中所蕴含的科学理性精神、学术奉献精神,不仅对博士生未来的学术事业至关重要,对博士生一生的发展都大有裨益。

独创性和批判性思维是博士生最重要的素质

博士生需要具备很多素质,包括逻辑推理、言语表达、沟通协作等,但是最重要的素质是独创性和批判性思维。

学术重视传承,但更看重突破和创新。博士生作为学术事业的后备力量,要立志于追求独创性。独创意味着独立和创造,没有独立精神,往往很难产生创造性的成果。1929 年 6 月 3 日,在清华大学国学院导师王国维逝世二周年之际,国学院师生为纪念这位杰出的学者,募款修造"海宁王静安先生纪念碑",同为国学院导师的陈寅恪先生撰写了碑铭,其中写道:"先生之著述,或有时而不章;先生之学说,或有时而可商;惟此独立之精神,自由之思想,历千万祀,与天壤而同久,共三光而永光。"这是对于一位学者的极高评价。中国著名的史学家、文学家司马迁所讲的"究天人之际,通古今之变,成一家之言"也是强调要在古今贯通中形成自己独立的见解,并努力达到新的高度。博士生应该以"独立之精神、自由之思想"来要求自己,不断创造新的学术成果。

诺贝尔物理学奖获得者杨振宁先生曾在 20 世纪 80 年代初对到访纽约州立大学石溪分校的 90 多名中国学生、学者提出:"独创性是科学工作者最重要的素质。"杨先生主张做研究的人一定要有独创的精神、独到的见解和独立研究的能力。在科技如此发达的今天,学术上的独创性变得越来越难,也愈加珍贵和重要。博士生要树立敢为天下先的志向,在独创性上下功夫,勇于挑战最前沿的科学问题。

批判性思维是一种遵循逻辑规则、不断质疑和反省的思维方式,具有批判性思维的人勇于挑战自己,敢于挑战权威。批判性思维的缺乏往往被认为是中国学生特有的弱项,也是我们在博士生培养方面存在的一个普遍问题。2001 年,美国卡内基基金会开展了一项"卡内基博士生教育创新计划",针对博士生教育进行调研,并发布了研究报告。该报告指出:在美国和欧洲,培养学生保持批判而质疑的眼光看待自己、同行和导师的观点同样非常不容易,批判性思维的培养必须成为博士生培养项目的组成部分。

对于博士生而言,批判性思维的养成要从如何面对权威开始。为了鼓励学生质疑学术权威、挑战现有学术范式,培养学生的挑战精神和创新能力,清华大学在2013年发起"巅峰对话",由学生自主邀请各学科领域具有国际影响力的学术大师与清华学生同台对话。该活动迄今已经举办了21期,先后邀请17位诺贝尔奖、3位图灵奖、1位菲尔兹奖获得者参与对话。诺贝尔化学奖得主巴里·夏普莱斯(Barry Sharpless)在2013年11月来清华参加"巅峰对话"时,对于清华学生的质疑精神印象深刻。他在接受媒体采访时谈道:"清华的学生无所畏惧,请原谅我的措辞,但他们真的很有胆量。"这是我听到的对清华学生的最高评价,博士生就应该具备这样的勇气和能力。培养批判性思维更难的一层是要有勇气不断否定自己,有一种不断超越自己的精神。爱因斯坦说:"在真理的认识方面,任何以权威自居的人,必将在上帝的嬉笑中垮台。"这句名言应该成为每一位从事学术研究的博士生的箴言。

提高博士生培养质量有赖于构建全方位的博士生教育体系

一流的博士生教育要有一流的教育理念,需要构建全方位的教育体系,把教育理念落实到博士生培养的各个环节中。

在博士生选拔方面,不能简单按考分录取,而是要侧重评价学术志趣和创新潜力。知识结构固然重要,但学术志趣和创新潜力更关键,考分不能完全反映学生的学术潜质。清华大学在经过多年试点探索的基础上,于2016年开始全面实行博士生招生"申请-审核"制,从原来的按照考试分数招收博士生,转变为按科研创新能力、专业学术潜质招收,并给予院系、学科、导师更大的自主权。《清华大学"申请-审核"制实施办法》明晰了导师和院系在考核、遴选和推荐上的权力和职责,同时确定了规范的流程及监管要求。

在博士生指导教师资格确认方面,不能论资排辈,要更看重教师的学术活力及研究工作的前沿性。博士生教育质量的提升关键在于教师,要让更多、更优秀的教师参与到博士生教育中来。清华大学从2009年开始探索将博士生导师评定权下放到各学位评定分委员会,允许评聘一部分优秀副教授担任博士生导师。近年来,学校在推进教师人事制度改革过程中,明确教研系列助理教授可以独立指导博士生,让富有创造活力的青年教师指导优秀的青年学生,师生相互促进、共同成长。

在促进博士生交流方面，要努力突破学科领域的界限，注重搭建跨学科的平台。跨学科交流是激发博士生学术创造力的重要途径，博士生要努力提升在交叉学科领域开展科研工作的能力。清华大学于2014年创办了"微沙龙"平台，同学们可以通过微信平台随时发布学术话题，寻觅学术伙伴。3年来，博士生参与和发起"微沙龙"12 000多场，参与博士生达38 000多人次。"微沙龙"促进了不同学科学生之间的思想碰撞，激发了同学们的学术志趣。清华于2002年创办了博士生论坛，论坛由同学自己组织，师生共同参与。博士生论坛持续举办了500期，开展了18 000多场学术报告，切实起到了师生互动、教学相长、学科交融、促进交流的作用。学校积极资助博士生到世界一流大学开展交流与合作研究，超过60%的博士生有海外访学经历。清华于2011年设立了发展中国家博士生项目，鼓励学生到发展中国家亲身体验和调研，在全球化背景下研究发展中国家的各类问题。

在博士学位评定方面，权力要进一步下放，学术判断应该由各领域的学者来负责。院系二级学术单位应该在评定博士论文水平上拥有更多的权力，也应担负更多的责任。清华大学从2015年开始把学位论文的评审职责授权给各学位评定分委员会，学位论文质量和学位评审过程主要由各学位分委员会进行把关，校学位委员会负责学位管理整体工作，负责制度建设和争议事项处理。

全面提高人才培养能力是建设世界一流大学的核心。博士生培养质量的提升是大学办学质量提升的重要标志。我们要高度重视、充分发挥博士生教育的战略性、引领性作用，面向世界、勇于进取，树立自信、保持特色，不断推动一流大学的人才培养迈向新的高度。

邱勇

清华大学校长

2017年12月

丛书序二

以学术型人才培养为主的博士生教育，肩负着培养具有国际竞争力的高层次学术创新人才的重任，是国家发展战略的重要组成部分，是清华大学人才培养的重中之重。

作为首批设立研究生院的高校，清华大学自20世纪80年代初开始，立足国家和社会需要，结合校内实际情况，不断推动博士生教育改革。为了提供适宜博士生成长的学术环境，我校一方面不断地营造浓厚的学术氛围，一方面大力推动培养模式创新探索。我校从多年前就已开始运行一系列博士生培养专项基金和特色项目，激励博士生潜心学术、锐意创新，拓宽博士生的国际视野，倡导跨学科研究与交流，不断提升博士生培养质量。

博士生是最具创造力的学术研究新生力量，思维活跃，求真求实。他们在导师的指导下进入本领域研究前沿，吸取本领域最新的研究成果，拓宽人类的认知边界，不断取得创新性成果。这套优秀博士学位论文丛书，不仅是我校博士生研究工作前沿成果的体现，也是我校博士生学术精神传承和光大的体现。

这套丛书的每一篇论文均来自学校新近每年评选的校级优秀博士学位论文。为了鼓励创新，激励优秀的博士生脱颖而出，同时激励导师悉心指导，我校评选校级优秀博士学位论文已有20多年。评选出的优秀博士学位论文代表了我校各学科最优秀的博士学位论文的水平。为了传播优秀的博士学位论文成果，更好地推动学术交流与学科建设，促进博士生未来发展和成长，清华大学研究生院与清华大学出版社合作出版这些优秀的博士学位论文。

感谢清华大学出版社，悉心地为每位作者提供专业、细致的写作和出版指导，使这些博士论文以专著方式呈现在读者面前，促进了这些最新的优秀研究成果的快速广泛传播。相信本套丛书的出版可以为国内外各相关领域或交叉领域的在读研究生和科研人员提供有益的参考，为相关学科领域的发展和优秀科研成果的转化起到积极的推动作用。

感谢丛书作者的导师们。这些优秀的博士学位论文，从选题、研究到成文，离不开导师的精心指导。我校优秀的师生导学传统，成就了一项项优秀的研究成果，成就了一大批青年学者，也成就了清华的学术研究。感谢导师们为每篇论文精心撰写序言，帮助读者更好地理解论文。

感谢丛书的作者们。他们优秀的学术成果，连同鲜活的思想、创新的精神、严谨的学风，都为致力于学术研究的后来者树立了榜样。他们本着精益求精的精神，对论文进行了细致的修改完善，使之在具备科学性、前沿性的同时，更具系统性和可读性。

这套丛书涵盖清华众多学科，从论文的选题能够感受到作者们积极参与国家重大战略、社会发展问题、新兴产业创新等的研究热情，能够感受到作者们的国际视野和人文情怀。相信这些年轻作者们勇于承担学术创新重任的社会责任感能够感染和带动越来越多的博士生，将论文书写在祖国的大地上。

祝愿丛书的作者们、读者们和所有从事学术研究的同行们在未来的道路上坚持梦想，百折不挠！在服务国家、奉献社会和造福人类的事业中不断创新，做新时代的引领者。

相信每一位读者在阅读这一本本学术著作的时候，在吸取学术创新成果、享受学术之美的同时，能够将其中所蕴含的科学理性精神和学术奉献精神传播和发扬出去。

清华大学研究生院院长

2018年1月5日

作者自序

本书是我在清华大学土木工程专业攻读博士学位期间完成的学位论文，很荣幸可以入选“清华大学优秀博士学位论文丛书”，使相关工作有机会让更多的读者评阅。

本书研究的是一种新型装配式组合结构体系，该结构体系通过重力系统和侧力系统的解耦以提升结构的标准化程度，符合建筑工业化的发展趋势。然而，这样的结构形式也会降低结构的冗余度，我国地震设防的要求较高，该体系的抗震能力能否满足抗震要求需要论证，由于受力机制明显不同于传统结构体系，也需要建立适用于该体系的抗震损伤评估方法，这就是我攻读博士学位期间主要完成的工作。

回顾五年直博阶段的经历，我的感受可以用一条U形曲线来描述：最开始进入课题组，带着本科毕业的兴奋，踌躇满志，计划大展拳脚，有一番作为；直到真正开始上手科研工作，才发现困难重重，新理论不易攻破，数值计算常常不收敛，试验工作量巨大且烦琐，程序开发也有各种问题，这让我对自己是否适合做研究、能否毕业产生了深深的怀疑，情绪降到了低谷；但既然已经选择了读博，只能把硬骨头啃下去了，人到绝境往往能激发出潜力，发现有些问题还是可以解决的，虽然不如计划那么顺利，但也可以取得新的成果。于是我又慢慢地找到了自信，状态逐步回升。在经历了这个过程后，我发现相比五年前，我最大的收获并不是获得了博士学位或者完成了博士论文，而是提升了科研素质和解决问题的能力，这也让我在面对困难时更加乐观和自信，我想这会成为终身受益的宝贵财富。

读博期间的成长与进步要感谢很多人的指导和帮助。首先，要衷心感谢我的导师聂建国教授，是他带领我迈入了组合结构研究的大门，为我提供了优越的学习与科研环境。聂老师更是以实际行动告诉我，一名执着、纯粹的科研工作者是什么样的，他对科研工作的追求和热爱一直激励着我努力克服研究中遇到的困难，以更高的标准要求自己。其次，感谢课题组其他老师对我的指导和帮助，他们不断追求组合结构的创新发展，为我树立了优秀的榜样。最后，感谢课题组的兄弟姐妹、博士阶段的同学朋友，以及我的家人们，他们的陪伴和鼓励支撑我走过了读博最困难的阶段，也让我的学习生活更加丰富多彩。

谨以本书向我的读博时光做一个告别。

本书工作还有诸多不足之处，敬请读者批评指正。

赵　鹤

2023年7月12日于北京

摘　要

装配式组合结构具有承载力高、整体刚度大、施工效率高等优势，在工程建造中应用前景广阔。本书针对装配式组合结构的发展需求，提出一种重力-侧力系统可分组合结构体系，对该结构体系的抗震性能展开研究，重点探讨了结构的受力机理、变形特征、破坏模式和数值模型，并提出了抗震损伤评估方法，取得的主要研究成果如下。

(1) 完成了3个大比例体系力学性能试验。根据试验结果对比了新型结构体系与传统刚接组合框架结构体系抗震性能的差异，分析了结构在竖向荷载和水平滞回荷载作用下的受力机理、变形特征和破坏模式，通过需求谱法对两种结构体系进行了抗震性能评价，并对新型结构体系中的节点半刚性问题进行了探讨。

(2) 通过三维精细数值模型对重力-侧力系统可分组合结构体系的受力机理展开研究。在通用有限元计算程序MSC. MARC平台上建立了壳-实体混合模型，提出了考虑焊缝开裂问题的模拟方法，分析了体系中各构件的受力变形特征、屈曲形态和破坏模式。

(3) 建立了适用于重力-侧力系统可分组合结构体系的高效数值分析工具。基于组件法的基本思想提出了适用于该结构体系的半刚性节点模型，基于通用有限元计算程序MSC. MARC平台的二次开发功能实现了高效、准确、便捷的半刚性节点单元，对组合结构非线性分析子程序包COMPONA-FIBER纤维梁模型进行扩展，形成适用于该结构体系的高效分析工具。

(4) 利用高效数值工具研究了重力-侧力系统可分组合结构体系在地震作用下的滞回行为。以某实际六层办公楼结构为例，开展弹塑性时程分析，研究了新型结构体系的抗震机理，以及节点半刚性作用对体系抗震性能的影响。

(5) 建立了适用于重力-侧力系统可分组合结构体系的抗震损伤评估方法。结合新型结构体系在地震作用下损伤特征，选取楼层曲率作为其抗震损伤评估指标，基于截面分析方法确定了组合剪力墙的关键损伤临界状态，探讨了结构关键参数对体系抗震损伤行为的影响机制。

本书获得国家自然科学基金重大项目课题(51890903)和国家重点研发计划(2017YFC0703804)资助。

关键词：可分组合结构体系；抗震性能；半刚性节点；非线性分析；损伤评估

Abstract

The prefabricated composite structures have the advantages of high bearing capacity, high overall stiffness and high construction efficiency, which have a broad application prospect in engineering construction. In this book, a new composite structural system with separated gravity and lateral resisting systems is proposed to meet the development needs of prefabricated composite structures. The seismic behavior of this structural system is investigated, focusing on the force mechanism, deformation characteristics, failure mode and numerical model, and the seismic damage assessment method of the structural system is proposed. The main research works and results are as follows.

(1) Three large scale tests on the mechanical performance of the structural system are completed. Based on the test results, the differences in seismic behavior between the new structural system and the traditional rigid composite frame are compared. The force mechanism, deformation characteristics and damage patterns under vertical floor loading and horizontal cyclic loading are analyzed, respectively. The seismic performance of the two structural systems are evaluated by the demand spectrum method, and the semi-rigidity of the connections in the new structural system is initially discussed.

(2) The mechanism of the composite structural system with separated gravity and lateral resisting systems is investigated using the three-dimensional fine element model. A shell-solid mixed model is established on the general FE package MSC. MARC, and a simulation method considering the weld fracture problem is proposed. The force and deformation characteristics, buckling patterns and failure modes of different components in the new structural system are analyzed.

(3) An efficient numerial model of the composite structural system with separated gravity and lateral resisting systems is established. An analytical model of the semi-rigid connections in the new structural system is proposed based on the basic idea of component method. A connection element is realized based on the secondary development function of the general FE package MSC. MARC, which forms an efficient analysis model for the new structural system by extending the subroutine package for the nonlinear analysis of composite structures COMPONA-FIBER.

(4) The hysteresis behavior of the composite structural system with separated gravity and lateral resisting systems under seismic action is studied through the application of the self-developed numerial model. Elasto-plastic history analysis is carried out on a six-story office building to investigate the seismic mechanism of the new structural system and the effect of semi-rigidity of connections on the seismic behavior of the overall structure.

(5) A seismic damage assessment method is established for the composite structural system with separated gravity and lateral resisting systems. Considering the damage characteristics of the new structural system under seismic action, the story curvature is selected as the seismic damage assessment index. The critical damage states of the composite shear wall are determined based on the cross-sectional analysis method. Based on the seismic damage assessment method, the influence mechanism of the key structural parameters on the seismic damage behavior of the structural system is discussed.

This book is sponsored by National Key Research Program of China (2017YFC0703804) and National Natural Science Foundation of China Program (51890903).

Keywords: composite structural system with separated gravity and lateral resisting systems; seismic behavior; semi-rigid connection; nonlinear analysis; damage assessment

目　录

第1章 引　　言

1.1 研究背景和意义

装配式建筑是用预制部品部件在工地装配而成的建筑，具有施工快速、绿色节能、经济环保等优点，在20世纪初就受到国外学者的关注，至20世纪60年代在欧美等国家和地区被大量应用[1]。我国在20世纪60—80年代进入建筑工业化的发展期，在预制构件和装配式建筑体系方面取得了很多研究进展。然而，在20世纪80年代末之后，由于技术、社会等方面的一些原因，装配式建筑进入发展低潮期[2]。

近年来，随着经济社会的快速发展，建筑产业面临转型升级，装配式建筑越来越受到国家的关注和重视，在国内迎来新的发展契机[3]。2016年，国务院办公厅印发《关于大力发展装配式建筑的指导意见》[4]提出，要"因地制宜发展装配式混凝土结构、钢结构和现代木结构等装配式建筑。力争用10年左右的时间，使装配式建筑占新建建筑面积的比例达到30%。"2020年7—8月，《关于推动智能建造与建筑工业化协同发展的指导意见》[5]、《关于印发绿色建筑创建行动方案的通知》[6]和《关于加快新型建筑工业化发展的若干意见》[7]等文件先后发布，进一步强调了发展装配式建筑在建筑领域的重要性，指明了未来装配式建筑的发展方向。

目前，建筑市场上常采用的装配式结构按构件组成材料可以分为装配式钢结构、装配式混凝土结构和装配式组合结构。其中，装配式钢结构与装配式混凝土结构的研究和应用较早，较为典型的结构体系有冷弯薄壁型钢结构体系[8-11]（图1.1(a)）、模块化钢结构体系[12-14]（图1.1(b)）和装配式混凝土框架结构体系[15-18]（图1.1(c)）等。装配式组合结构虽然研究和应用的起步较晚，但能充分发挥钢和混凝土两种材料的优势，具有承载力高、整体刚度大、材料成本低、施工效率高、建筑净空大等优点，近年来引起了越来越多学者的研究兴趣，其工程应用也日趋广泛，一些典

(a) (b) (c)

图 1.1 几种典型的装配式结构体系

(a) 冷弯薄壁型钢结构体系；(b) 模块化钢结构体系；(c) 装配式混凝土框架结构体系

型的工程应用案例如图 1.2 所示。装配式组合结构从结构体系的角度可以划分为三类：装配式组合框架或组合框架-支撑结构、装配式框架-剪力墙或框架-核心筒组合结构、带重力框架的组合结构。其中，装配式组合

(a) (b)

(c) (d)

图 1.2 装配式组合结构工程应用

(a) 南京一中体育馆；(b) 中冶建筑研究总院办公楼；

(c) 雄安商务服务中心二期；(d) 长沙市政府地下车库

框架结构或组合框架-支撑组合结构是研究开始最早、成果最为丰富的一类装配式组合结构体系，1.2 节将会对这三类结构体系的研究现状进行详细介绍。

起初，装配式结构多数应用在抗震性能要求较低的低层住宅中，采用冷弯薄壁型钢结构体系，施工简便快速，但对其抗震性能的关注和研究较少。随着社会对施工效率和施工环保性等方面要求的进一步提高，装配式建筑进一步推广至抗震设防烈度较高的地区及抗震要求较高的多高层建筑，为了提高结构的安全性和可靠度，更多装配式建筑开始采用承载性能更好的组合构件（如钢-混凝土组合梁、钢管混凝土柱等）。此时，装配式建筑的抗震性能便成为影响结构安全性的关键指标，相关的研究也逐渐增多。然而，目前装配式组合结构存在标准化程度低、体系传力机制复杂、连接构造施工难度大等一系列问题，对其抗震性能的研究也多停留在针对某种结构形式或构造进行构件层面的试验及有限元模拟，没有提出适用的抗震设计方法和抗震性能评价机制，难以对工程实践应用提供有效指导，在一定程度上制约了装配式组合结构的发展。因此，对装配式组合结构的抗震性能开展深入研究，提出适用性更高的结构体系并建立能准确模拟其抗震行为的数值模型，提出损伤评估方法，进行抗震性能评价，对推广装配式组合结构的应用、揭示其抗震机制具有重要意义。

1.2 研究和应用现状及不足

1.2.1 装配式组合框架或组合框架-支撑结构

最初对于组合框架结构的研究是在钢框架结构的基础上考虑楼板与钢梁的组合作用对整体结构性能的影响而产生的，当时组合框架中的楼板多采用压型钢板组合楼板（图 1.3），也便于装配化施工。1989 年，日本横滨国立大学的 Tagawa 等[19]开展了足尺工字钢柱-压型钢板组合梁框架侧向滞回加载试验，并提出了组合梁的滞回模型。随后一些学者的研究更加关注组合框架中梁柱节点的力学性能及其对结构体系的影响。Li 等[20-21]对于半刚性连接的组合框架进行了试验及理论研究，发现框架中的节点承载力和刚度低于单独的节点，并建议在设计半刚性连接的组合框架时应采用弹塑性分析方法。针对美国北岭地震发现的大量刚接框架节点下翼缘断裂的破坏现象，Leon 和 Hajjar 等发表的姊妹篇文章[22-23]对考虑与不考虑楼板组合作用的框架进行了试验及有限元研究，发现楼板组合作用会引起节点区受力的不对称从而使地震作用下钢梁下翼缘的应力增大，且忽略组合作用可能会导致结构发生强梁弱柱的破坏，该研究对之后组合框架的设计和分析具有深刻影响。聂建国等[24-25]对一个 4 层 5 榀组合框架进行试验加载和弹塑性分析，对比了钢框架与组合框架、组合框架与带支撑组合框架在抗侧性能方面的差异。除了钢-混凝土组合框架，欧美的低层住宅经常采用一种鞘式冷弯薄壁型钢结构体系（图 1.4(a)），该体系采用冷弯薄壁型钢组成结构框架，并采用刨花板与石膏板分别作为结构的楼板和墙板，刨花板与钢梁连接共同承担水平和竖向荷载。Landolfo 和 Corte 等[26-27]对该结构

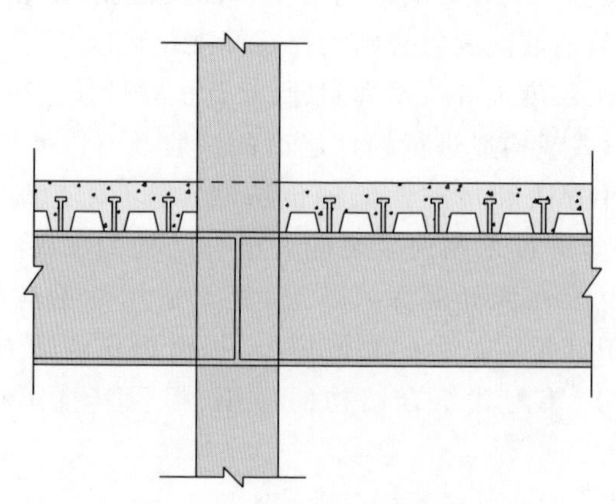

图 1.3　压型钢板组合楼板

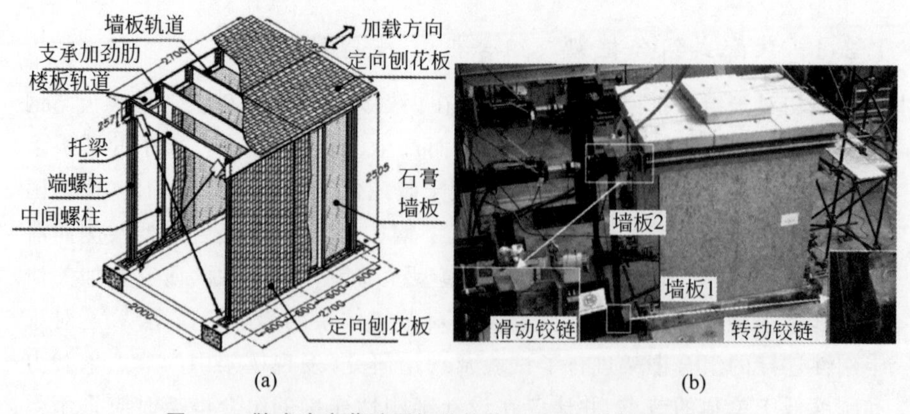

图 1.4　鞘式冷弯薄壁型钢结构体系研究（引自文献[26]）

(a) 鞘式冷弯薄壁型钢结构体系示意；(b) 试验装置

体系的抗震性能进行了试验及有限元研究(图 1.4(b)),发现该体系在水平滞回荷载作用下呈现明显的捏拢效应,但刨花板与框架之间的连接并没有发生明显变形。

上述都是针对工字钢柱-组合梁框架的研究,工字钢柱虽然加工简单,但存在弱轴,不利于平衡空间组合框架在两个方向上的抗震性能。因此,后来一些学者(Nakashima 等[28]、Zhou 等[29]、Shi 等[30-31]、Yin 和 Shi[32]、Zhao 等[33])开展了一系列钢管柱-组合梁框架抗震性能的研究,对结构的传力机制、破坏模式、变形能力、钢梁与混凝土楼板的组合作用、有效翼缘宽度、构件力学特征,尤其是组合梁在正负弯矩作用下的力学行为等问题进行了深入讨论。

进一步,除了考虑钢梁和混凝土楼板的组合作用,具有更高承载力和刚度的钢管混凝土柱也引入组合框架结构以获得更好的抗震性能,从而拓展至高层结构。福州大学的宗周红团队[34-35]在 21 世纪初完成了一个双层、单跨、单开间的钢管混凝土组合框架的拟动力、拟静力和静载全过程试验,提出了组合框架的层间恢复力模型。黄远在清华大学完成的博士学位论文[36]中也对钢管混凝土组合框架的抗震性能进行了系统研究和讨论,并提出了考虑滑移效应的框架组合梁刚度折减系数简化计算公式。长安大学的赵均海等[37]提出了一种装配式复式钢管混凝土柱-钢梁框架结构,并完成了 3 榀框架模型对比试验,验证了所提出的柱-柱拼接节点和加强块梁柱节点在地震荷载作用下的可靠性。

为了提高装配式组合框架的消能减震性能,一些耗能构件被应用于结构体系,比较典型的有屈曲约束支撑(buckling restrained brace,BRB)和耗能阻尼器。Tsai 等[38]和 Jia 等[39]先后开展过带屈曲约束支撑的组合框架抗震性能研究,证明在地震作用下屈曲约束支撑可以有效控制结构位移角并降低梁柱节点内力,使框架具有更好的耗能能力。组合框架中耗能阻尼器的应用形式则更为多样,Castiglioni 等[40]、许立言[41]、冯世强等[42-44]先后提出过不同形式或应用在结构不同位置的耗能阻尼器,并对带有特定类型阻尼器的组合框架结构的抗震性能开展了系列研究,论证了该体系在消能减震方面的可靠性。

连续倒塌性能是结构抗震能力的重要体现,一些学者(Demonceau 和 Jaspart[45]、Guo 等[46-47]、Yang 等[48])通过对失去中柱的组合框架在中柱节点处进行单调向下的加载来探究组合框架的连续倒塌性能。研究表明,组合框架的抗倒塌能力主要取决于梁柱节点的承载能力和破坏模式,并且通过对比采用不同节点形式的组合框架试验结果发现,节点刚度对于结构的抗倒塌能力影响显著。

1.2.2　装配式框架-剪力墙或框架-核心筒组合结构

为了满足更高等级的抗震要求,装配式框架-剪力墙或框架-核心筒组合结构的研究和应用逐渐兴起,并成为装配式组合结构中的重要组成部分。核心筒一般由多片剪力墙和墙肢之间的连梁组成,下面按照结构体系中剪力墙选用的材料分别进行介绍。

第一种为组合结构体系中选用钢筋混凝土剪力墙增强其抗侧能力,一般选择将混凝土剪力墙填充在梁柱框架内以获得更好的约束效应。2005年,Tong等[50]提出一种适用于地震区中低层建筑的部分约束钢框架内填充钢筋混凝土剪力墙结构体系(图1.5),框架和剪力墙之间通过栓钉连接实现组合,并完成了一个两层单跨的滞回试验,比较了不同等级的地震荷载作用下该体系的传力机制,证明体系具有一定的冗余度。之后,国内的一些学者(Peng和Gu[49]、方有珍[51]、赵均海等[52])也开展了内填钢筋混凝土剪力墙框架的系列研究,对该体系的构造细节进行优化改进,其中赵均海等[52]提出了一种内嵌混凝土剪力墙与框架全螺栓连接的构造形式,进一步提高了装配化程度。

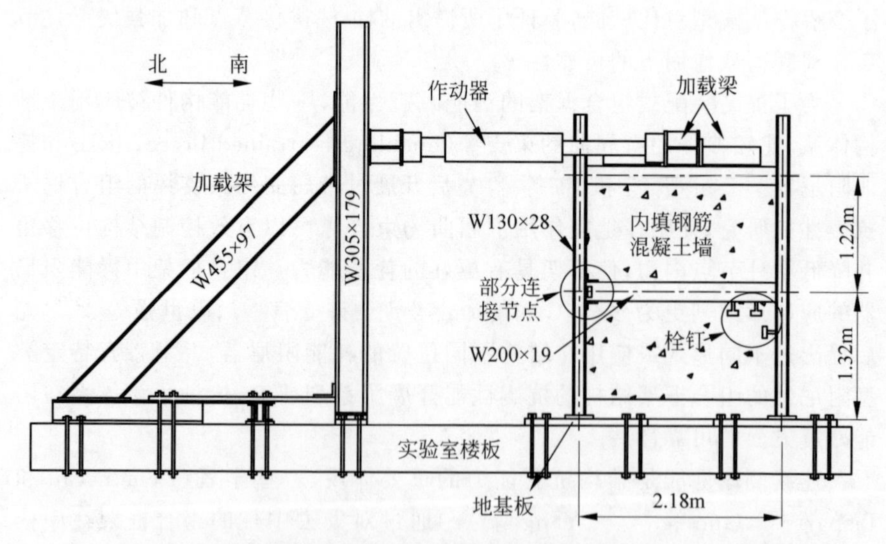

图1.5　部分约束钢框架内填充钢筋混凝土剪力墙结构体系(引自文献[50])

第二种为钢板剪力墙应用于装配式组合结构。目前,国内外关于钢板剪力墙的研究有很多,但对于组合结构体系中的钢板剪力墙的研究则相对较少,代表性的成果主要由 Guo 等[53]、Yu 等[54]、郝际平等[55]、葛明兰等[56-57]完成。研究主要关注钢板剪力墙与框架的协同作用机制、钢板剪力墙的破坏模式、钢板墙加劲形式,以及与框架连接形式、框架柱的增强构造等问题,葛明兰等[56-57]还基于振动台试验结果给出了建议的层剪力分布模式,为结构体系的性能化设计提供参考。

第三种为组合结构体系中选用钢-混凝土组合剪力墙。2004 年,加州大学伯克利校区的 Zhao 和 Astaneh-Asl[58]提出了一种新型组合剪力墙-框架结构体系(图 1.6)。该体系的创新之处在于组合墙的混凝土板与周边框架保留一定缝隙,在小震作用下混凝土只对钢板起约束作用,在大震作用下才提供抗侧刚度和承载力。传统与新型组合墙的对比试验也表明,周边设缝组合剪力墙-框架结构体系在地震作用下具有更好的延性。"十三五"规划期间,天津大学陈志华等和杭萧钢构股份有限公司联合提出了钢管束组合墙体系[59-61],同时期东南大学舒赣平等和浙江东南网架集团有限公司共同提出了一种桁架式多腔体钢板组合剪力墙结构体系[62-64],两个团队分别针对所提出的新体系开展了系列研究和示范工作,对不同构造形式的剪力

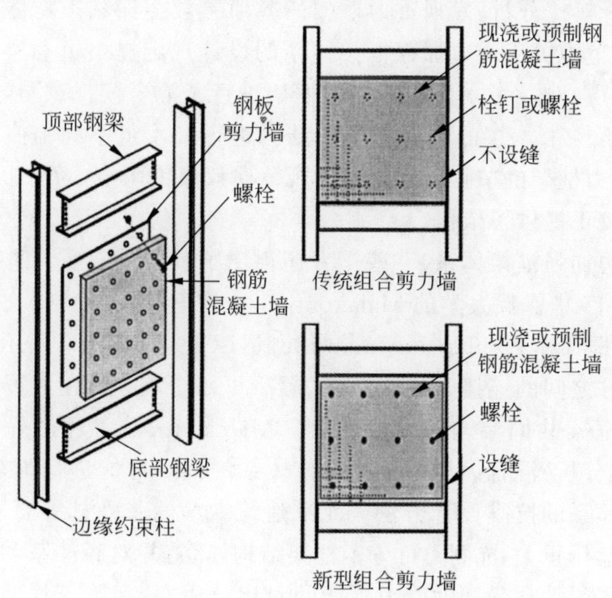

图 1.6 新型组合剪力墙-框架结构体系(引自文献[58])

墙和框架梁-剪力墙节点的抗震性能进行了深入讨论，发现了影响整体抗震性能的关键参数，并给出了建议采用的剪力墙构造和节点形式。

1.2.3　带重力框架的组合结构

除了以上两类结构体系，还有一类比较有特色的组合结构体系概念——带重力框架的组合结构体系，即在组合结构中设置只承受竖向荷载的重力框架。这类结构体系在传力机制上有别于传统体系，更适于装配化的概念，因此在本节单独介绍。

美国《钢结构抗震设计规范 AISC 341-16》[65]规定，在刚接框架(special moment frame，SMF)中可以在内部设置重力框架，该体系称为周边加强框架体系，但在设计和计算中均不考虑重力框架对体系抗震性能的影响。佐治亚理工大学的 Flores 等[66]和麦吉尔大学的 Elkady 和 Lignos[67]几乎同时分别开展了重力框架对周边加强框架体系抗震性能影响的研究，他们选取北美典型的周边加强框架体系作为原型结构，基于 OPENSEES 进行静力推覆分析和动态时程分析，计算模型中比较的因素包括是否考虑重力框架、梁柱节点连接程度、重力柱是否分段、分段位置、是否考虑重力柱的塑性、是否考虑楼板组合作用等，对体系超强系数、基底剪力、倒塌概率等抗震性能参数进行对比分析，发现重力框架的各项参数会深刻影响体系的地震响应，并对规范中关于周边加强框架体系的设计规定提出了参考建议。之后，Carpio 等[68]对一个 4 层周边加强框架进行了混合模拟试验，对该结构中的 1 榀 $1^{1/2}$ 跨 $1^{1/2}$ 层的重力框架子结构进行了 4 组不同幅值的地震波加载，发现重力框架的节点弹性刚度比规范建议值大两倍，为周边加强框架计算模型的校正提供了依据。

除了周边加强框架体系，一些学者还提出了其他带有重力框架的结构体系。2012 年，华盛顿大学的 Malakoutian[69]在其博士学位论文里提出了一种联肢柱-框架体系(linked column frame，LCF)，如图 1.7 所示。在小震作用下联肢柱之间的连接先屈服耗能，震后可以更换；而在大震作用下联肢柱和重力框架共同参与抗侧力机制。Malakoutian[69]通过静力推覆分析、动态时程分析、混合模拟等手段对该体系的抗震性能进行了系统研究，并提出了新体系的抗震设计方法。北京建筑大学的张爱林等[70]提出在钢结构住宅中运用重力-抗侧力可分钢框架结构体系，并对新体系和刚接钢框架体系进行了弹性和弹塑性受力性能的对比分析，从实际工程的角度探讨了新体系在钢结构住宅中的适用性。

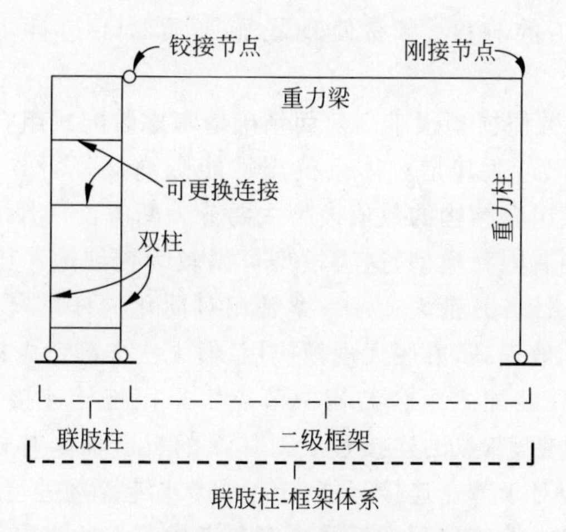

图 1.7 连肢柱-框架体系(引自文献[69])

1.2.4 文献调研小结

对上述研究历史的回顾和梳理后可以看出,国内外学者已经在装配式组合结构抗震领域进行了很多探索,对各类形式的装配式组合结构体系的抗震性能进行了研究,研究手段主要有性能试验、数值模拟、混合试验模拟等,研究关注的重点内容包括结构的破坏模式、变形特征、承载能力、耗能能力等可以反映结构抗震性能的指标及各结构参数对体系抗震性能的影响。然而,目前的研究在结构体系布局、数值模型、抗震性能评价等方面存在一定的不足,现简要总结归纳如下。

(1) 现有结构体系传力机制复杂,难以实现构件的标准化设计制作,且连接构造往往较为复杂,严重制约了装配式组合结构的应用和发展。绝大多数结构体系的水平和竖向传力系统是耦合在一起的,导致在地震荷载作用下构件的内力随层数而变化,使结构的抗震设计更加烦琐,也会造成构件截面种类增多,提高预制构件成本。虽然在1.2.3节提到了重力-抗侧力可分钢框架体系的研究,但也只是在内部框架采用梁端铰接构造,外部框架仍存在无法标准化的问题,而且文献[70]的研究只是针对某工程实例中的两种体系方案进行了对比计算,尚未对新体系的抗震性能进行系统评价,也没有提出相应的抗震设计方法或建议。另外,为了实现装配化施工,一些构件在连接处预留了较为复杂的槽口或连接板,提高了预制构件精度的要求,增加了现场拼接安装的难度;为了保证装配式结构的抗震性能,构件连接处会设置加劲措施,连接处较高的强度和刚度要求也会增加建造施工的难度，容易使现场施工质量不达标，从而带来安全隐患。

(2) 目前的数值模型很难高效而精确地考虑装配式组合结构在地震作用下的非线性行为，尤其是对体系抗震性能影响显著的节点半刚性问题。现在针对装配式组合结构的数值模型主要分为两类：一类是完全复现结构详细构造的精细有限元模型，这类模型可以较为精细地考虑构件的损伤行为，但建模复杂、计算开销大；另一类是相对简化的杆系有限元模型，这类模型建模与计算效率高，方便大规模应用，但无法准确考虑构件和节点的非线性行为，尤其在装配式组合结构中节点多采用螺栓连接，半刚性问题突出。已有研究证明，节点的连接程度对体系的抗震性能有显著影响[66]，现有多数杆系模型对于节点连接只能按纯刚接或纯铰接进行模拟，少数杆系模型也只是通过设置连接程度系数来简单考虑节点的半刚性[66-67]，无法准确模拟地震作用下半刚性节点的滞回行为。

(3) 目前对装配式组合结构的抗震性能评价主要停留在定性评价的层面，定量评价相对较少，也缺乏成熟的损伤评估方法。对装配式结构抗震性能的研究与评价主要通过试验和数值模型获得其荷载-位移曲线，以及特征荷载、变形特征、耗能能力等指标。然而，这些指标并不能完全反映或代表整个结构体系的抗震能力，滞回曲线饱满到什么程度就可以认为结构体系抗震性能良好也没有统一的标准。对于新的结构体系，由于很难定量衡量其抗震性能和损伤程度，无法与传统结构体系进行横向对比，其设计方法的研究和制定仍存在一定的困难。

1.3 研究目标和总体思路

1.3.1 研究目标

针对装配式组合结构现有研究和应用的不足，本书提出一种重力-侧力系统可分组合结构体系(以下简称“可分体系”)，通过梁端节点铰接实现竖向承重系统与水平抗侧系统的分离，从而提升结构的标准化程度，便于装配式组合结构的应用和推广。本书围绕该新型结构体系的抗震性能开展系列研究，研究目标主要包括以下4个方面。

(1) 探讨力学机理：研究可分体系在竖向楼面荷载和水平地震荷载作用下的力学行为，并与传统刚接组合框架结构体系(以下简称“传统体系”)进行对比分析，对可分体系的受力特点、变形特征和破坏模式进行详细讨论,评价其抗震性能,揭示可分体系的力学机理。

(2) 开发数值模型：利用通用有限元程序建立可分体系的三维精细数值模型,对其抗震性能进行深入分析,研究各关键构件的力学机理；在此基础上,开发高效数值模型以提升计算效率,提出可分体系节点半刚性作用的组件法模型,开发半刚性节点单元,为可分体系的模拟计算提供高效、准确的数值工具。

(3) 实现体系应用：将开发的可分体系高效数值模型应用于实际工程结构的弹塑性时程分析,验证模型的可靠性和程序的稳定性,研究可分体系在地震波作用下的受力特征,探讨节点半刚性作用对可分体系抗震性能的影响。

(4) 开展损伤评估：结合可分体系在地震作用下的损伤特征,提出抗震损伤评估指标,给出损伤等级判定方法,对可分体系开展抗震损伤评估,探讨结构关键参数对体系损伤发展的影响机制,为可分体系的优化设计和工程应用提供参考。

1.3.2 总体思路

为了实现上述研究目标,制定了总体研究思路,如图1.8所示。研究整体分为体系研发和试验研究(第2章)、数值模型开发(第3章、第4章)和体系分析(第5章、第6章)3个层次,是相互联系、互为验证、逐步推进的关系。3个层次的具体内容如下。

1. 体系研发及试验研究(第2章)

从竖向承重与水平抗侧力系统相分离的概念出发,研发满足装配式建筑应用需求的重力-侧力系统可分组合结构体系布置方案,选取合适的构件分别组装成结构的竖向承重系统与水平抗侧力系统。由于新提出的结构体系的力学性能没有前人研究可以参考,需要对可分体系开展试验研究,以最直观的形式揭示其在竖向楼面荷载和水平地震荷载作用下的力学机理。另外,为了便于对可分体系抗震性能的对比评价,同时设计了传统体系试件进行对比研究,关注可分体系相对于传统体系的抗震特性。第2章的研究为可分体系力学性能的研究提供了翔实可靠的数据资料,初步建立了对可分体系力学机理的认识,为后续的数值模型开发和体系分析奠定了坚实的基础。

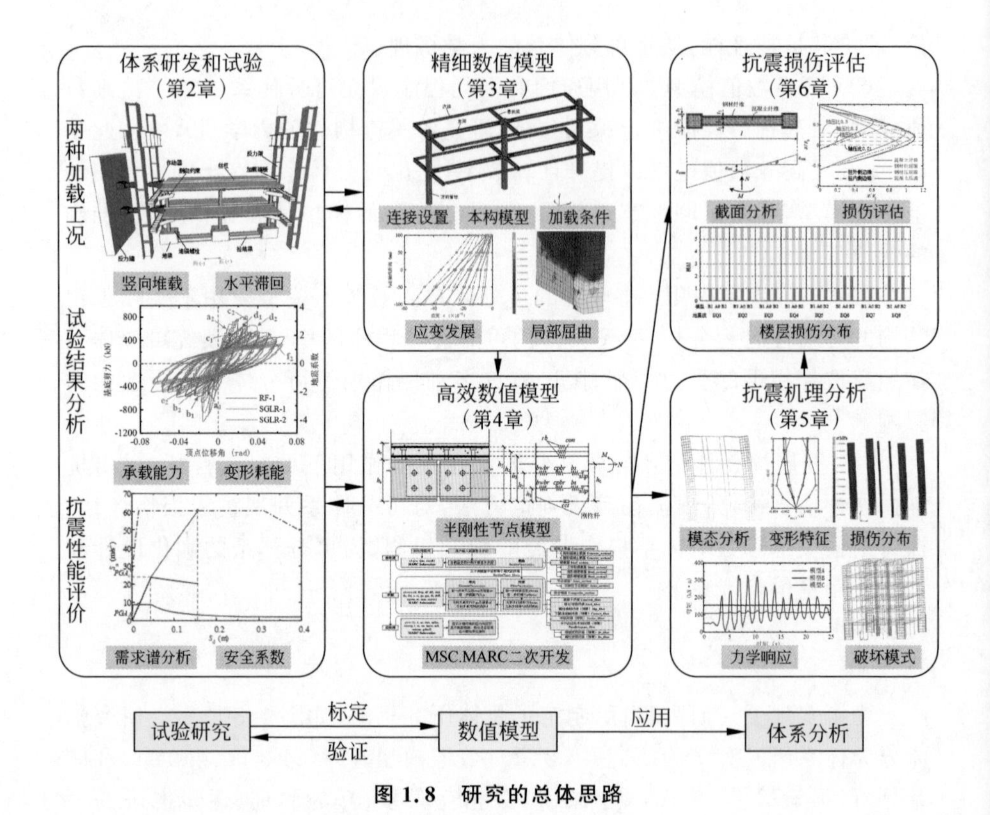

图 1.8　研究的总体思路

2. 数值模型开发(第 3 章、第 4 章)

数值模型是除了试验以外有效研究结构力学性能的工具之一,被研究人员广为采用。三维精细数值模型可以较为精确地模拟体系中各构件的力学行为,获取试验中难以得到的细观应力应变分布和损伤分布,是对试验研究的有效补充。因此,第 3 章建立了可分体系和传统体系的三维精细数值模型,对体系中关键构件的受力变形特征与破坏模式进行分析,进一步揭示了可分体系的力学机理。

虽然精细数值模型可以反映结构细观行为,但是精细数值模型建模复杂、计算开销大,不适合开展大量体系层面的分析计算,而杆系模型高效便捷,为结构分析提供了强大的计算工具。所以,第 4 章针对可分体系中的半刚性节点提出了组件法模型,并通过大型通用有限元计算程序 MSC.MARC 的二次开发接口开发了半刚性节点单元,与组合结构传统纤维梁单元[71]相结合,形成了 COMPONA-FIBER 半刚性节点的扩展版程序,用于可分体系的高效模拟计算。

3. 体系分析应用(第5章、第6章)

COMPONA-FIBER 半刚性节点的扩展版程序为准确、高效地模拟可分体系在地震作用下的弹塑性行为提供了强有力的工具。第5章将该程序应用于某实际办公楼工程的地震非线性反应分析,并与传统体系和不考虑节点半刚性作用的可分体系在相同地震作用下的力学行为进行对比,研究可分体系在地震作用下的受力机理和节点半刚性作用对可分体系抗震性能的影响,对于从结构体系层面进一步明确可分体系的抗震机理和受力变形特征具有重要意义。

基于第5章对可分体系受力行为和损伤特征的研究,第6章建立了适用于可分体系的抗震损伤评估方法,采用楼层曲率作为结构损伤评估指标,基于组合剪力墙的截面分析方法确定了关键损伤临界状态,给出损伤等级的判定方法。采用第4章开发的高效数值模型对可分体系开展抗震损伤评估,探讨结构关键参数对体系损伤发展的影响机制,为体系优化设计和工程应用提供参考。

第2章　重力-侧力系统可分组合结构体系试验研究

2.1　概　　述

试验研究是深入认识结构体系力学机理的重要且基础的手段。以往针对新型结构体系抗震性能的试验研究出于对时间和经济成本等因素的考虑，一般只对新型结构体系进行加载，通过试验结果对其抗震性能进行定性评价，缺乏与传统结构体系的直观对比。另外，大多数体系试验都没有考虑竖向加载工况而只考虑水平加载工况，或者通过对柱子施加轴压来考虑竖向荷载，导致试件中梁的受力与实际受力不符，不利于考察新型结构体系中梁受力的标准化程度。考虑上述情况，本章将增加传统体系对比试件，选取合适的设计指标保证两种结构体系的可对比性，增加竖向堆载工况，关注结构体系尤其是梁在竖向楼面荷载作用下的力学性能。

本章作为整个研究的基础和开端，在提出重力-侧力体系可分组合结构体系具体结构布置方案的前提下，通过大比例试验对可分体系的力学性能展开研究，主要目的如下。

(1) 研究可分体系在竖向楼面荷载作用下的力学行为。可分体系通过梁端铰接从理论上实现了竖向承重体系与水平抗侧力体系的分离，但由于螺栓群抗弯、楼板组合作用等，梁端并非理想铰接。因此，要关注试验中可分体系在竖向楼面荷载作用下楼板裂缝发展、梁柱关键截面应变发展、梁跨中挠度发展等关键力学表现，从而全面、准确地把握可分体系的竖向承载性能。

(2) 研究可分体系在水平滞回荷载作用下的力学行为。试验通过逐级增加的水平滞回加载模拟结构的地震作用。可分体系的抗侧力系统与传统体系不同，需要重点关注可分体系在水平滞回荷载作用下的强度和刚度发展、耗能能力、变形特征、破坏模式等，以便对可分体系的抗侧性能建立客观、全面的认识。

(3) 对可分体系的抗震性能进行定量评价。基于试验数据可以获得两种结构体系的能力曲线,利用非线性静力推覆分析算法可以对两种体系的抗震性能进行定量对比评价,得到直观反映体系抗震性能的指标参数,形成对可分体系抗震性能的初步判断。

本章以重力-侧力系统可分组合结构体系为研究对象。首先,基于装配式建筑应用需求提出了体系布置方案；其次,设计并完成了3个大比例体系试验,研究可分体系在竖向楼面荷载和水平地震荷载作用下的力学机理；最后,基于试验结果对可分体系的抗震性能进行评价,提出可分体系中不可忽视的节点半刚性作用。本章为第3章和第4章提供了数据支撑与参数标定基础,也为第5章和第6章的体系分析提供了事实依据。

2.2　重力-侧力系统可分组合结构体系概念设计

传统的多层装配式建筑一般采用刚接组合框架结构体系,如图2.1(a)所示。框架柱多为钢管柱或钢管混凝土柱,主梁和次梁均为钢-混凝土组合梁,主梁与柱的连接采用刚接节点,主要有两种形式：一种为全截面焊接,一种为腹板螺栓连接、上下翼缘焊接。为免去支模,楼盖采用“预制板＋现浇层”的叠合楼板,混凝土预制板先铺设在相邻梁段之间,再施工现浇层形成叠合板。预制板既作为楼板的一部分参与受力,又充当现浇层模板,可以提高施工效率。该体系的受力特点为竖向承重系统与水平抗侧力系统耦合,具有承载能力高、结构冗余度大的优点；但同时由于梁参与抗侧作用,每层梁的受力情况均不相同,需要分别设计,标准化程度较低,不利于装配式建筑的应用推广。

因此,本书基于传统体系做出改进,提出一种适用于多层装配式建筑的重力-侧力系统可分组合结构体系。如图2.1(b)所示,可分体系通过将梁柱节点改为铰接实现竖向承重系统和水平抗侧力系统相分离,以保证梁的标准化生产,同时在结构内增设剪力墙以弥补结构抗侧刚度的不足。可分体系中的所有梁柱节点和主次梁节点均采用腹板螺栓连接的铰接节点,因此该结构体系中的所有梁均为标准化简支组合梁,构成结构的重力系统,承担楼板传来的竖向荷载。另外,在一些柱旁边设置剪力墙,构成结构的抗侧力系统,承担地震荷载、风荷载等水平荷载。剪力墙抗侧刚度大,且靠近柱周围局部布置基本不影响建筑使用效果。

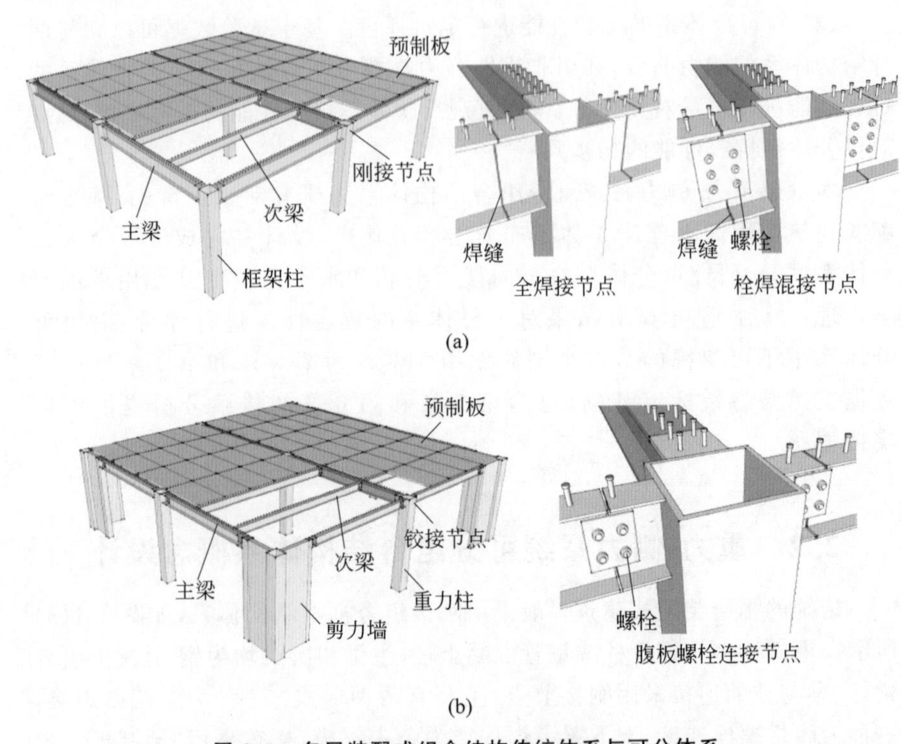

图 2.1　多层装配式组合结构传统体系与可分体系

(a) 传统刚接组合框架体系；(b) 重力-侧力系统可分组合结构体系

相比传统体系，可分体系具有以下优点：①可分体系中的梁和柱作为竖向承重构件，剪力墙作为抗侧力构件，传力路径明确，设计简便；②梁均为简支梁便于标准化设计和制作；③梁仅承受竖向重力荷载，梁截面可以降低，增大建筑净空，优化使用体验，或者可降低层高，提升经济性；④梁、柱、剪力墙、预制板等构件均可以在工厂中预制，现场直接拼装，梁端全螺栓连接避免现场施焊，施工方便快速。

目前，已经有许多分别关于可分体系中的主要组成部分——剪力墙和重力框架的研究。尤其是组合剪力墙可以充分发挥钢和混凝土材料各自的优势，具有足够的侧向刚度和承载力，在地震荷载作用下的力学性能优于传统的钢筋混凝土剪力墙和钢板剪力墙[58,72-73]。由于性能优越、施工方便，组合剪力墙已经在很多工程中得以应用，作为结构中的主要抗侧力构件[73]。另外，在 1.2.3 节也提到，近年来一些研究也提出了为专门用于承受竖向重力荷载而设计的重力框架系统[69]，并对重力框架对整个结构地震响应的影响进行了试验和数值研究[66-68]。但是，目前尚没有对于剪力墙与重力框架相结合的结构体系的系统研究。因此，有必要对如图 2.2(b)所示的可分体系在竖向和侧向荷载作用下的力学性能展开深入研究。本章通过设计对比试验，分别对传统体系和可分体系中具有代表性的几榀框架进行了竖向堆载和水平滞回的加载，以研究两种体系在重力荷载和地震荷载作用下的力学性能。

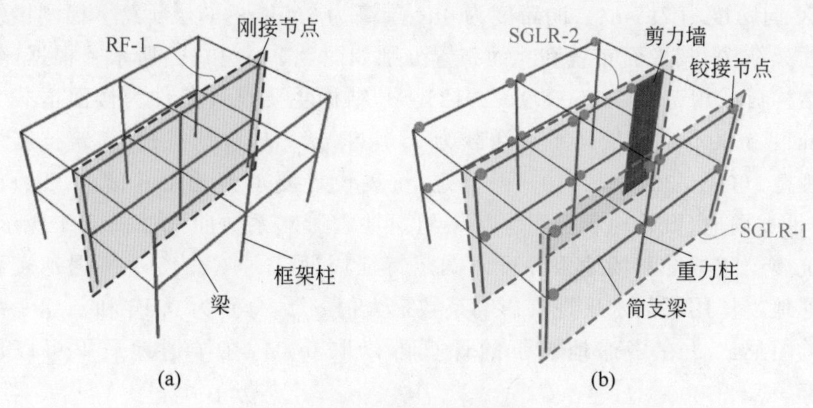

图 2.2　试件设计思路

(a) 传统体系；(b) 可分体系

2.3　试件设计

为深入研究可分体系的力学性能，本节针对 2.2 节提出的适用于多层建筑的可分体系设计试件，对多层可分体系框架试件进行竖向堆载和水平拟静力循环加载试验，并与传统刚接框架试件做对比，以研究不同结构体系之间力学性能的差异，也为后续更广泛的数值模拟研究提供了参照。

考虑到目前并没有适用于可分体系的设计规范，为保证可分体系和传统体系的对比性，模型试验设计思路如图 2.2 所示，具体设计流程如下。

(1) 根据工程实际设计条件确定传统体系的合理设计方案，并从中提取出典型的 2 层 2 跨 3 榀的子结构模块作为模型试验的参照组，如图 2.2(a)所示。

(2) 以(1)中的子结构模块为标准，按照最大层间位移角相同的原则设计如图 2.2(b)所示的子结构模块。

(3) 考虑实验室场地条件等因素，将子结构模块中的各榀代表性框架抽出作为试件分别进行抗震性能试验，得到各榀框架的抗震性能；按照各体系的结构布置特点还原整个子结构的抗震性能。

2.3.1 传统刚接组合框架原型结构

根据清华大学土木工程系实验室的试验能力，结合实际工程情况，设计了 X 向跨度为7.5m、Y 向跨度为6m、层高为3.5m的6层4跨7榀刚接组合框架结构，其平面布置和立面布置分别如图2.3(a)和(b)所示。根据《建筑结构荷载规范》(GB 50009—2012)[74]，结构主要设计条件为楼面恒载为2.0kN/m^2(不含楼板自重)，活载为3.0kN/m^2；地震荷载按《建筑抗震设计规范》(GB 50011—2010)[75]确定，抗震设计要求为北京8度(0.2g)设防，Ⅲ类场地，设计地震分组为第一组。地震影响系数曲线如图2.4所示。由抗震设防烈度和场地条件可以确定特征周期 T_g 取0.45s；多遇地震和罕遇地震作用下的水平地震影响系数最大值 α_{max} 分别为0.16和0.90；结构的阻尼比 ζ 在多遇地震下的计算可以取0.04，在罕遇地震下可以取0.05。

曲线下降段的衰减指数 γ 按下式计算：

$$\gamma = 0.9 + \frac{0.05-\zeta}{0.3+6\zeta} = \begin{cases} 0.919, & \text{多遇地震} \\ 0.9, & \text{罕遇地震} \end{cases} \tag{2-1}$$

直线下降段的下降斜率调整系数 η_1 按下式计算：

$$\eta_1 = 0.02 + \frac{0.05-\zeta}{4+32\zeta} = \begin{cases} 0.022, & \text{多遇地震} \\ 0.02, & \text{罕遇地震} \end{cases} \tag{2-2}$$

阻尼调整系数 η_2 按下式计算：

$$\eta_2 = 1 + \frac{0.05-\zeta}{0.08+1.6\zeta} = \begin{cases} 1.069, & \text{多遇地震} \\ 1, & \text{罕遇地震} \end{cases} \tag{2-3}$$

根据上述地震特性参数，可以确定该结构在多遇地震和罕遇地震作用下的地震影响系数曲线，从而确定结构的地震设计荷载。

按照上述设计条件，根据《钢结构设计标准》(GB 50017—2017)[76]和《组合结构设计规范》(JGJ 138—2016)[77]中的相关规定对该结构进行设计，得到的主要构件的设计结果如表2.1所示，组合梁均按完全剪力连接设计。

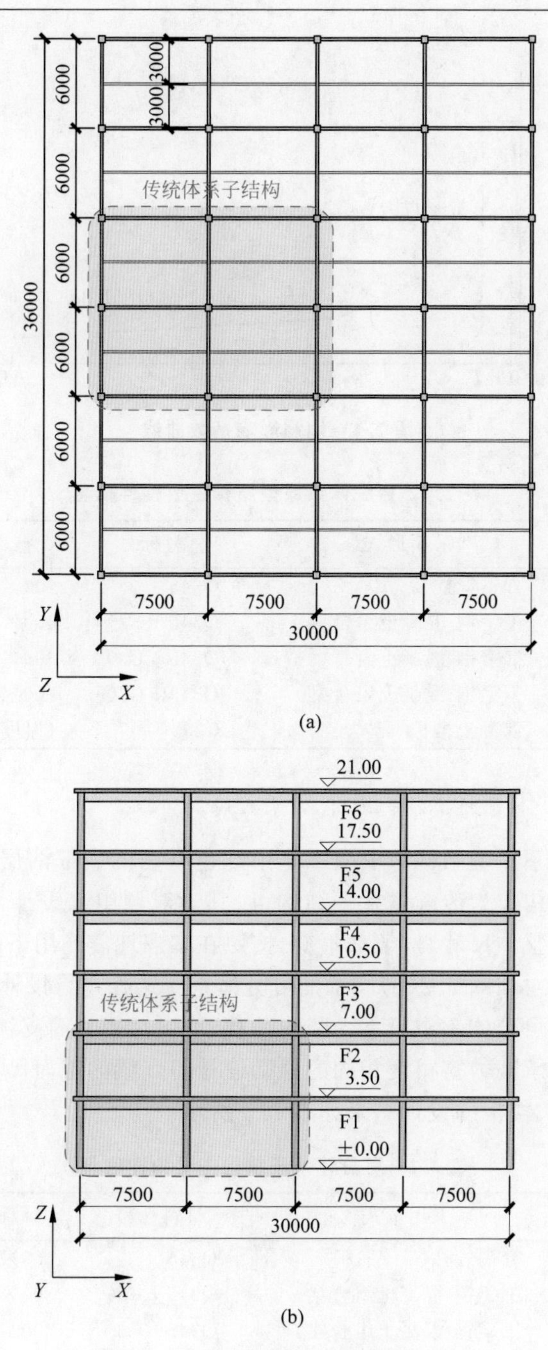

图 2.3　传统刚接组合框架原型结构

(a) 平面图；(b) 立面图

单位：mm

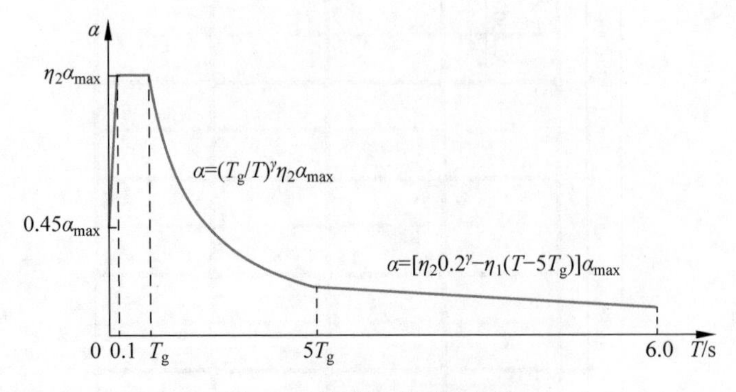

图 2.4 地震影响系数曲线

表 2.1 传统体系原型结构主要构件信息

构件种类	采用形式	材料标号	截面尺寸/mm
柱	方钢管柱	Q345	400×400×20
X 向主梁	工字钢-混凝土组合梁	Q345+C30	400×250×12×20
Y 向主梁	工字钢-混凝土组合梁	Q345+C30	300×200×12×16
X 向次梁	工字钢-混凝土组合梁	Q345+C30	200×140×10×12
楼板	混凝土楼板	C30	(厚度)120

2.3.2 可分体系子结构设计方案

从传统体系原型结构中取图 2.3 中红色框内的底部两层 *X* 向两跨、*Y* 向两跨的子结构作为传统体系子结构,以其为对照组来设计可分体系子结构。保持建筑整体尺寸、框架柱不变,按照在多遇地震作用下最大层间位移角相同的原则对如图 2.2(b)所示的可分体系子结构进行设计。

由于梁在可分体系中只承受竖向荷载,可以被视为简支组合梁,按照和传统刚接框架承载力富裕度相同的原则设计得到梁的截面尺寸。可分体系子结构中梁柱、楼板的设计结果如表 2.2 所示。

表 2.2 可分体系子结构主要构件信息

构件种类	采用形式	材料标号	截面尺寸/mm
柱	方钢管柱	Q345	400×400×20
X 向主梁	工字钢-混凝土组合梁	Q345+C30	300×240×12×16
Y 向主梁	工字钢-混凝土组合梁	Q345+C30	300×200×12×16
X 向次梁	工字钢-混凝土组合梁	Q345+C30	200×140×10×12
楼板	混凝土楼板	C30	(厚度)120

可分体系中采用卜凡民博士学位论文[78]中的双钢板-混凝土组合剪力墙作为抗侧力构件,试验及有限元研究已表明该剪力墙形式具有较好的水平抗侧刚度和承载力,且外包钢板也可作为混凝土浇筑的模板,适用于装配式建造。双钢板-混凝土组合剪力墙截面构造如图 2.5 所示。在可分体系中为尽量不影响空间使用,剪力墙布置在边柱一侧,边柱同时也可作为剪力墙的边缘约束构件。为方便建筑使用,剪力墙另一端采用与墙厚度等宽的钢管混凝土柱作为边缘约束构件。剪力墙钢板等间隔布置对拉螺栓防止钢板屈曲,同时内侧等间隔布置栓钉保证钢板与内填混凝土共同作用。双钢板-混凝土组合剪力墙的设计参考《钢板剪力墙技术规程》(JGJ/T 380—2015)[79]等相关规范的要求,具体截面尺寸按照可分体系子结构的最大层间位移角与传统体系子结构的最大层间位移角相同的原则确定,剪力墙的设计结果标注于图 2.5。

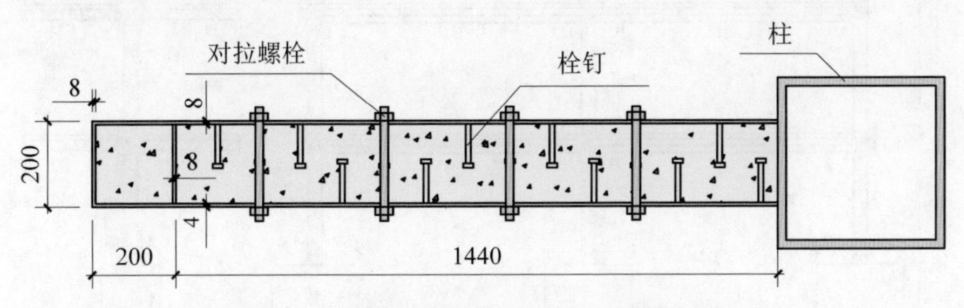

图 2.5　双钢板-混凝土组合剪力墙截面构造

单位：mm

2.3.3　试件设计结果

根据上述设计结果,分别从传统体系子结构和可分体系子结构中提取有代表性的各榀框架设计试验试件。传统体系子结构各榀框架构成均相同,因此从子结构中提取出任意 2 层 2 跨 1 榀框架进行试验即可,如图 2.2(a)中的 RF-1 所示。可分体系子结构的各榀框架布置不同,因此需从子结构中分别提取不包含抗侧力构件的 1 榀框架(图 2.2(b)的 SGLR-1)和包含抗侧力构件的 1 榀框架(图 2.2(b)的 SGLR-2)分别进行试验。因此,本模型试验共包含 3 个框架试件,各试件的竖向承重系统和水平抗侧力系统如表 2.3 所示。

表 2.3 各试件侧力系统和重力系统

试件编号	结构体系	竖向承重系统（仅列水平构件）	水平抗侧力系统
RF-1	刚接组合框架	刚接组合主梁＋简支组合次梁	钢管柱＋组合梁
SGLR-1	铰接组合框架	简支组合主梁＋简支组合次梁	钢管柱(很弱)
SGLR-2	剪力墙-铰接组合框架	简支组合主梁＋简支组合次梁	钢管柱＋双钢板-混凝土组合剪力墙

考虑到实验室的场地条件，3 个试件均按照 1∶2 的缩尺进行设计。试件 RF-1、SGLR-1 和 SGLR-2 的详细构造和构件截面信息分别如图 2.6、图 2.7

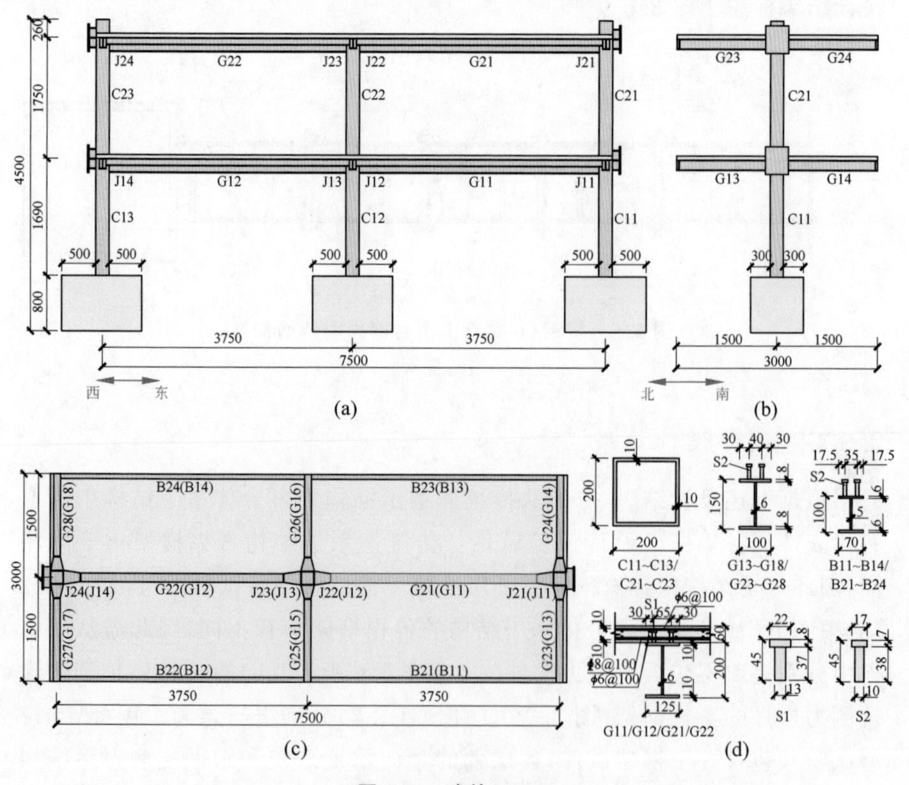

图 2.6 试件 RF-1

(a) 南立面图；(b) 东立面图；(c) 平面图(括号内为一层构件编号)；(d) 柱和梁截面尺寸

单位：mm

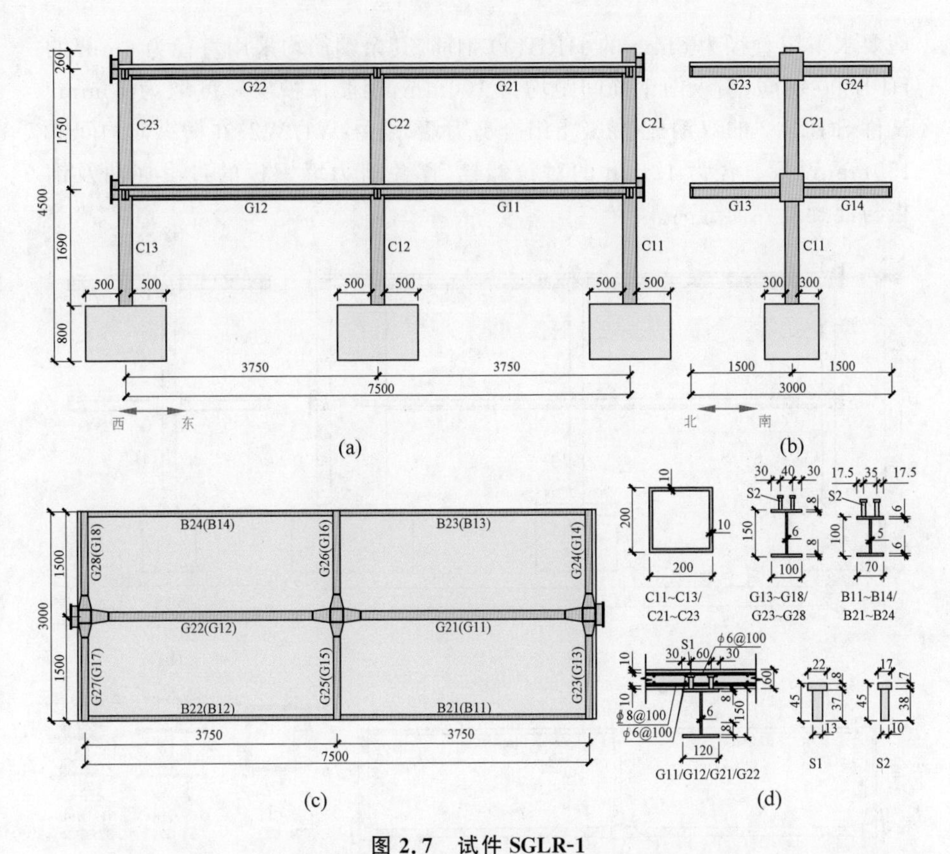

图 2.7　试件 SGLR-1

(a) 南立面图；(b) 东立面图；(c) 平面图(括号内为一层构件编号)；(d) 柱和梁截面尺寸

单位：mm

和图 2.8 所示，3 个试件单跨跨度均为 3.75m，层高均为 1.75m。试件中的柱子(编号 C11～C13/C21～C23)为 200mm×200mm×10mm 的方钢管柱，主梁(编号 G11/G11a、G12、G21/G21a、G22)、悬臂梁(编号 G13～G18/G23～G28)和次梁(编号 B11～B14/B21～B24)均为工字型钢-混凝土组合梁，梁上设置 60mm 厚的混凝土楼板，钢梁上翼缘设置两列纵向间距为 100mm 的栓钉实现与楼板的组合作用。悬臂梁和次梁的设置一方面保留了原型结构的 Y 向主梁和 X 向次梁，另一方面也起到承托楼板的作用。Nakashima 等[28]和 Nie 等[80]对组合框架的试验研究中也采用了类似的梁格布置。试件楼板宽度取框架左右两侧楼板跨度的一半之和，即缩尺后的试件楼板宽度为 3m。楼板内设置两层钢筋网片，下层横向钢筋为满足组合梁纵向抗剪要求采用直径为 8mm 的 HRB400 钢筋，其余钢筋均采用直径为 6mm 的 HPB300 钢筋，横纵向钢筋间距均为 100mm，钢筋保护层厚度取为 10mm。试件 SGLR-2 的双钢板-混凝土组合剪力墙(编号 W1/W2)在横纵向均间隔 150mm 设置直径为 12mm 的对拉螺栓，避免剪力墙钢板的过早屈曲及钢板与混凝土界面分离。

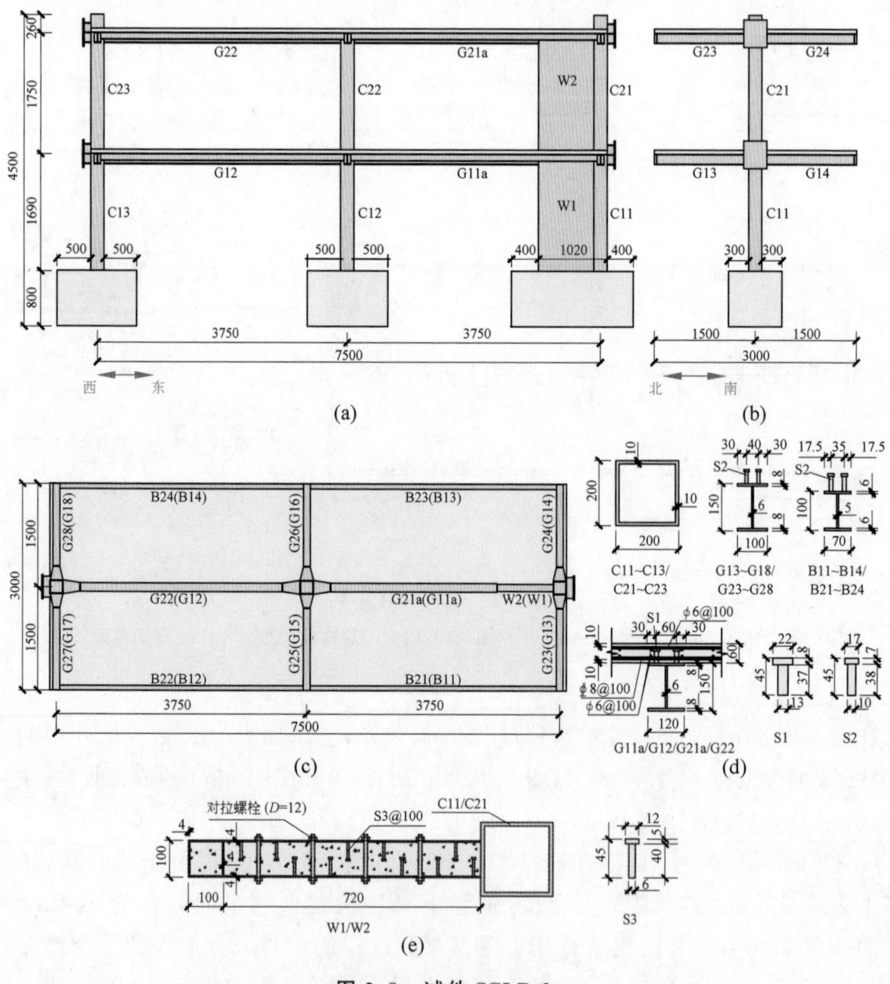

图 2.8　试件 SGLR-2

(a) 南立面图；(b) 东立面图；(c) 平面图(括号内为一层构件编号)；

(d) 柱和梁截面尺寸；(e) 剪力墙截面尺寸

单位：mm

试件 RF-1 的梁柱节点构造如图 2.9 所示。柱与主梁为刚接连接，采用柱外伸牛腿；钢梁与牛腿腹板为螺栓连接、上下翼缘焊接的形式；腹板连接螺栓选用 C 级普通螺栓，直径为 20mm，强度等级为 4.6 级。节点域设计为内隔板贯通式[81]，可避免梁端焊缝撕裂，梁端传力简洁流畅。试件 SGLR-1 和 SGLR-2 的梁柱节点构造如图 2.10 所示。使柱与主梁为铰接连接，采用柱外伸牛腿；钢梁与牛腿腹板为螺栓连接的形式；腹板连接螺栓选用 C 级普通螺栓，直径为 16mm，强度等级为 4.6 级，螺栓设计仅须满足抗剪强度要求，牛腿与钢梁保留 10mm 空隙，为节点预留足够转动空间。3 个试件中悬臂梁与柱均为刚接连接，同样采用柱外伸牛腿；钢梁与牛腿腹板为螺栓连接、上下翼缘焊接的形式；腹板连接螺栓选用 C 级普通螺栓，直径为 16mm，性能等级为 4.6 级。悬臂梁端部设置加劲板与楼板边缘次梁（编号 B11～B14/B21～B24）腹板连接，该连接可视为铰接连接。

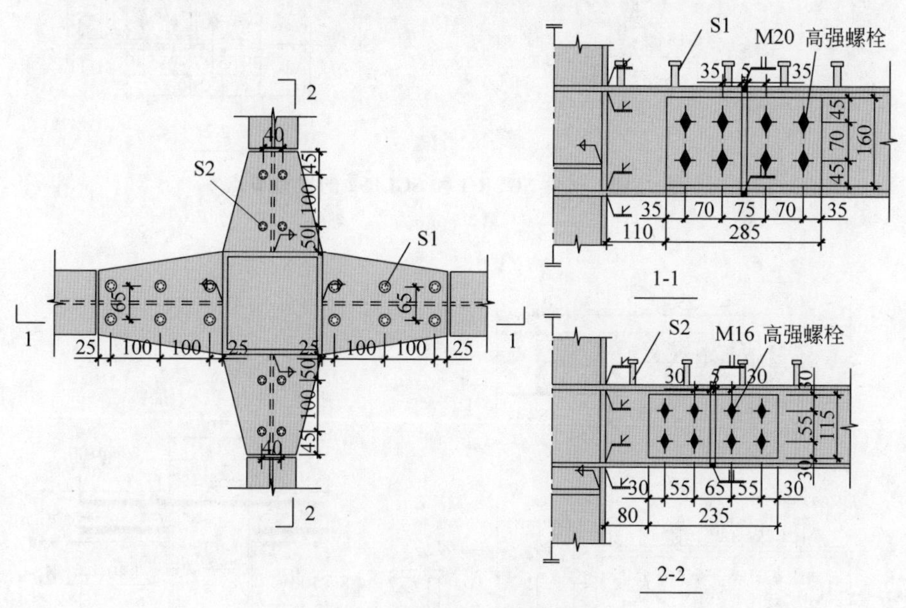

图 2.9　试件 RF-1 的梁柱节点

单位：mm

试件 SGLR-2 中剪力墙与梁的连接节点如图 2.11(a)所示，外伸牛腿翼缘与剪力墙边缘约束构件侧面钢板进行焊接，腹板插入边缘约束构件内并在两侧设置栓钉以传递梁端传来的剪力，腹板也与边缘约束构件内外侧的钢板进行焊接。剪力墙与楼板的连接构造如图 2.11(b)所示，剪力墙两侧分别设置 L40×4 的角钢以承托楼板。考虑与剪力墙连接处楼板在竖向楼面荷载作用下主要承受负弯矩，楼板上层横向钢筋穿过剪力墙以传递负弯矩产生的拉力。

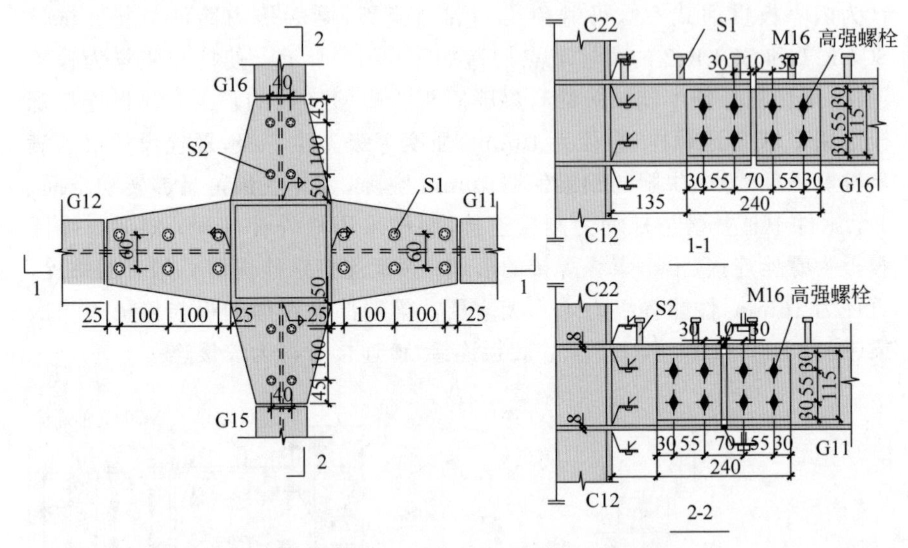

图 2.10　试件 SGLR-1 和 SGLR-2 的梁柱节点

单位：mm

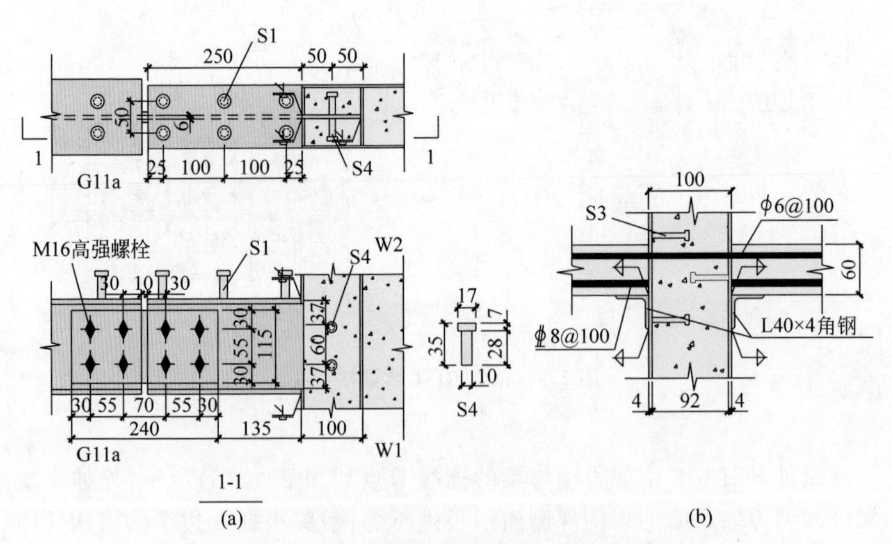

图 2.11　试件 SGLR-2 剪力墙与梁、楼板连接节点

(a) 梁墙节点；(b) 墙板节点

单位：mm

实际工程中结构与基础之间的连接可以认为是固接，因此在试件底部设置刚度较大的地梁来模拟实际结构的约束条件。柱和剪力墙需要锚入地梁足够深度以实现较为理想的嵌固约束条件，经试算，地梁截面尺寸定为 800mm×800mm。3 个试件中柱与地梁的连接节点如图 2.12(a)所示，钢管柱贯穿至地梁底部，柱底设置厚度为 30mm 的端板并在四周设置加劲肋防止柱脚屈曲，柱埋入地梁部分四周均设置两列栓钉以保证柱与地梁的紧密连接。试件 SGLR-2 中剪力墙与地梁的连接节点如图 2.12(b)所示，剪力墙底部同样设置了端板和加劲肋，埋入段也设置了栓钉。另外，剪力墙钢板上还预留了直径为 22mm 的圆孔，方便地梁箍筋穿过。

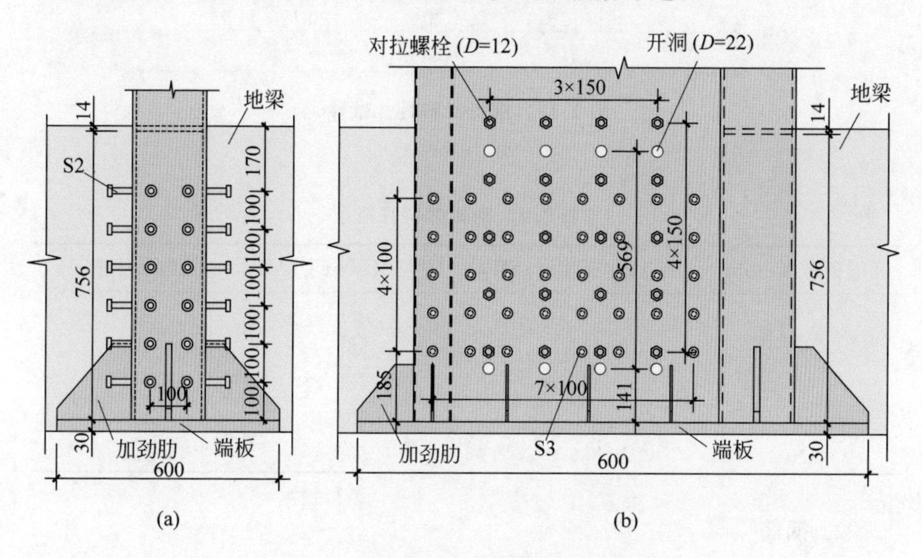

图 2.12　试件柱、剪力墙与地梁连接节点

(a) 柱与地梁连接节点；(b) 剪力墙与地梁连接节点

单位：mm

2.3.4　材料性能

1. 钢材

钢管柱、工字钢梁和剪力墙钢板的钢材强度等级均为 Q345，钢板厚度有 4mm、5mm、6mm、8mm 和 10mm。进行材料性能试验的拉伸试件样胚按照《钢及钢产品力学性能试验取样位置及试样制备》(GB/T 2975—2018)[82]的要求从母材中切取，根据《金属材料 拉伸试验》(GB/T 228—

2002)[83]的规定将样胚加工成试件,如图 2.13 所示。3 个试件的钢构件为同一批钢材加工制作,所有材料性能试件与试验试件均取自同一母材,同期加工。每种厚度钢板制作 3 个材料性能试件进行拉伸试验,将测得的结果取平均值作为该厚度钢板的材料性能参数。各厚度钢材材料性能如表 2.4 所示。

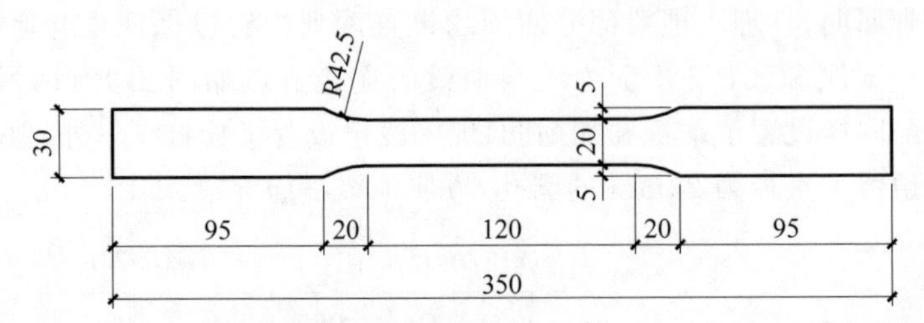

图 2.13　钢材材料性能试件

单位:mm

表 2.4　钢材材料性能

钢板厚度/mm	平均屈服强度/MPa	平均极限强度/MPa	平均延伸率/%
4	361.5	545.1	16.0
5	412.7	585.7	14.7
6	367.6	525.2	16.9
8	372.5	596.0	17.1
10	386.9	559.2	14.4

2. 钢筋

楼板上层横纵向钢筋和下层纵向钢筋直径为 6mm,强度等级为 HPB300;下层横向钢筋直径为 8mm,强度等级为 HRB400。从每种直径的下料钢筋母材中截取 3 个材料性能试件进行拉伸试验,将测得的结果取平均值作为该直径钢筋的材料性能参数。各直径钢筋的材料性能如表 2.5 所示。

表 2.5　钢筋材料性能

钢板直径/mm	平均屈服强度/MPa	平均极限强度/MPa	平均延伸率/%
6	421.4	612.2	14.6
8	437.2	702.4	13.3

3. 混凝土

楼板混凝土的强度等级为 C30，试件 SGLR-2 中双钢板-混凝土组合剪力墙内填混凝土强度等级为 C40。浇筑试件混凝土的同时，每种标号混凝土制作 3 个 150mm×150mm×150mm 的标准混凝土立方体试块，并保证与试件混凝土的养护条件相同。在各试件加载当天按照标准程序测试混凝土试块的抗压强度，取平均值作为该标号混凝土的抗压强度。各试件的混凝土平均立方体抗压强度如表 2.6 所示。

表 2.6　混凝土平均立方体抗压强度

试　件	位　置	平均立方体抗压强度/MPa
RF-1	楼板	44.5
SGLR-1	楼板	41.8
SGLR-2	楼板	37.1
	剪力墙	56.1

4. 螺栓

节点连接采用的螺栓按照《钢结构用高强度大六角头螺栓、大六角螺母、垫圈与技术条件》(GB/T 1231—2006)[84]，采用大六角头 C 级普通螺栓。试件 RF-1 主梁与柱连接节点选用的螺栓规格为 M20，试件 RF-1 悬臂梁与柱连接节点及试件 SGLR-1 和 SGLR-2 的全部节点选用的螺栓规格为 M16，性能等级均为 4.6 级。螺栓连接的强度指标按照《钢结构设计标准》(GB 50017—2017)[76] 的相关要求取值，抗拉强度为 170MPa，抗剪强度为 140MPa。

5. 栓钉

试件采用的栓钉直径为 13mm、10mm 和 6mm，按照《电弧螺柱焊用圆柱头焊钉》(GB/T 10433—2002)[85] 的相关规定采用，极限强度为 400MPa。

2.4 试验方案

2.4.1 试验装置

试件 RF-1 和 SGLR-1 的加载装置如图 2.14 所示，试件 SGLR-2 的加载装置如图 2.15 所示。整体试验在一个三维加载框架内进行，在试件西侧采用两个 100t 的作动器分别对每一层施加侧向力，作动器通过底座与反力

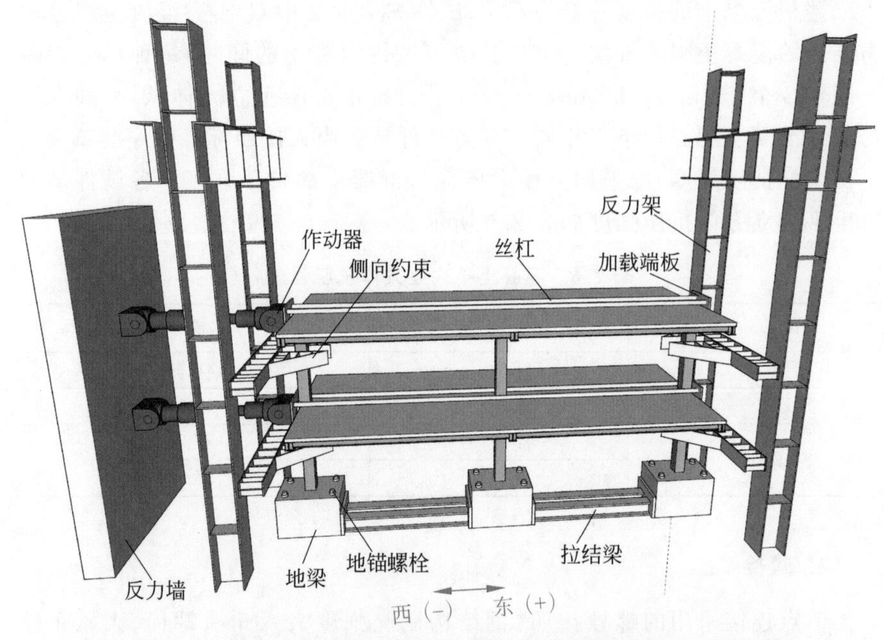

图 2.14 试件 RF-1 和 SGLR-1 的加载装置

图 2.15 试件 SGLR-2 的加载装置

墙连接。作动器的拉力可以通过4根贯穿整个试件的丝杠和两端加载端板来转换为施加在试件东侧的推力，这样可以避免试件靠近作动器一侧的加载牛腿在拉压往复荷载作用下发生焊缝局部破坏。试验时在两层楼板上放置专用砝码模拟楼面荷载作用。为防止框架试件发生面外失稳，在反力架上设置三脚架对每层边柱施加侧向约束，安装位置尽量靠近每层的梁柱节点以保证约束效果，实际试验中的侧向约束如图2.16所示。试件的柱和剪力墙插入地梁中以实现嵌固约束条件，每个地梁通过四角的地锚螺栓固定在实验室地面上，相邻地梁通过拉结梁连接成为整体。

图2.16 柱侧向约束

2.4.2 加载方案

试验加载方案分为竖向堆载和水平滞回加载两个工况。

1. 竖向堆载工况

为研究和对比两种体系的竖向承载能力，首先对各试件进行竖向堆载试验。通过在两层楼板上堆放每块20kg的砝码以模拟抗震设计中的重力荷载代表值，原型结构的设计条件为楼面均布恒载2.0kN/m^2、楼面均布活载3.0kN/m^2，因此竖向堆载试验的最终堆载目标为3.5kN/m^2（恒载+0.5活载）。为观察楼板裂缝在竖向荷载作用下的发展趋势，楼面均布荷载分7次堆载，每次堆载0.5kN/m^2。

2. 水平滞回加载工况

为研究和对比两种体系的抗震性能，在竖向堆载工况后，保留楼板上的堆载砝码，对各试件进行水平滞回加载试验。通过两个 MTS 100t 作动器在试件两层施加拟静力的往复低周荷载，以向东加载为正向，在加载过程中保证一层作动器的力控制为二层的 1/2，且整个试验过程中该比例保持不变，以模拟子结构中水平地震力的倒三角分布。根据《建筑抗震试验规程》(JGJ 101—2015)[86]，水平加载制度采用力-位移双控制方法，在试件屈服前按照力控制进行加载，当荷载-位移曲线出现明显转折即认为结构屈服，之后转为按照力-位移混合控制进行加载，即以二层位移作为加载控制指标，一层作动器的力取为二层作动器反力的 1/2。

3 个试件的加载历程如图 2.17 所示，水平滞回加载试验中观测到的 3 个试件的顶点屈服位移分别为 60mm、80mm 和 70mm，力-位移混合控制阶段的每一级位移荷载的增量取试件顶点屈服位移的一半，每级荷载循环 3 次。二层作动器的最大位移量程为±250mm，3 个试件在加载过程中均未出现大幅强度退化或脆性破坏现象，为观察试件在强震作用下的力学行为，水平滞回加载试验均加载至接近作动器最大位移量程再结束。

2.4.3 测量方案

试件 RF-1、试件 SGLR-1 和试件 SGLR-2 的力传感器和位移计布置分别如图 2.18(a)和(b)所示。两个作动器的加载端布置有力传感器 F1 和 F2，用以实时测量施加在试件两层的水平力。在地梁、一层楼板和二层楼板东侧各布置一个水平位移计(D0～D2)以测量试件整体的水平位移，在各层主梁跨中布置竖向位移计(D3～D5)以测量各主梁的跨中挠度。在试件东侧两层主梁的钢梁和混凝土楼板之间间隔布置水平位移计(对于试件 RF-1 和试件 SGLR-1 为 D7～D14，对于试件 SGLR-2 为 D7～D12)以测量组合梁的界面滑移。在东侧边柱和中柱与主梁连接节点的螺栓群内外侧均布置倾角仪(R1～R12)以测量各节点转角。在西侧边柱牛腿上下翼缘与主梁上下翼缘之间分别布置水平位移计(对于试件 RF-1 和试件 SGLR-1 为 D15～D18，对于试件 SGLR-2 为 D13～D16)以测量节点上下翼缘张开闭合产生的位移，从而计算节点转角。

试件 RF-1、试件 SGLR-1 和试件 SGLR-2 的钢应变片和应变花布置分别如图 2.19(a)和(b)所示。对于 3 个试件，在距离柱表面 60mm 处的牛腿截面上设置 4～5 个应变片(SA 截面)，相邻应变片的间距为 50mm，以测量

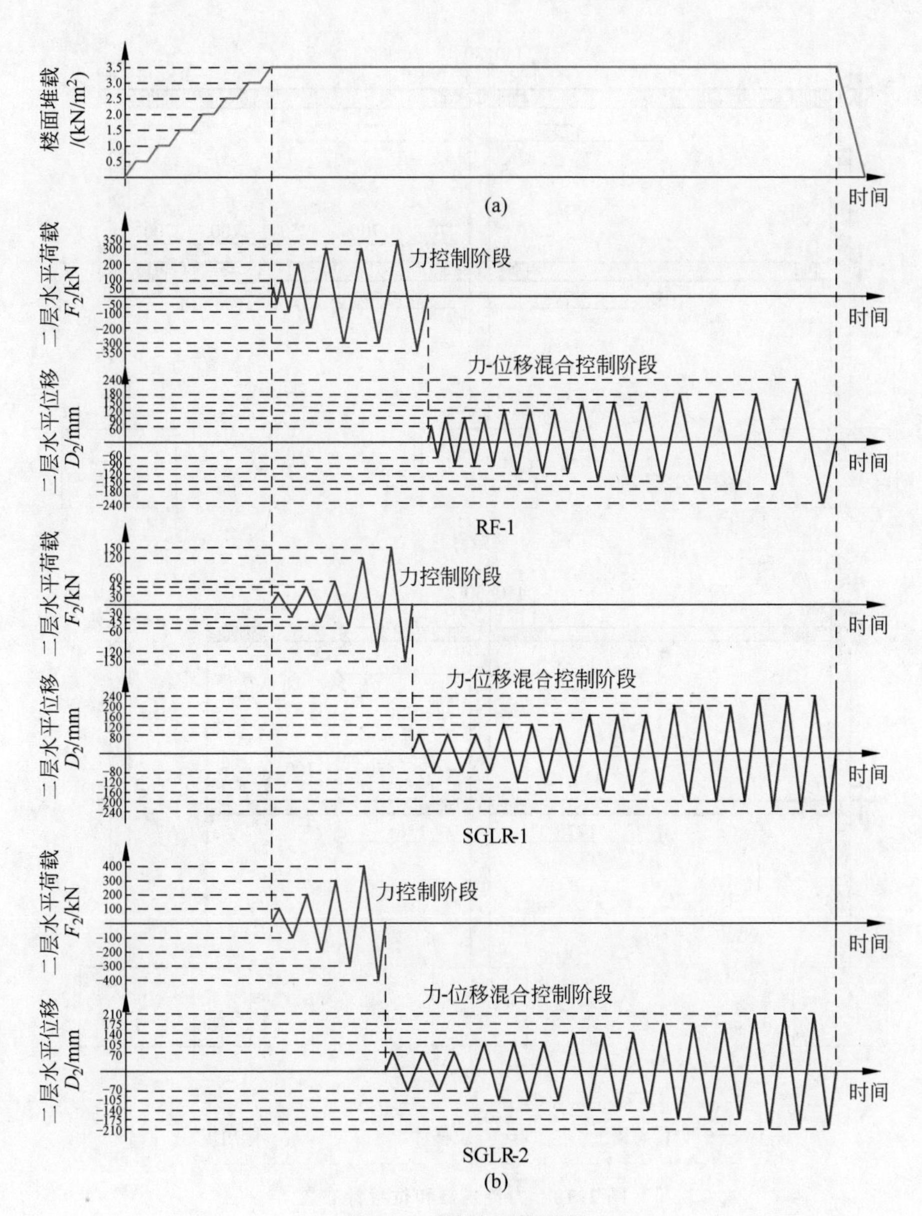

图 2.17　试验加载历程

(a) 竖向堆载试验；(b) 水平滞回加载试验

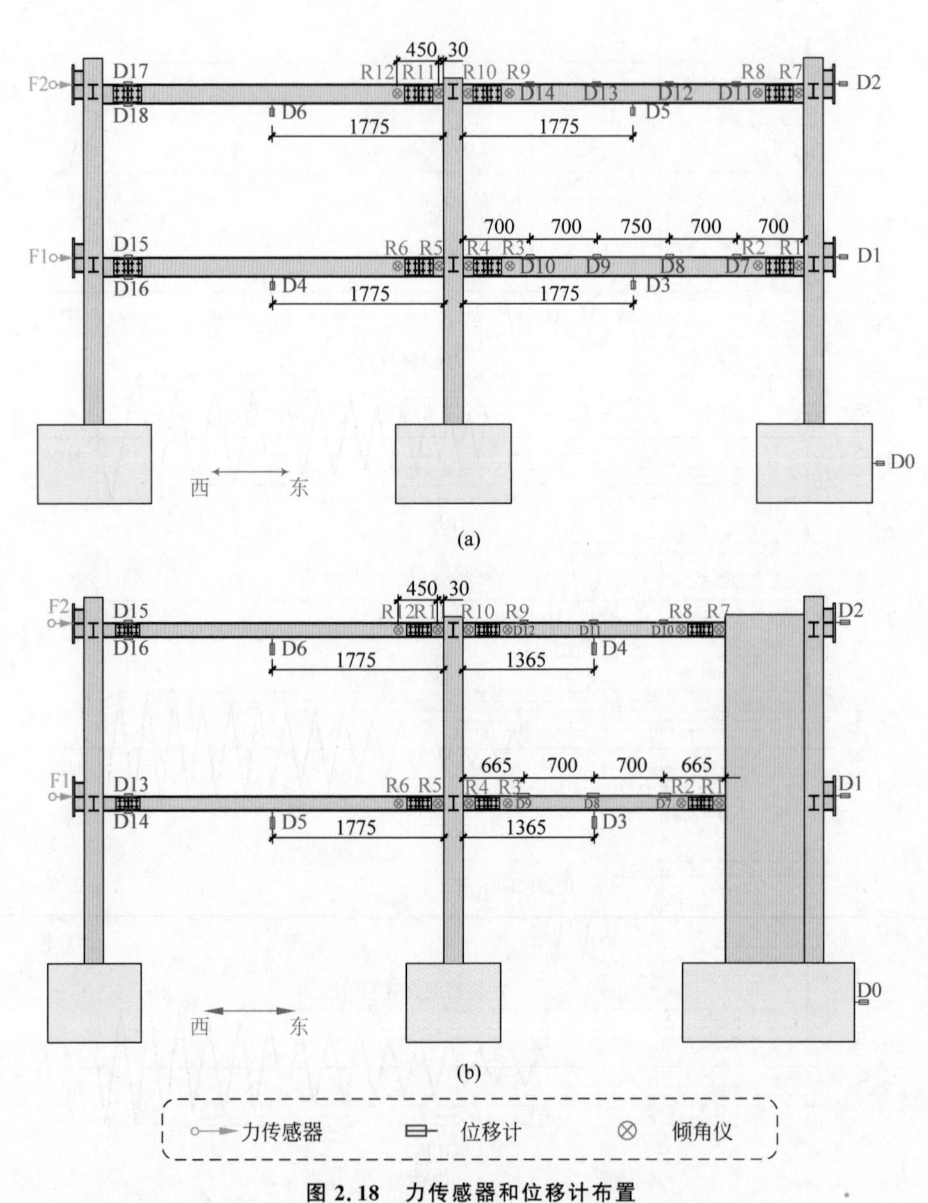

图 2.18　力传感器和位移计布置

(a) 试件 RF-1 和试件 SGLR-1；(b) 试件 SGLR-2

单位：mm

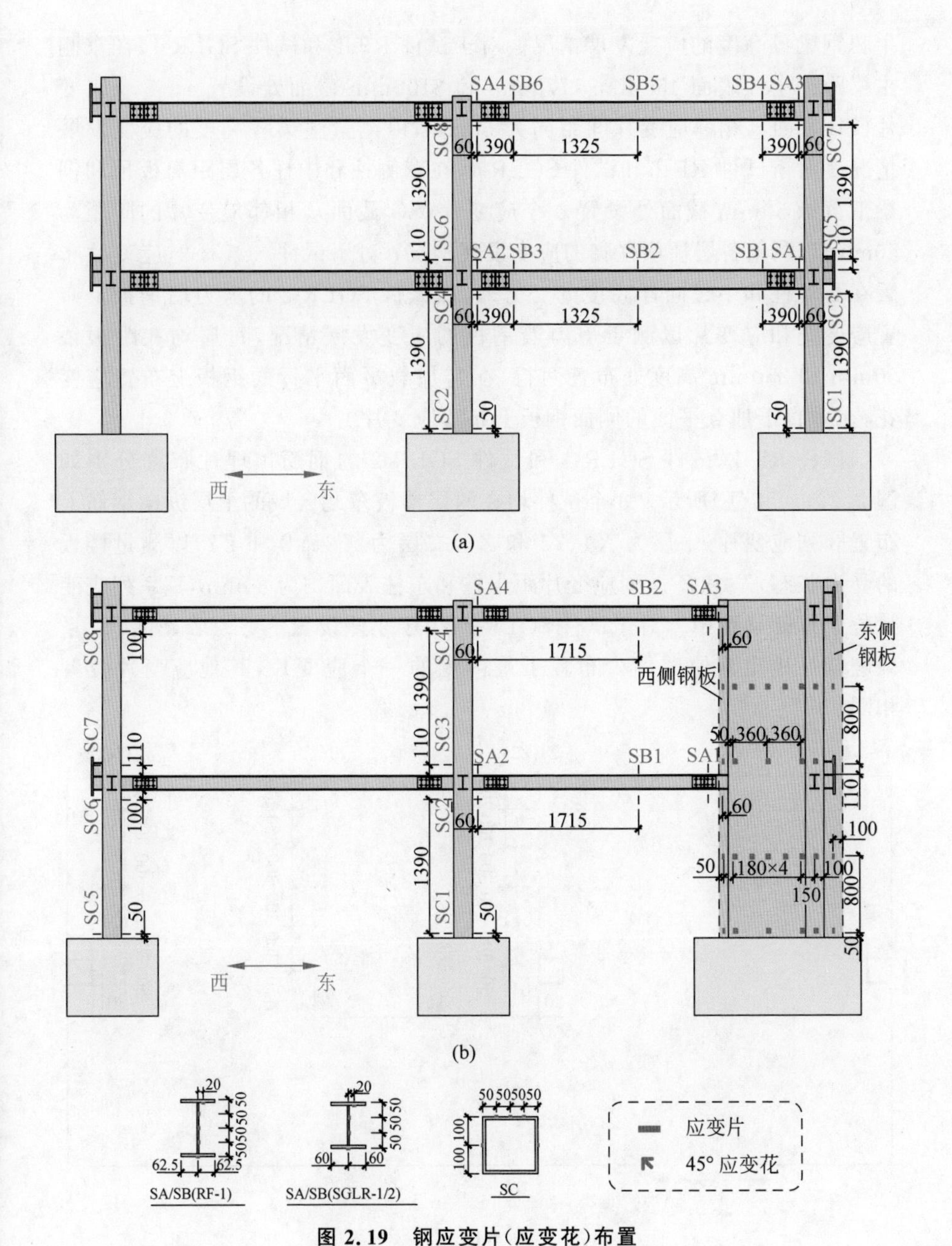

图 2.19　钢应变片(应变花)布置

(a) 试件 RF-1 和试件 SGLR-1；(b) 试件 SGLR-2

单位：mm

牛腿钢梁各高度的应变发展情况。对于试件 RF-1 和试件 SGLR-1,在东侧主梁距离中柱表面 450mm、1775mm 和 3100mm 截面处设置 4～5 个应变片(SB 截面),相邻应变片间距同为 50mm,以测量主梁各高度的应变发展情况。对于试件 RF-1 和试件 SGLR-1,在东侧柱和中柱各层距离板顶和钢梁下翼缘 50mm 截面处设置 5 个应变片(SC 截面),相邻应变片的间距为 50mm,以测量各层柱顶柱脚的应变发展情况；对于试件 SGLR-2,应变片布置在西侧柱和中柱同样高度处。另外,在试件 SGLR-2 的剪力墙钢板上布置应变花和应变片以测量剪力墙钢板的应变发展情况,每层均在距板顶 50mm 和 850mm 高度处布置两行,在与加载平面平行的钢板上布置应变花,在垂直于加载平面的侧面钢板上布置应变片。

试件 RF-1、试件 SGLR-1 和试件 SGLR-2 的钢筋预埋片布置分别如图 2.20(a)和(b)所示。3 个试件均在两层楼板东北区域的上层纵向钢筋上布置 3 列应变片(一层为 $X1$、$Y1$ 和 $Z1$,二层为 $X2$、$Y2$ 和 $Z2$)以测量楼板的受力状态,X 和 Z 系列应变片距中柱和东柱表面均为 80mm,Y 系列应变片位于东侧梁跨中。对于试件 SGLR-2,由于东侧设置了剪力墙,所以 X 系列应变片相比其他试件少布置了最内侧的一个应变片,其他应变片位置相同。

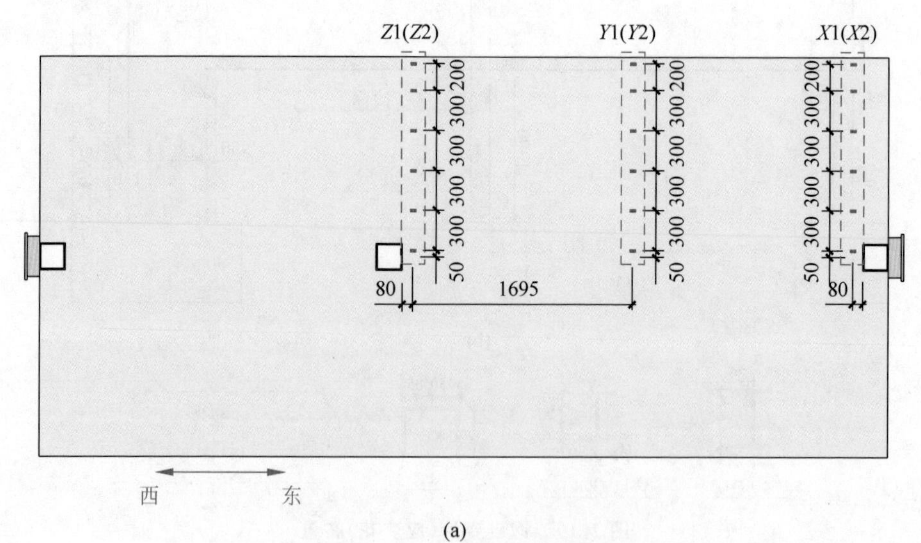

(a)

图 2.20 钢筋预埋片布置

(a) 试件 RF-1 和试件 SGLR-1；(b) 试件 SGLR-2

单位：mm

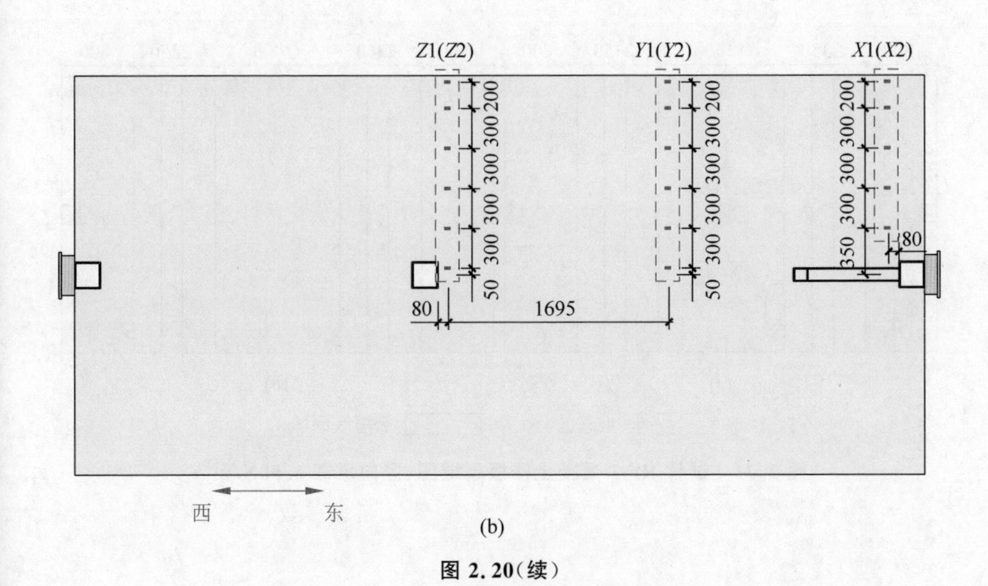

(b)

图 2.20(续)

2.5　竖向堆载试验结果

在各试件两层楼板上堆载砝码模拟楼面荷载,观察各试件在竖向重力荷载作用下的力学性能,试验结果如下(包括楼板裂缝发展、主梁跨中挠度,以及应变分布)。

2.5.1　楼板裂缝发展

楼板表面被分为堆载区和裂缝观测区,裂缝观测区位于 3 根柱子附近,在竖向荷载作用下柱周围楼板承受拉力,裂缝发展相对集中。在竖向堆载之前,首先对混凝土楼板表面由于干缩产生的初始裂缝进行观测,并记录裂缝宽度,以消除初始裂缝对裂缝宽度观测的影响。

在竖向堆载过程中,楼板表面逐渐出现裂缝,并且裂缝宽度随竖向堆载的增加而增大。全部堆载完成后,试件 RF-1、试件 SGLR-1 和试件 SGLR-2 的两层楼板表面的裂缝情况分别如图 2.21～图 2.23 所示。楼板裂缝宽度随堆载的发展曲线如图 2.24 所示,图中的裂缝宽度已减去初始裂缝宽度。

从图 2.21～图 2.23 可以看出,楼板上较长的裂缝主要垂直于主梁方向,这也与竖向堆载作用下楼板拉力的分布情况相符。试件 RF-1 的楼板

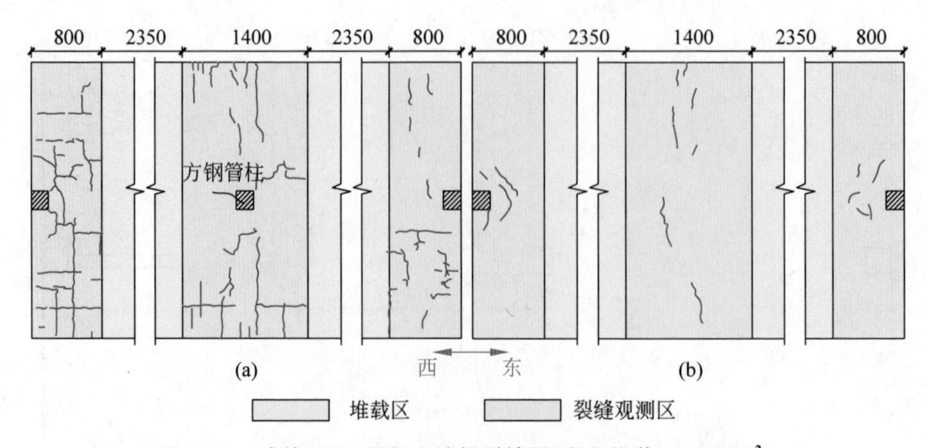

图 2.21　试件 RF-1 混凝土楼板裂缝图（竖向堆载 3.5kN/m²）

（a）一层；（b）二层

单位：mm

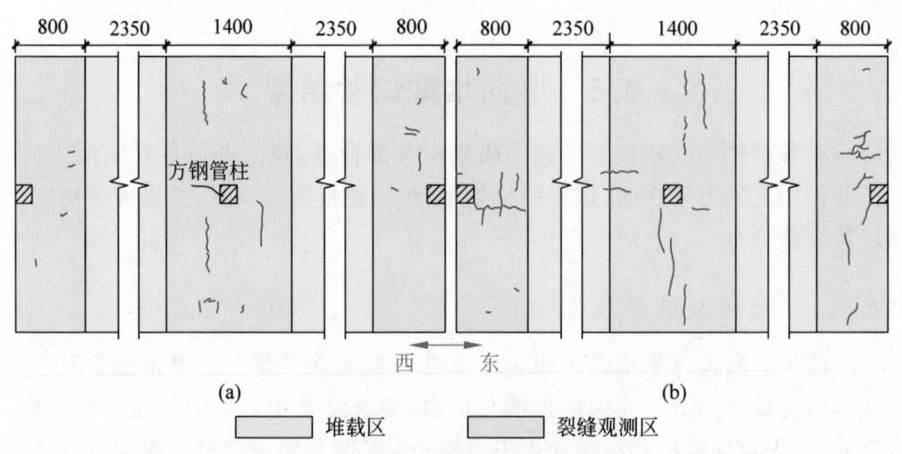

图 2.22　试件 SGLR-1 混凝土楼板裂缝图（竖向堆载 3.5kN/m²）

（a）一层；（b）二层

单位：mm

裂缝整体上多于试件 SGLR-1 和试件 SGLR-2，尤其是更具代表性的较长裂缝，这主要是因为试件 RF-1 的梁高较大且节点为刚接，所以梁端的负弯矩较大且同样曲率下楼板表面的拉应变较大，裂缝发展更多。

对于各试件而言，中柱周围的裂缝数量多于边柱周围裂缝，这是因为边柱周围楼板的约束较弱。整体而言，各试件的一层裂缝多于二层，需要说明

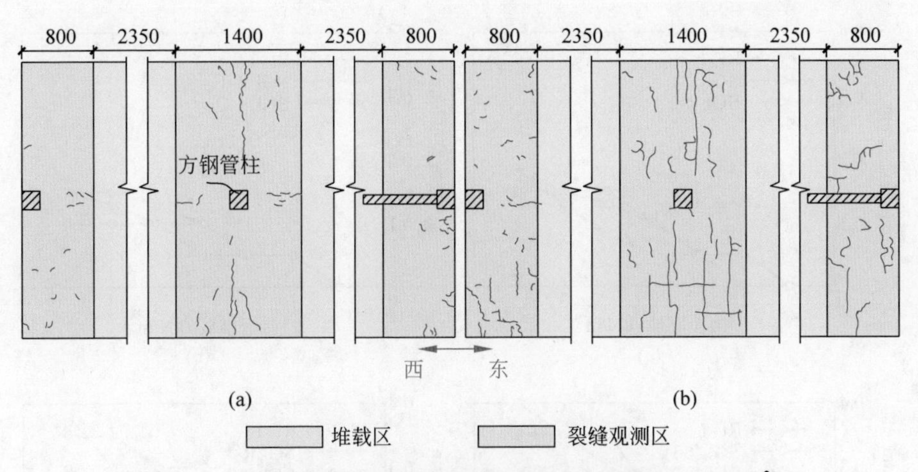

图 2.23　试件 SGLR-2 混凝土楼板裂缝图(竖向堆载 3.5kN/m²)

(a) 一层；(b) 二层

单位：mm

的是，试件 SGLR-2 二层楼板的初始裂缝较多，因此图 2.23 显示堆载结束后的最终裂缝较多。

从图 2.24 可以看出，中柱附近楼板的裂缝宽度发展明显快于边柱附近楼板，与图 2.21～图 2.23 反映的规律一致，体现出楼板边界约束条件对裂缝发展的影响。整体上，试件 RF-1 的楼板裂缝宽度大于试件 SGLR-1 和试件 SGLR-2，尤其在中柱和东侧边柱附近。对于试件 SGLR-2，由于东侧有剪力墙存在，东侧边柱附近区域的裂缝宽度发展明显慢于其他两个试件。虽然试件 SGLR-1 和试件 SGLR-2 中的主梁是按照简支梁进行设计的，但在梁端仍出现楼板裂缝，说明由于楼板组合作用存在，可分体系中的主梁梁端仍然会存在负弯矩，节点表现出半刚性，这个问题会在之后详细讨论。

2.5.2　主梁跨中挠度

竖向堆载过程中，各试件主梁跨中挠度随楼板堆载的发展曲线如图 2.25 所示。整体而言，3 个试件的主梁跨中挠度随堆载的增加而逐渐增加。其中，可分体系试件 SGLR-1 和试件 SGLR-2 的主梁跨中挠度发展明显快于传统体系试件 RF-1，一是因为可分体系试件的主梁截面小于传统体系试件，抗弯刚度较弱；另一更为主要的原因是，可分体系梁端为铰接连接，传统体系为刚接，梁端约束不同在相同荷载作用下梁跨中挠度自然也不同。对于东侧主梁(G11/G11a 和 G21/G21a)，虽然边界条件相同，但试件

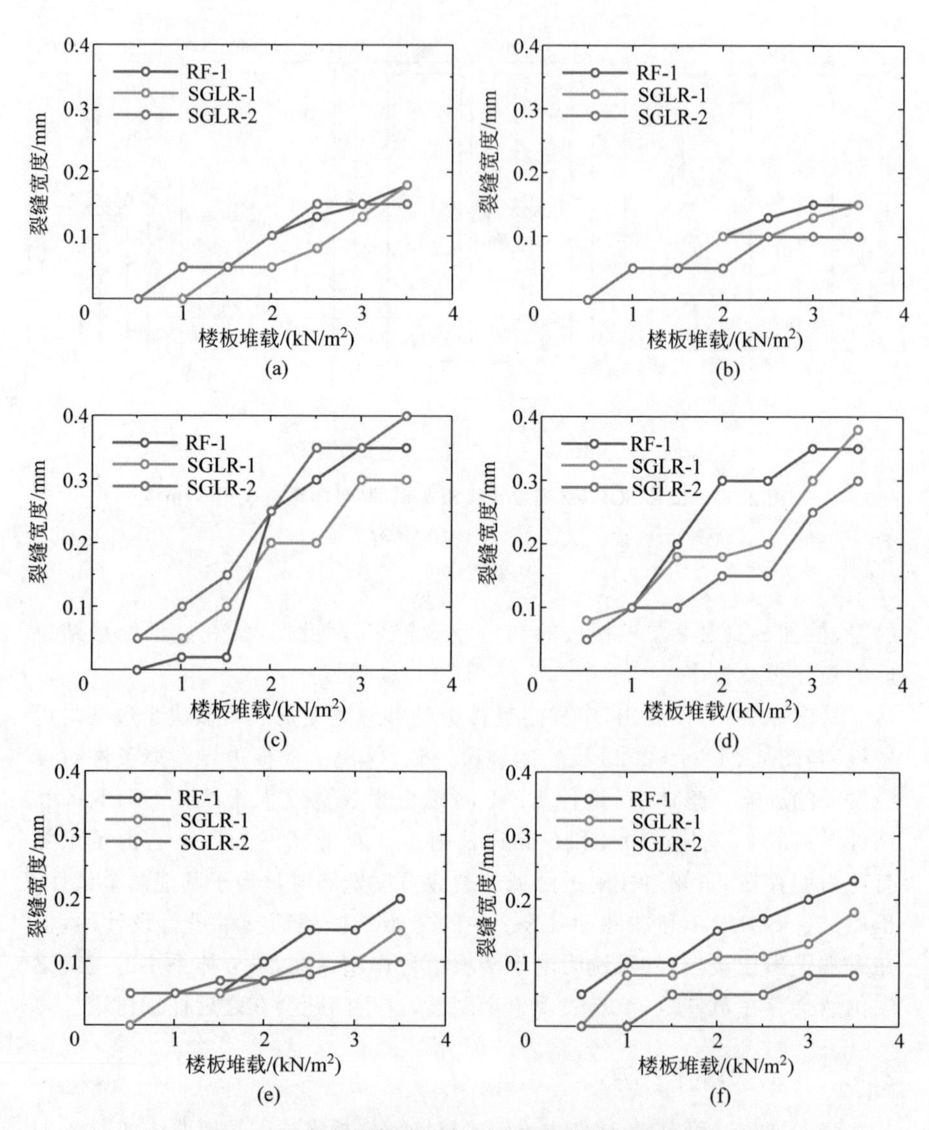

图 2.24 竖向堆载试验中各试件楼板裂缝宽度发展

(a) 一层西侧；(b) 二层西侧；(c) 一层中间；(d) 二层中间；(e) 一层东侧；(f) 二层东侧

SGLR-2 的主梁由于跨度较小，挠度发展明显慢于试件 SGLR-1。另外，试件 RF-1 的主梁挠度在堆载达到 $1.5\mathrm{kN/m^2}$ 后快速增大，这与图 2.24 中裂缝宽度发展的规律一致，说明负弯矩区楼板的开裂对组合梁的抗弯刚度有较大影响，导致挠度迅速增加。

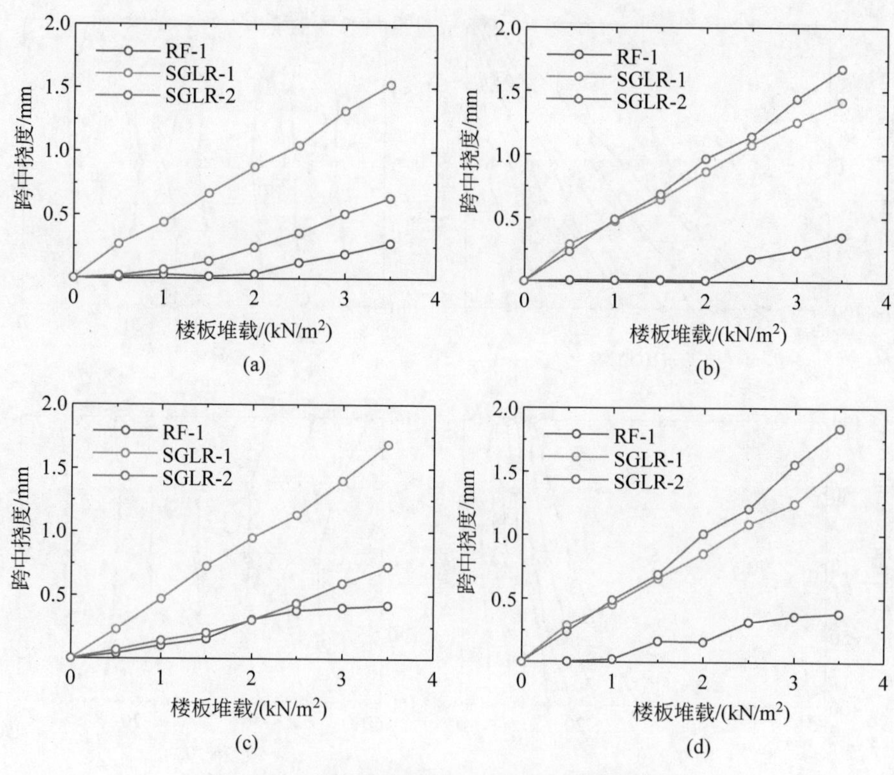

图 2.25　竖向堆载试验中各试件主梁挠度发展

(a) G11/G11a；(b) G12；(c) G21/G21a；(d) G22

2.5.3　应变分布

在竖向堆载过程中，各级荷载作用下各试件柱脚截面的应变分布如图 2.26 所示。整体来看，各柱脚截面在竖向堆载下均为受压状态，应变分布也基本满足平截面假设，且压应变随荷载的增加逐渐增大，但最大压应变也不超过 60$\mu\varepsilon$，远未达到屈服应变。每个试件的中柱和边柱柱脚的应变分布规律明显不同，中柱柱脚截面各处的压应变大小接近，说明中柱处于轴心受压状态，而边柱柱脚截面内侧的压应变大于外侧，说明边柱在竖向堆载的作用下处于压弯状态。可分体系试件 SGLR-1 和试件 SGLR-2 柱脚的截面曲率小于传统体系试件 RF-1，说明节点铰接在一定程度上释放了梁端传给柱的弯矩，边柱弯矩相比梁柱刚接明显减小。试件 SGLR-2 的中柱柱脚压应变小于试件 RF-1 和试件 SGLR-1，应该是剪力墙承担了一部分楼板荷载，在一定程度上缓解了中柱的压力。

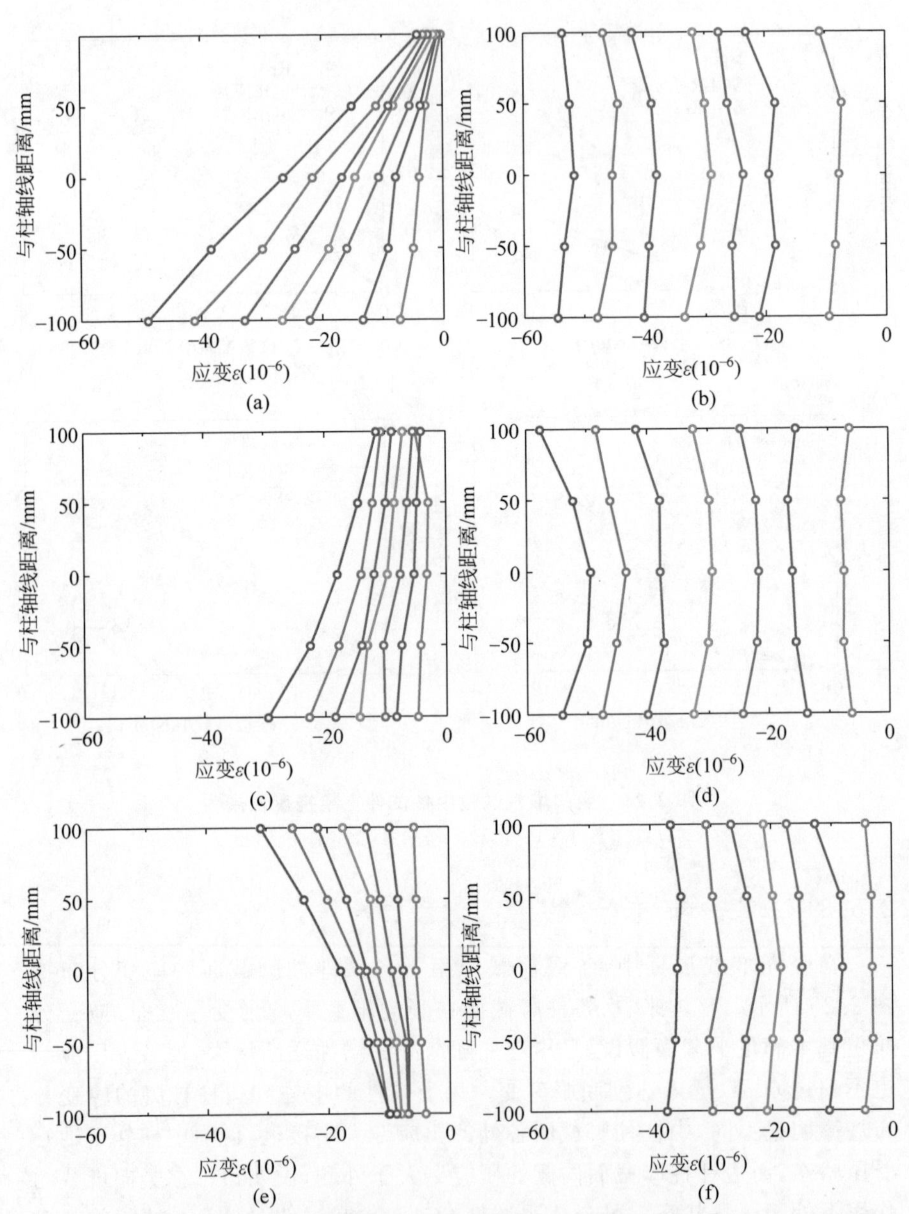

图 2.26 竖向堆载试验中各试件柱脚截面应变发展

(a) RF-1 C11 柱脚；(b) RF-1 C12 柱脚；(c) SGLR-1 C11 柱脚；
(d) SGLR-1 C12 柱脚；(e) SGLR-2 C13 柱脚；(f) SGLR-2 C12 柱脚

在竖向堆载过程中，各级荷载作用下试件 RF-1 和试件 SGLR-1 东侧主梁跨中截面的应变分布如图 2.27 所示，因试件 SGLR-2 的主梁应变片未贴在跨中位置不便于直接对比，故未在图中给出。在竖向堆载的作用下，主梁跨中受正弯矩作用，下翼缘拉应变最大，且钢梁均处于弹性阶段，应变分布符合平截面假设。试件 SGLR-1 的主梁跨中曲率大于试件 RF-1，说明试件 SGLR-1 的主梁跨中正弯矩更大，符合相同荷载作用下简支梁跨中弯矩大于固支梁的规律。另外，由于钢梁截面减小，试件 SGLR-1 主梁的中和轴相比试件 RF-1 明显上移，加上曲率增大的影响，试件 SGLR-1 主梁梁底的拉应变远大于试件 RF-1 的。

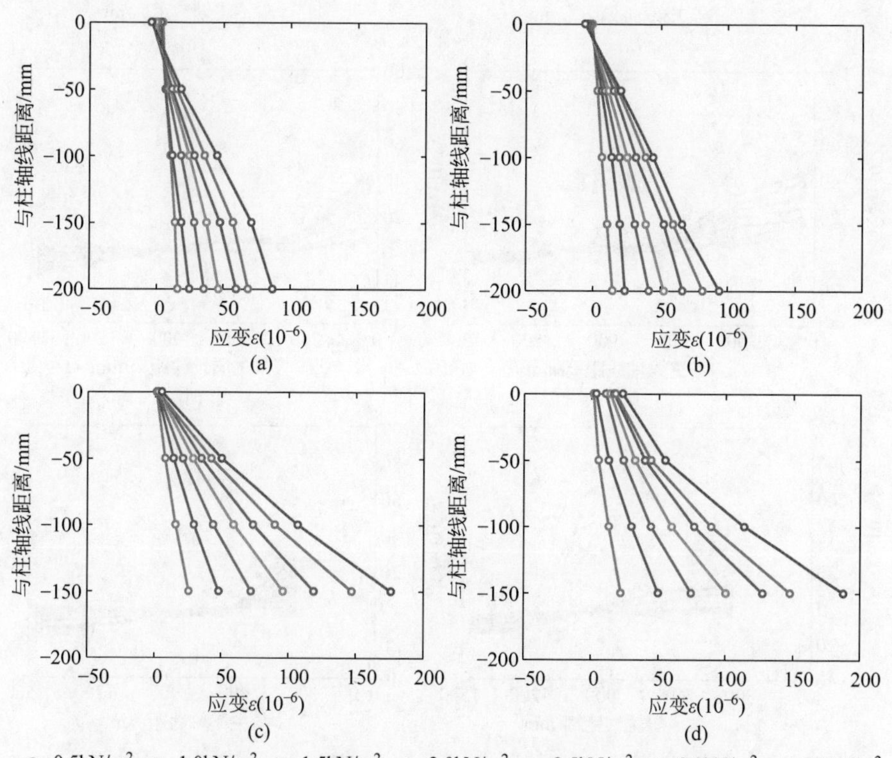

图 2.27　竖向堆载试验中各试件梁跨中截面应变发展

(a) RF-1 G11 跨中；(b) RF-1 G21 跨中；(c) SGLR-1 G11 跨中；(d) SGLR-1 G21 跨中

在竖向堆载过程中，各级荷载作用下各试件楼板钢筋 X、Y 和 Z 系列截面处的应变分布分别如图 2.28～图 2.30 所示(在试件 RF-1 的 $Z1$ 系列中，与主梁轴线距离为 50mm 的预埋片由于导线损坏数据缺失)。整体而

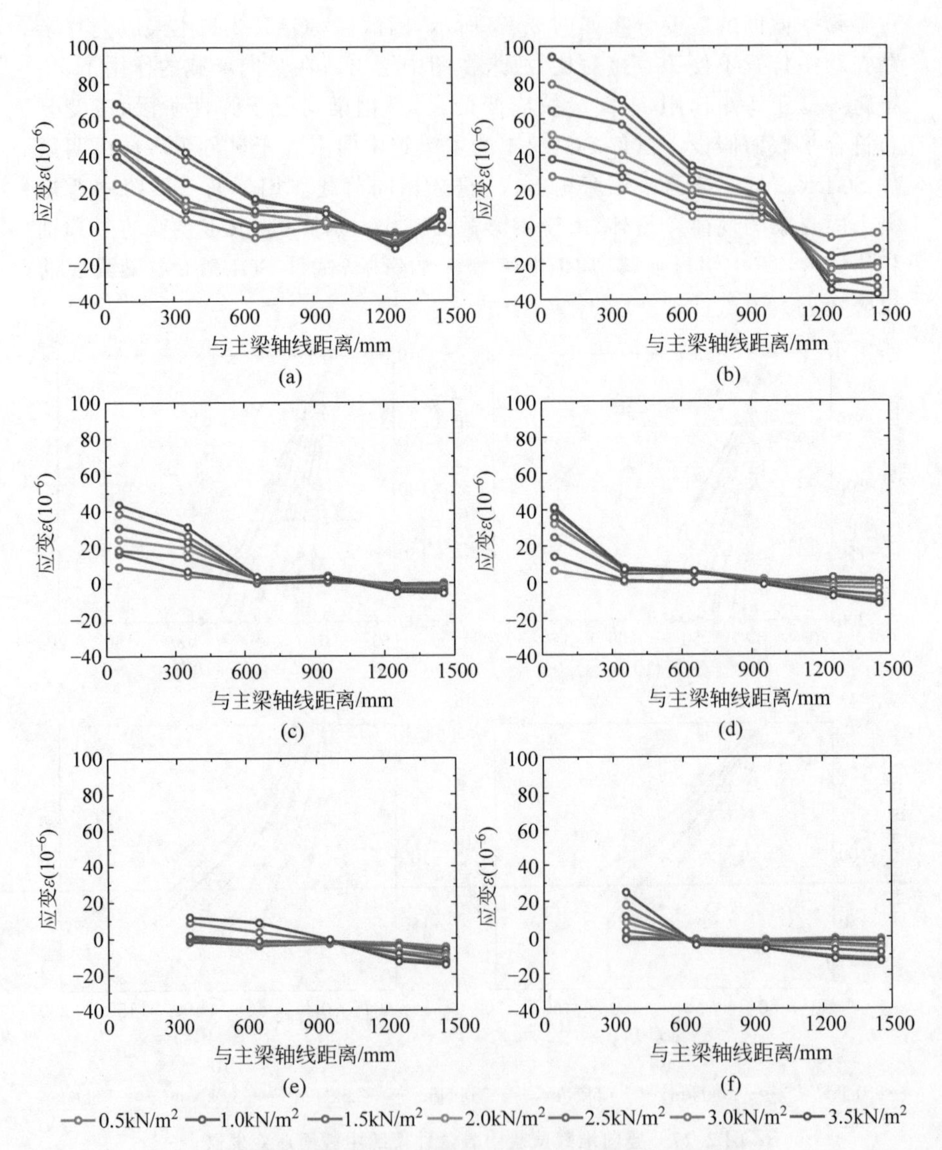

图 2.28　竖向堆载试验中各试件 X 系列钢筋应变发展

(a) RF-1 $X1$ 系列；(b) RF-1 $X2$ 系列；(c) SGLR-1 $X1$ 系列；(d) SGLR-1 $X2$ 系列；(e) SGLR-2 $X1$ 系列；(f) SGLR-2 $X2$ 系列

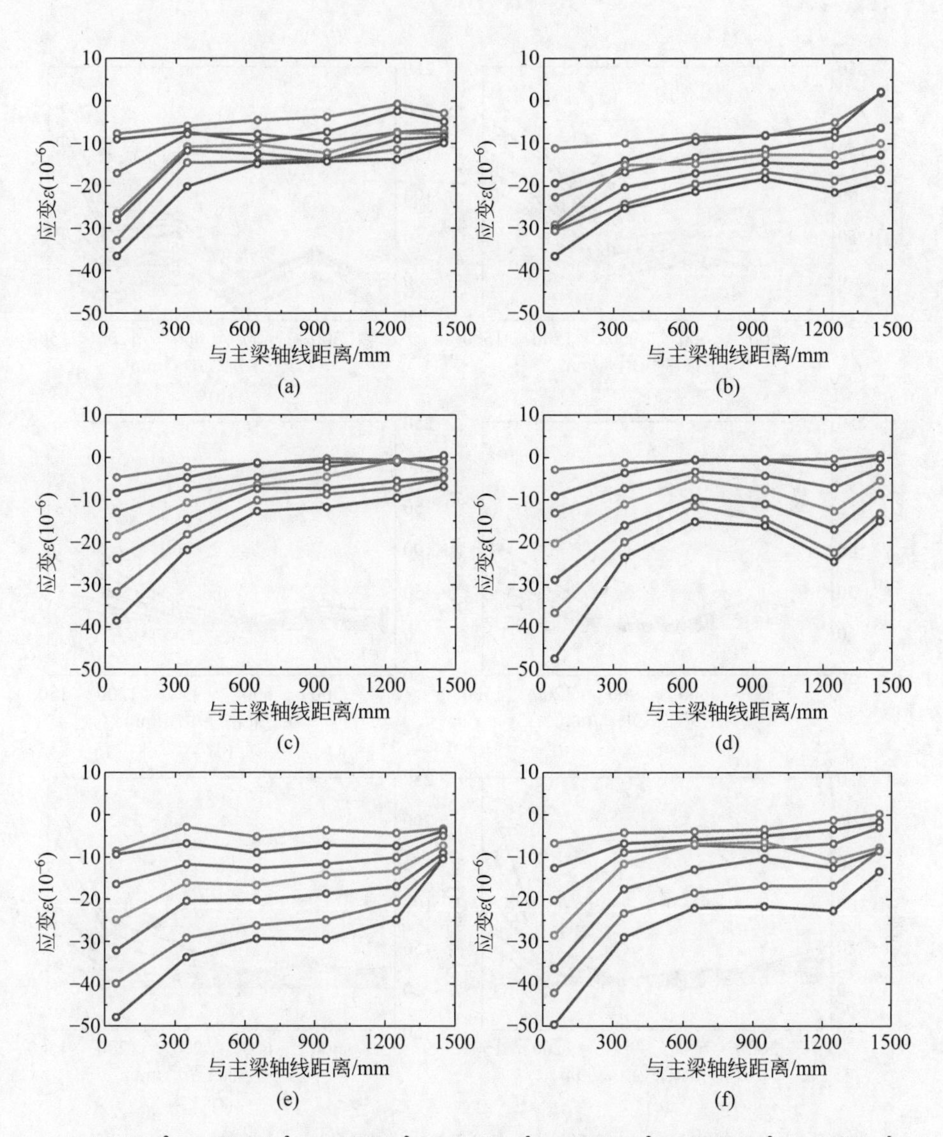

图 2.29　竖向堆载试验中各试件 *Y* 系列钢筋应变发展

(a) RF-1 *Y*1 系列；(b) RF-1 *Y*2 系列；(c) SGLR-1 *Y*1 系列；(d) SGLR-1 *Y*2 系列；
(e) SGLR-2 *Y*1 系列；(f) SGLR-2 *Y*2 系列

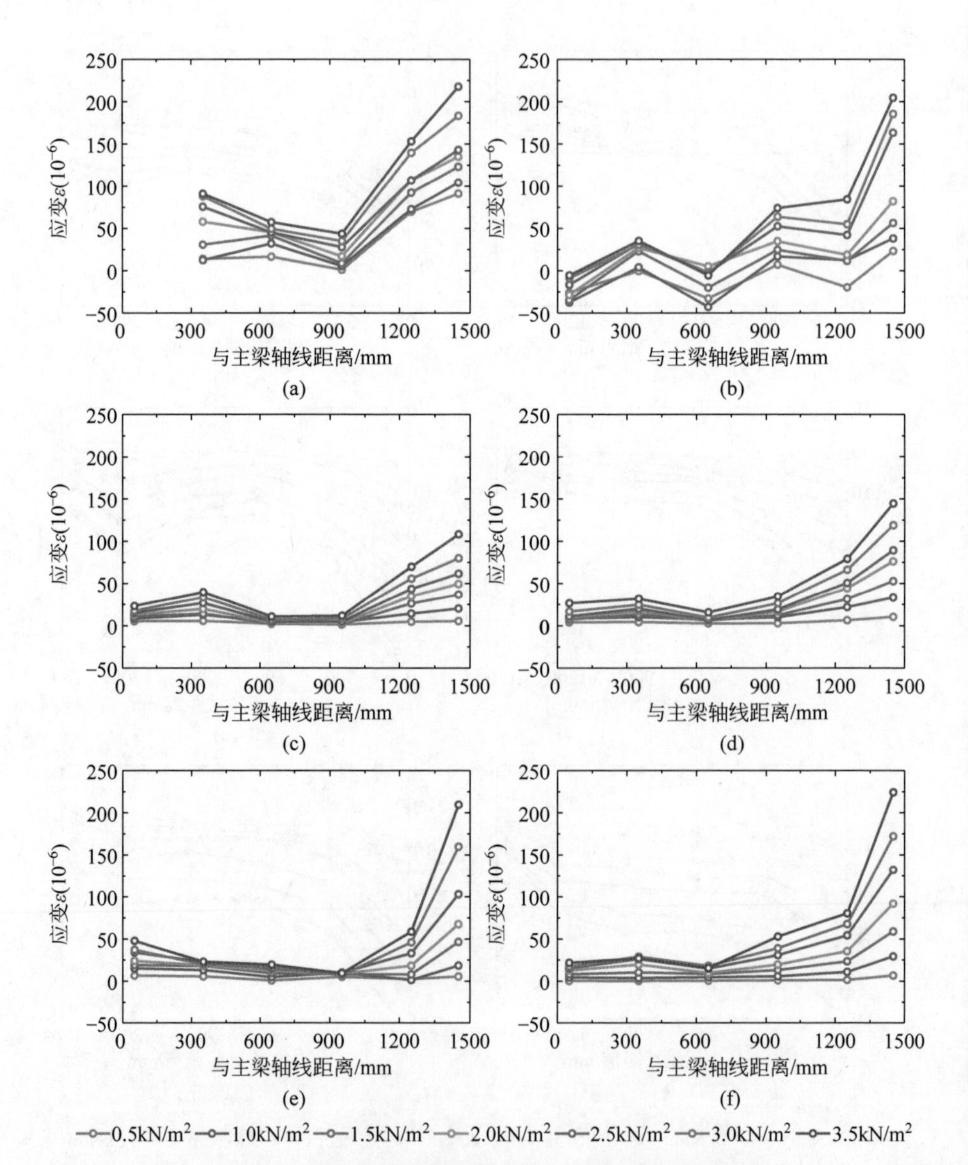

图 2.30　竖向堆载试验中各试件 Z 系列钢筋应变发展

(a) RF-1 $Z1$ 系列；(b) RF-1 $Z2$ 系列；(c) SGLR-1 $Z1$ 系列；(d) SGLR-1 $Z2$ 系列；(e) SGLR-2 $Z1$ 系列；(f) SGLR-2 $Z2$ 系列

言，位于主梁跨中的Y截面处钢筋受压，位于梁端的X和Z截面处钢筋受拉，并且应变随楼面堆载的增加而增大，不过最大拉应变也没有超过250$\mu\varepsilon$，说明钢筋均处于弹性状态。

各试件跨中截面的Y系列钢筋压应变随钢筋与主梁轴线距离的增加而减小，验证了组合梁楼板中剪力滞效应的存在。各试件Z系列钢筋的拉应变大于X系列，这是由于Z系列应变片位于中柱附近，楼板连续，两边均有竖向荷载作用，因而产生的负弯矩较大。在靠近主梁轴线范围内，可分体系试件SGLR-1和试件SGLR-2的X和Z系列应变小于传统体系试件RF-1，说明节点铰接在一定程度上减弱了节点处钢梁与楼板的组合作用；而远离主梁轴线区域，节点连接程度对楼板钢筋受力则没有明显影响。并且，在主梁跨中截面，可分体系试件SGLR-1和试件SGLR-2的Y系列应变反而大于传统体系试件RF-1，说明节点的连接程度不会影响跨中截面的组合作用，该处钢筋应变主要受组合梁截面弯矩大小的影响。

2.6　水平滞回加载试验结果

在竖向堆载试验结束后，保持楼面荷载3.5kN/m^2不变，通过两个MTS 100t作动器对试件两层施加拟静力的往复低周荷载，进行水平滞回加载试验，观察各试件在模拟水平地震作用下的力学性能，下面对试验结果进行介绍。

2.6.1　试验现象

1. 试件RF-1

在水平滞回加载试验中，试件RF-1在力控制加载阶段分别按照±50kN、±100kN、±200kN、±300kN、±350kN进行加载，每级荷载等级循环1次。加载至±350kN荷载等级时试件屈服，取此时的顶点位移60mm为屈服位移，之后按位移控制进行加载，每级循环3次。在各荷载等级下，试件RF-1的主要试验现象如表2.7所示。

在水平滞回加载试验中，试件RF-1的典型破坏现象如图2.31所示。

随着荷载增加，边节点下翼缘焊缝逐渐断裂，中柱节点域焊缝出现撕裂破坏，受压区混凝土压溃剥落，柱脚壁板出现局部屈曲。在全部边节点下翼

表 2.7　试件 RF-1 水平滞回加载阶段试验现象

荷载等级	主要试验现象
F_2=50～200kN	听到混凝土发出哔啵声，负弯矩区出现新裂缝，原有裂缝发展
F_2=300kN	听到混凝土持续发出哔啵声和钢构件的摩擦声，裂缝大量扩展增加，中柱与混凝土板出现明显分离（缝隙为 0.7mm），梁端正弯矩区下翼缘应变已达到屈服应变，正向卸载时有 8mm 残余变形
F_2=350kN	在加载中，正弯矩段混凝土裂缝闭合，最大裂缝宽度达到 1mm，各节点附近均有新裂缝出现；试件刚度明显减小，此时顶点位移为 60mm，取为屈服位移，之后进入位移控制阶段
D_2=90mm，2.57%(1)	裂缝急剧发展，当负向加载 D_2=−42mm 时，一层东侧主梁边节点下翼缘焊缝断裂，发出巨大响声；当 D_2=−86mm 时，二层东侧主梁边节点下翼缘焊缝断裂
D_2=90mm，2.57%(2)	不断发出声响，二层楼板顶面裂缝变宽
D_2=90mm，2.57%(3)	当正向加载至 D_2=52mm 时，一层西侧主梁边节点下翼缘焊缝出现断裂；当 D_2=82mm 时，该处焊缝完全断裂；紧接着，二层西侧主梁边节点下翼缘焊缝断裂；二层西侧主梁与楼板观察到明显滑移
D_2=120mm，3.43%(1/2/3)	试件峰值荷载有所下降，焊缝断开处在受负弯矩时，两侧翼缘高低错位挤合在一起；加载过程中不断听到钢柱与侧向支撑的摩擦声
D_2=150mm，4.29%(1/2/3)	第 2 圈，中柱一、二层节点区焊缝撕裂；第 3 圈，中柱柱脚壁板局部鼓曲，一层边节点上部混凝土部分剥离掉落
D_2=180mm，5.14%(1/2/3)	受压区混凝土不断剥落，中柱呈现剪切型变形，边柱呈现弯曲型变形
D_2=240mm，6.86%(1)	各个节点受压区混凝土大块剥落，不断发出较大哔啵声

注：在荷载等级中，括号内的数字表示滞回圈数，括号前的百分数为试件顶点位移角。

缘焊缝受拉断裂后，试件的整体变形模式如图 2.32 所示，由于两个边柱伸出的牛腿与梁的下翼缘断开，边柱受力模式类似于悬臂柱，在侧向荷载作用下呈现弯曲型变形模式，中柱与梁的节点焊缝未断开，在侧向荷载作用下呈现剪切型变形模式。

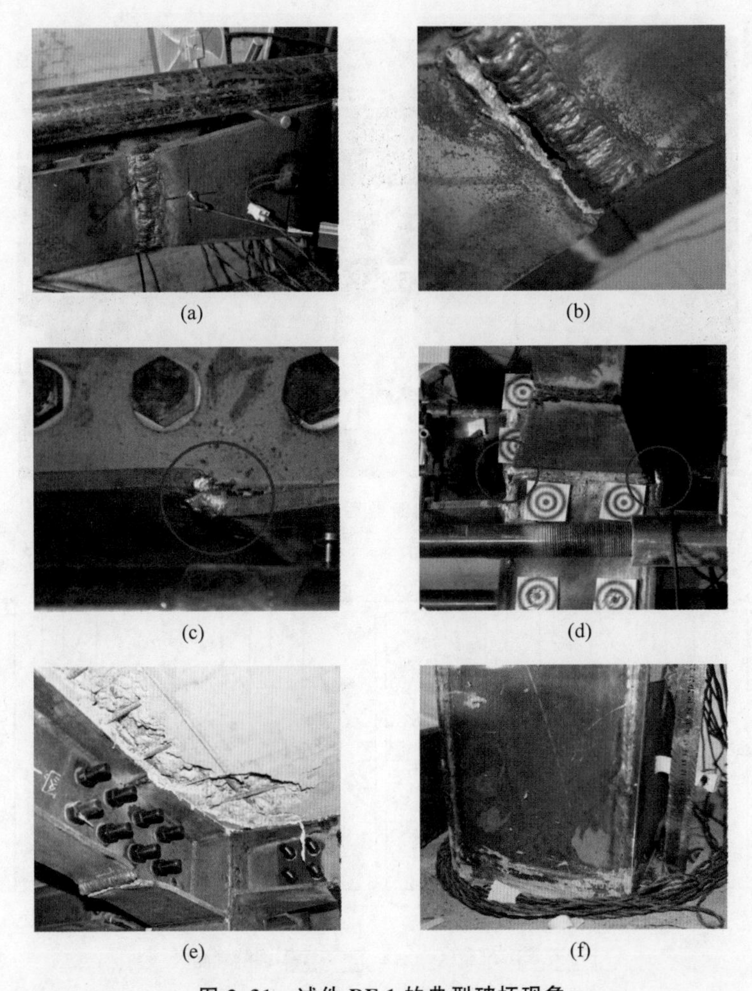

图 2.31　试件 RF-1 的典型破坏现象

(a) 边节点下翼缘焊缝断裂；(b) 焊缝完全断裂，张开较大；(c) 焊缝断开处在反向加载时错位闭合；(d) 一层中柱节点域焊缝撕裂；(e) 受压区混凝土剥落；(f) 柱脚壁板鼓曲

在水平滞回加载试验结束后，试件 RF-1 楼板的最终裂缝形态如图 2.33 所示。两层楼板在柱附近区域发展了大量裂缝，裂缝方向以横向为主。一层楼板横向裂缝多于二层，且一层楼板中柱和西边柱附近部分混凝土压溃，说明一层楼板受力较大。虽然楼板出现较严重破坏，但试件整体在水平滞回加载试验中未出现明显的退化行为，仍具有较好的延性，说明组合框架的抗震性能主要取决于钢材而非混凝土，这一点在文献[87]也得到过验证。

图 2.32　焊缝断裂后试件变形模式

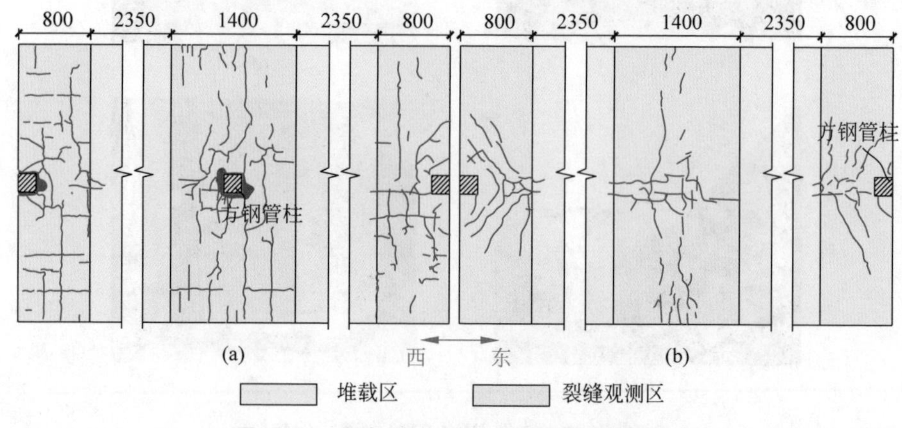

图 2.33　试件 RF-1 混凝土楼板最终裂缝图

(a) 一层；(b) 二层

单位：mm

2. 试件 SGLR-1

在水平滞回加载试验中，试件 SGLR-1 在力控制加载阶段分别按照 ±30kN、±60kN、±120kN、±150kN 进行加载，每级荷载等级循环 1 次。当加载至±150kN 荷载等级时试件屈服，取此时的顶点位移 80mm 为屈服位移，之后按位移控制进行加载。在各荷载等级下，试件 SGLR-1 的主要试验现象如表 2.8 所示。

表 2.8　试件 SGLR-1 水平滞回加载阶段试验现象

荷 载 等 级	主要试验现象
$F_2=30\sim60$kN	负弯矩区出现新裂缝，原有裂缝发展，最大裂缝宽度达 0.35mm
$F_2=120$kN	加载过程中听到钢响，观察到节点处发生转动，钢梁上下翼缘的宽度有区别，正弯矩区裂缝闭合，负弯矩区的最大裂缝宽度达 0.9mm
$F_2=150$kN	加载过程中不断听到咔咔钢响和混凝土崩裂的哔啵声，最大裂缝宽度达 1.8mm
$D_2=80$mm，2.29%(1/2/3)	不断听到较大钢响，应为节点连接处发生转动发出的声音；边节点区裂缝宽度比中节点区大，最大裂缝宽度达 2.5mm
$D_2=120$mm，3.43%(1/2/3)	加载过程中听到连续响声；二层节点受负弯矩时钢梁下翼缘明显错位，节点区混凝土楼板底部出现裂缝
$D_2=160$mm，4.57%(1/2/3)	不断听到巨响；节点区楼板混凝土碎渣掉落；从节点区钢梁和牛腿上翼缘连接处扩展出很多板底裂缝
$D_2=200$mm，5.71%(1/2/3)	节点区大块混凝土掉落，二层西侧边节点裸露出板内钢筋；一层板底在节点附近出现等间距裂缝，并有部分裂缝由节点区向跨中辐射
$D_2=240$mm，6.86%(1/2/3)	柱脚壁板鼓曲；观察到楼板顶面柱脚附近的混凝土压溃；楼板裸露钢筋受压发生屈曲

注：在荷载等级中，括号内的数字表示滞回圈数，括号前的百分数为试件顶点位移角。

在水平滞回加载试验中，试件 SGLR-1 的典型破坏现象如图 2.34 所示。在水平滞回加载过程中，不断听到节点处转动时钢板摩擦发出的声音；节点连接处的上下翼缘间距发生变化，正弯矩时下翼缘张开，负弯矩时下翼缘闭合，如图 2.34(a)所示；柱脚与地梁之间观察到分离裂缝，如图 2.34(b)所示；在负弯矩作用下，节点下翼缘闭合时发生一定的高低错位，如图 2.34(c)所示；节点连接处观察到板底扩展出等间距裂缝，并向跨中辐射，如图 2.34(d)所示；柱脚受压侧壁板发生鼓曲，如图 2.34(e)所示；节点区板底混凝土剥落，钢筋裸露且后期受压屈曲，如图 2.34(f)所示；加载结束后柱脚周围混凝土压溃，如图 2.34(g)所示；试验结束后拆解开节点的螺栓发现，连接板开孔周围有明显的磨痕，如图 2.34(h)所示。

在水平滞回加载试验结束后，试件 SGLR-1 楼板的最终裂缝形态如图 2.35 所示。与试件 RF-1 类似，柱附近楼板出现大量裂缝，且以横向裂缝为主。另外，柱周围混凝土压溃区域有所外移，这一现象在一层西边柱和

图 2.34 试件 SGLR-1 典型破坏现象

(a) 钢梁上下翼缘间距变化 $D_2=120$mm(1)；(b) 柱脚与地梁分离裂缝 $D_2=120$mm(2)；(c) 钢梁下翼缘错位 $D_2=120$mm(3)；(d) 节点区板底裂缝 $D_2=160$mm(3)；(e) 柱脚壁板鼓曲 $D_2=240$mm(1)；(f) 裸露钢筋受压屈曲 $D_2=240$mm(3)；(g) 柱脚附近混凝土压溃；(h) 节点板开孔周围有明显磨痕

二层中柱西侧尤为明显，这是由于试件 SGLR-1 的柱外伸牛腿与主梁铰接，当水平侧移较大时，铰接节点处发生较大转动，导致混凝土压溃。虽然混凝土楼板出现较大损伤，但试件 SGLR-1 的承载力没有明显下降。

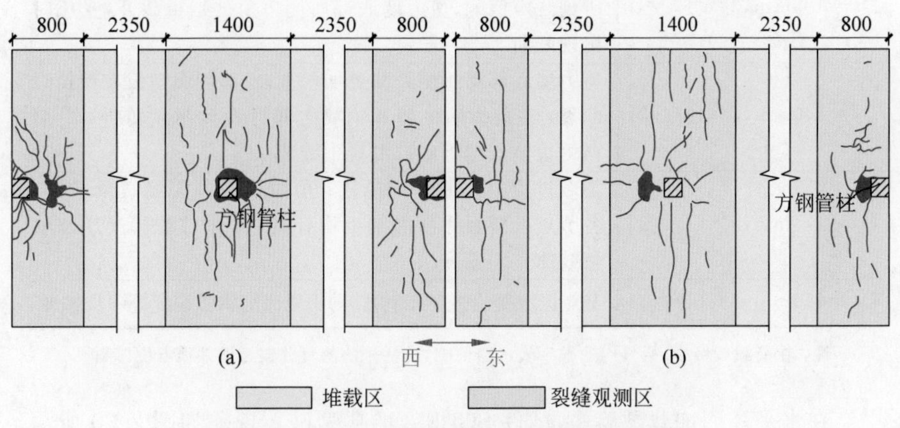

图 2.35　试件 SGLR-1 混凝土楼板最终裂缝图

(a) 一层；(b) 二层

单位：mm

3．试件 SGLR-2

在水平滞回加载试验中，试件 SGLR-2 在力控制加载阶段分别按照 ±100kN、±200kN、±300kN、±400kN 进行加载，每级荷载等级循环 1 次。加载至 ±400kN 荷载等级时试件屈服，取此时的顶点位移 70mm 为屈服位移，之后按位移控制进行加载。在各荷载等级下，试件 SGLR-2 的主要试验现象如表 2.9 所示。

表 2.9　试件 SGLR-2 水平滞回加载阶段试验现象

荷载等级	主要试验现象
F_2＝100～300kN	听到混凝土发出哔啵声，负弯矩区出现新裂缝，原有裂缝发展，最大裂缝宽度达 0.8mm
F＝400kN	听到混凝土发出轻微哔啵声，节点区钢梁上下翼缘出现明显张开闭合，最大裂缝宽度达 1mm
D_2＝70mm，2%(1/2/3)	节点区螺栓转动发出较大响声，并且不断听到钢响；第 2 圈时剪力墙底部西侧焊缝撕开；第 3 圈时最大裂缝宽度达 1.8mm

续表

荷载等级	主要试验现象
$D_2=105\text{mm}$,3%(1/2/3)	加载过程中不断有混凝土发出哔啵声,混凝土块掉落,并听到几声巨响,剪力墙底部西侧边角处钢板裂开,受压时出现鼓曲
$D_2=140\text{mm}$,4%(1/2/3)	剪力墙底部受压侧鼓曲更加严重,底部侧面钢板在受拉时断裂;在剪力墙牛腿和钢梁之间可看到明显转折;二层西侧边节点楼板底部混凝土继续掉落
$D_2=175\text{mm}$,5%(1/2/3)	加载过程中不断听到响声;剪力墙底部裂缝继续扩展;各节点区楼板底部混凝土均有剥落;钢柱柱脚受压侧壁板鼓曲
$D_2=210\text{mm}$,6%(1/2/3)	节点区混凝土进一步剥落,剪力墙底部钢板裂缝进一步扩展

注:在荷载等级中,括号内的数字表示滞回圈数,括号前的百分数为试件顶点位移角。

在水平滞回加载试验中,试件 SGLR-2 的典型破坏现象如图 2.36 所示。在水平滞回加载过程中,破坏主要集中在双钢板-混凝土组合剪力墙底部,剪力墙受压时底部钢板鼓曲导致焊缝断裂(图 2.36(a)、(b)、(d)),受拉侧底部钢板撕开,剪力墙东侧钢柱柱脚壁板受压屈曲(图 2.36(g)),后期受压侧混凝土压溃从断裂处流出(图 2.36(h)),剪力墙呈现明显的弯曲破坏模式。节点连接处也发生明显转动,钢梁上下翼缘间距变化(图 2.36(c)、(f)),节点区混凝土压溃剥落(图 2.36(e))。试验结束后凿开节点区楼板混凝土,发现纵向钢筋因滞回加载时受压已经屈曲(图 2.36(i))。另外,拆解开节点的螺栓发现,连接板开孔周围有明显的磨痕,且连接板整体已发生变形(图 2.36(j))。

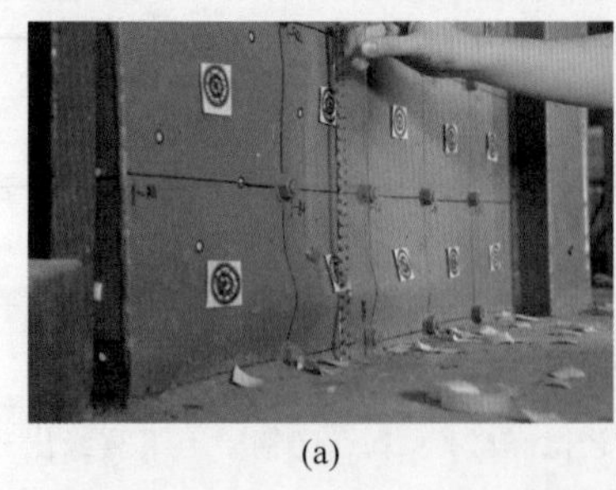

(a)

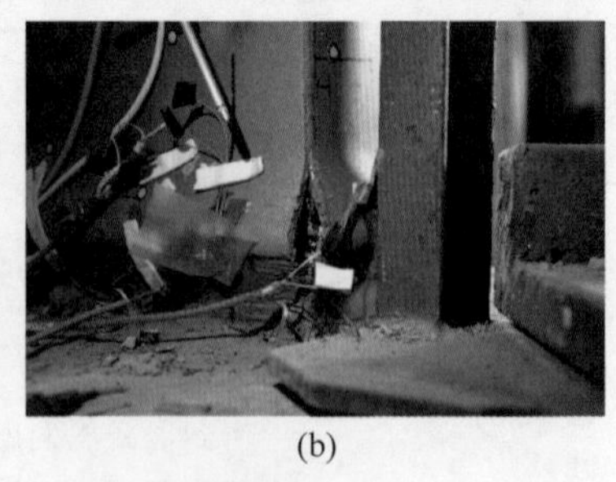

(b)

图 2.36 试件 SGLR-2 典型破坏现象

(a) 剪力墙底部受压鼓曲 $D_2=70\text{mm}(1)$;(b) 剪力墙底部焊缝撕裂 $D_2=70\text{mm}(2)$;
(c) 钢梁上下翼缘间距变化 $D_2=70\text{mm}(3)$;(d) 剪力墙底部钢板开裂 $D_2=105\text{mm}(2)$;
(e) 边节点底部混凝土剥落 $D_2=140\text{mm}(1)$;(f) 牛腿和钢梁明显转折 $D_2=140\text{mm}(1)$;
(g) 柱脚壁板鼓曲 $D_2=175\text{mm}(3)$;(h) 剪力墙内混凝土压溃 $D_2=210\text{mm}(3)$;
(i) 楼板纵向钢筋受压屈曲;(j) 节点连接板变形,开孔周围有磨痕

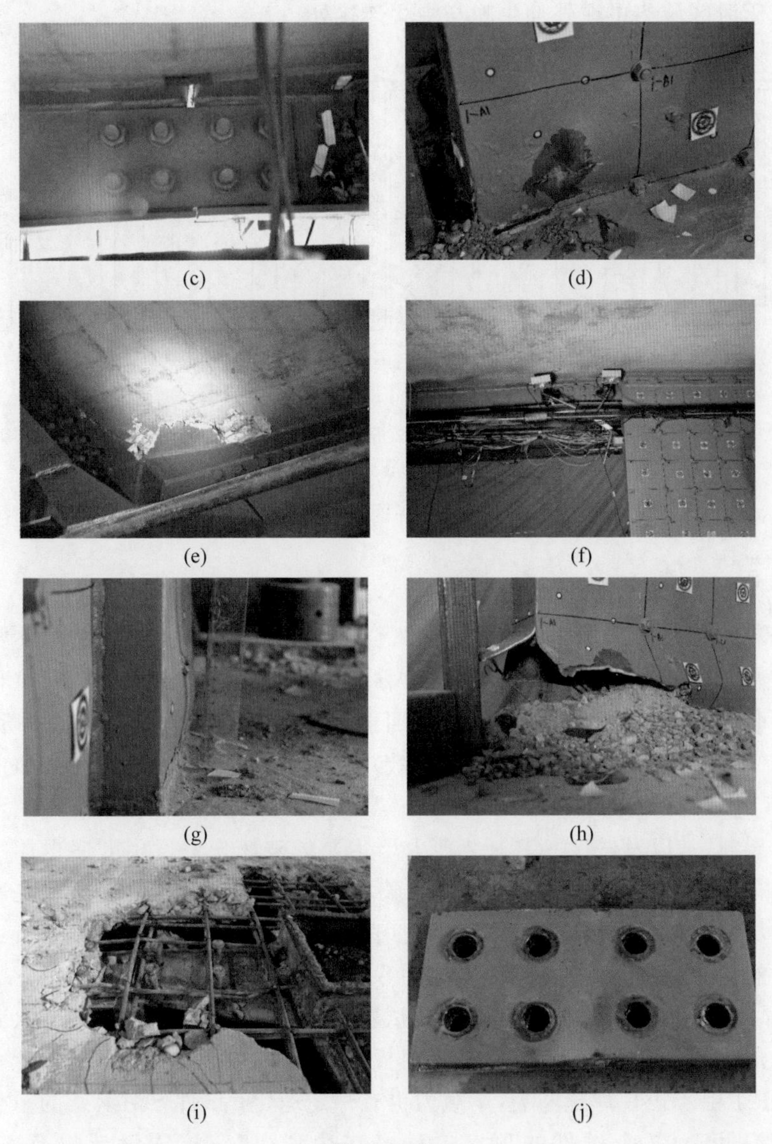

(c)　(d)　(e)　(f)　(g)　(h)　(i)　(j)

图 2.36(续)

在水平滞回加载试验结束后，试件 SGLR-2 楼板的最终裂缝形态如图 2.37 所示。由于最终加载的荷载较大，二层作动器荷载最大接近 700kN，楼板裂缝相较于前两个试件也更密集。与柱周围的横向裂缝不同，剪力墙周围裂缝从节点连接处向四周呈 45°扩散。与试件 SGLR-1 类似，混凝土压溃区域集中在外伸牛腿与主梁连接处。

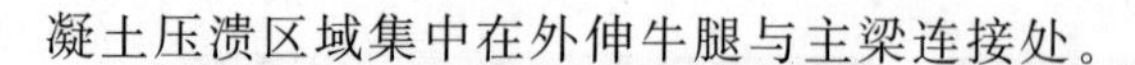
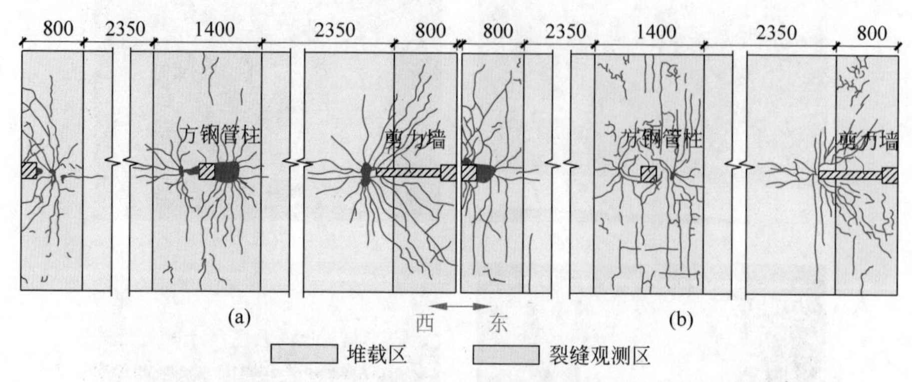

图 2.37　试件 SGLR-2 混凝土楼板最终裂缝图

(a) 一层；(b) 二层

单位：mm

2.6.2　荷载-位移曲线

滞回曲线是构件抗震性能的综合体现，对于结构分析具有重要意义[36]。3 个试件的基底剪力-顶点位移角滞回曲线、一层剪力-层间位移角滞回曲线、二层剪力-层间位移角滞回曲线分别如图 2.38(a)～(c)所示，图 2.38(a)中的右侧纵坐标(地震系数)为基底剪力与重力荷载代表值的比值[88-89]，以归一化指标表征试件的抗震性能。试件 RF-1 各边节点的下翼缘断裂顺序，以及试件 SGLR-2 剪力墙主要的破坏现象发生顺序也用字母标注在了图 2.38(a)中，并给出了各破坏现象对应的顶点位移角和基底剪力。从图中可以看出，3 个试件的滞回曲线均比较饱满，表明试件具有良好的耗能能力和位移延性。其中，试件 SGLR-2 的承载力最高，试件 RF-1 次之，试件 SGLR-1 的承载力最低，与试验设计相符；另外，试件 SGLR-2 由于在加载后期出现剪力墙底部的钢板屈曲和断裂，承载力出现退化；试件 RF-1 由于出现焊缝断裂，承载力也有一定退化；试件 SGLR-1 的承载力退化不明显。3 个试件的顶点位移率在达到《建筑抗震设计规范》(GB 50011—2010)[75]规定的倒塌层间位移角(0.02)以前，滞回曲线非常稳定，呈丰满的梭形；顶点位移率在超过 0.02 后，虽然试件 RF-1 和试件 SGLR-2 的强度有所下降，但曲线仍然比较饱满，表现出良好的耗能能力。滞回加载阶段构件的最大顶点位移率为 1/15，已远大于结构的倒塌层间位移角，并且仍具有一定的剩余强度。

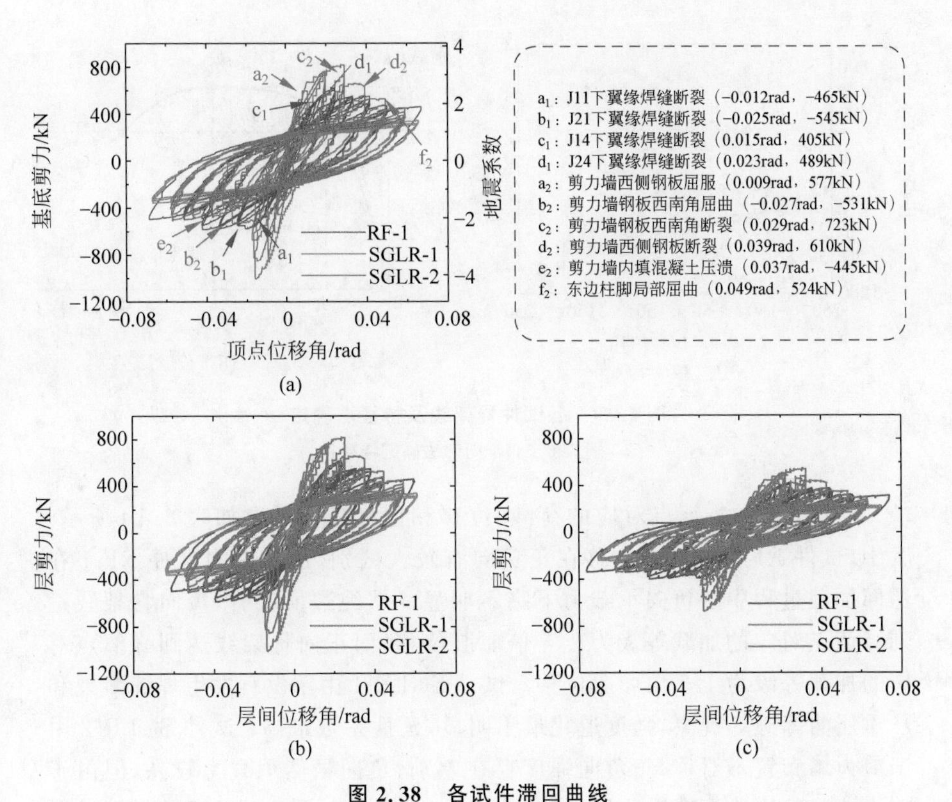

图 2.38 各试件滞回曲线

(a) 整体滞回曲线；(b) 一层滞回曲线；(c) 二层滞回曲线

骨架曲线能够比较明确地反映结构的强度、变形等，通过连接各荷载等级滞回曲线第1圈的拐点可以得到3个试件的骨架线，如图2.39(a)所示，曲线呈倒S形，说明试件在低周反复荷载作用下都经历了弹性、塑性和极限破坏3个受力阶段。从图中可以明显看出，试件SGLR-2具有更高的强度和刚度，虽然由于剪力墙钢板屈曲断裂，后期承载力下降，但当顶点位移达到210mm(对应6%的顶点位移角)时，试件SGLR-2的残余强度仍高于试件SGLR-1，与试件RF-1接近。

利用如图2.39(b)所示的图解法可以由骨架线确定试件的3个特征点：屈服点(P_y,Δ_y)、极限点(P_u,Δ_u)和破坏点(P_f,Δ_f)。结构的延性也是评价结构抗震性能的一个重要指标，一般采用位移延性系数作为衡量结构延性的量化指标，位移延性系数的定义如下：

$$\mu_\Delta = \frac{\Delta_f}{\Delta_y} \tag{2-4}$$

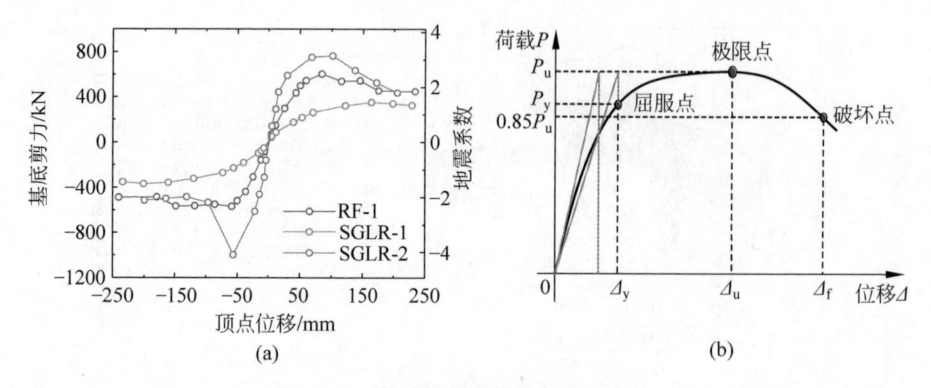

图 2.39 各试件骨架线及特征点确定

(a) 骨架线；(b) 图解法确定特征点

3 个试件的特征点对应的荷载、位移和位移延性系数如表 2.10 所示。其中，试件 RF-1 的极限位移在正负向有较大区别，这是因为试件 RF-1 在滞回加载过程中的负向承载力下降不明显。从纯数值上看，负向骨架线达到峰值点对应的加载等级为 2.5 倍屈服位移，而正向骨架线达到峰值点对应的加载等级为 1.5 倍屈服位移。试件 SGLR-1 由于没有发生焊缝断裂和严重屈曲等破坏现象，强度退化最不明显，延性系数最高；试件 SGLR-2 由于剪力墙布置不对称，正负向强度存在差别，负向虽然承载力较高，但由于剪力墙底部屈曲强度退化更显著，破坏点位移较小，导致延性系数较低。试验现象和荷载位移参数的分析说明，剪力墙的边缘约束构件对带剪力墙框架的抗震性能和破坏模式非常关键，需要对剪力墙的边缘约束构件进行加强以防止剪力墙钢板过早屈曲或断裂，保证结构延性。

表 2.10 各特征点参数和延性系数

试件编号	加载方向	屈服点		极限点		破坏点		延性系数
		P_y/kN	Δ_y/mm	P_u/kN	Δ_u/mm	P_f/kN	Δ_f/mm	μ_Δ
RF-1	+	551.7 (2.27)	61.4 (1.75%)	621.1 (2.56)	86.0 (2.46%)	527.9 (2.17)	155.4 (4.44%)	2.51
	−	538.8 (2.22)	52.5 (1.50%)	581.9 (2.40)	146.2 (4.18%)	494.6 (2.04)	174.4 (4.98%)	3.32
SGLR-1	+	278.7 (1.14)	80.8 (2.31%)	360.9 (1.48)	195.8 (5.59%)	330.1 (1.36)	229.5 (6.56%)	2.84
	−	303.9 (1.25)	92.8 (2.65%)	368.2 (1.51)	193.7 (5.54%)	346.9 (1.42)	234.0 (6.69%)	2.52

续表

试件编号	加载方向	屈服点		极限点		破坏点		延性系数
		P_y/kN	Δ_y/mm	P_u/kN	Δ_u/mm	P_f/kN	Δ_f/mm	μ_Δ
SGLR-2	+	597.8 (2.45)	33.5 (0.96%)	822.5 (3.38)	96.2 (2.75%)	699.1 (2.87)	111.9 (3.20%)	3.34
	−	819.0 (3.36)	30.3 (0.87%)	1004.8 (4.13)	55.1 (1.57%)	854.1 (3.51)	56.3 (1.61%)	1.86

注：括号内的数字分别为对应于各特征点的地震系数和顶点位移角。

2.6.3　强度和刚度退化

在位移幅值不变的条件下，结构构件承载力随反复加载次数的增加而降低的现象称为强度退化[36]。试验试件的强度退化可以用强度退化系数表示：

$$\lambda_i = \frac{P_j^i}{P_j^1} \tag{2-5}$$

式中，P_j^i 表示在控制位移荷载等级为 $\Delta_j = j \times \Delta_y$ 时，第 i 次加载循环的峰值点荷载；P_j^1 表示在控制位移荷载等级为 $\Delta_j = j \times \Delta_y$ 时，第 1 次加载循环的峰值点荷载。对于本试验的加载制度，位移控制阶段每级荷载循环 3 次，i 取 2 和 3。

根据上述定义，可从得到 3 个试件第 2 圈和第 3 圈的强度退化曲线，如图 2.40 所示。从图中可以看出，第 3 圈的强度退化系数比第 2 圈明显减

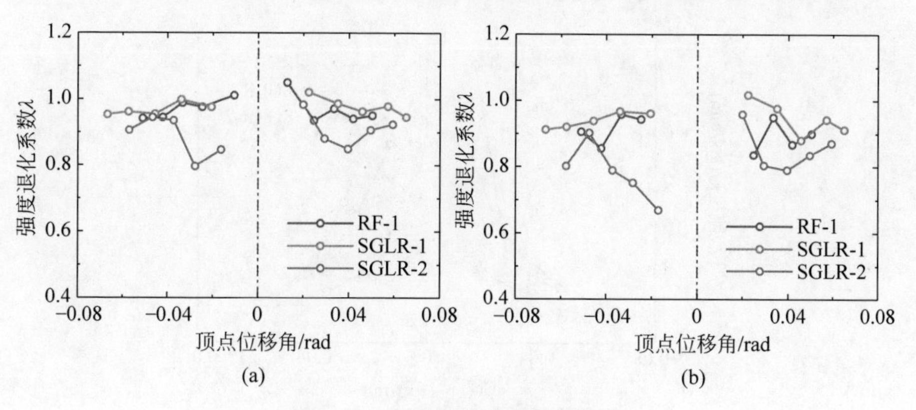

图 2.40　各试件的强度退化曲线

(a) 第 2 圈；(b) 第 3 圈

小，说明循环加载对结构造成的损伤会引起试件承载力的降低。而且，随位移等级的增大，强度退化系数整体呈下降趋势，这是由于加载过程中焊缝断裂、剪力墙屈曲、混凝土压溃等结构损伤不断累积，导致构件的强度退化越来越明显。其中，试件 SGLR-2 在顶点位移角小于 0.04rad 时强度退化系数较小，是因为剪力墙底部出现了屈曲和焊缝断裂的情况，对整个试件强度有较大影响，后期则趋于稳定。在加载后期，3 个试件的强度退化系数比较接近，试件 SGLR-1 略高于其他试件，因为试件 SGLR-1 没有出现明显的损伤破坏现象。

结构构件的刚度随加载历程降低的现象称为刚度退化[36]。以环线刚度 k_1 来表征试件在加载过程中的刚度退化规律：

$$k_1 = \sum_{i=1}^{n} P_j^i \Big/ \sum_{i=1}^{n} \Delta_j^i \tag{2-6}$$

式中，P_j^i 和 Δ_j^i 分别为在控制位移荷载等级为 $\Delta_j = j \times \Delta_y$ 时，在第 i 次加载循环下试件的峰值荷载和对应的位移；n 为控制位移荷载等级为 $\Delta_j = j \times \Delta_y$ 时的加载循环次数。

根据上述定义，可得到 3 个试件的刚度退化曲线如图 2.41 所示。从图中可以看出，3 个试件的环线刚度均随加载进程而不断减小，且刚度退化程度比较明显，前期退化幅度较大，后期退化幅度较小。其中，试件 SGLR-1 因为是铰接排架试件，整体环线刚度均低于其他两个试件，刚度退化也最不明显；试件 SGLR-2 的初始刚度大于 RF-1，但后期由于剪力墙底部损伤，刚度退化较为明显，环线刚度与 RF-1 相差不大。

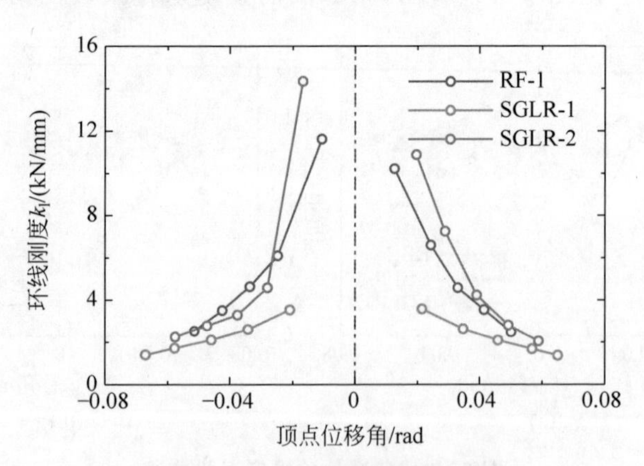

图 2.41 各试件的刚度退化曲线

2.6.4　耗能能力

根据试件的荷载-位移滞回曲线,可以定量计算每半周试件的耗散能量,即每半周荷载-位移滞回曲线与坐标轴围成的面积,由此可对试件的耗能能力进行综合评价。试件 RF-1、试件 SGLR-1 和试件 SGLR-2 的每半圈耗能情况分别如图 2.42(a)、图 2.43(a)和图 2.44(a)所示。从图中可以看出,屈服后试件的每半圈耗能显著增加,且随着控制加载位移角的增大,试件的每半圈耗能水平有一个阶跃。得益于较高的承载能力,试件 SGLR-2 的每半圈耗能高于其他两个试件。

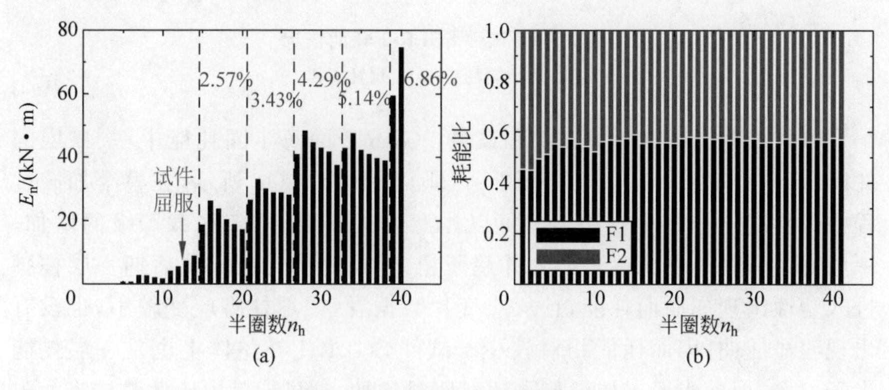

图 2.42　试件 RF-1 耗能情况

(a) 每半圈耗能;(b) 层耗能比

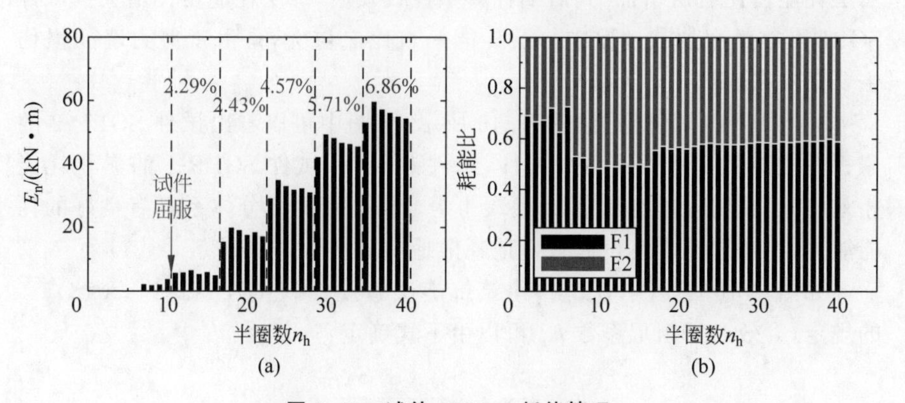

图 2.43　试件 SGLR-1 耗能情况

(a) 每半圈耗能;(b) 层耗能比

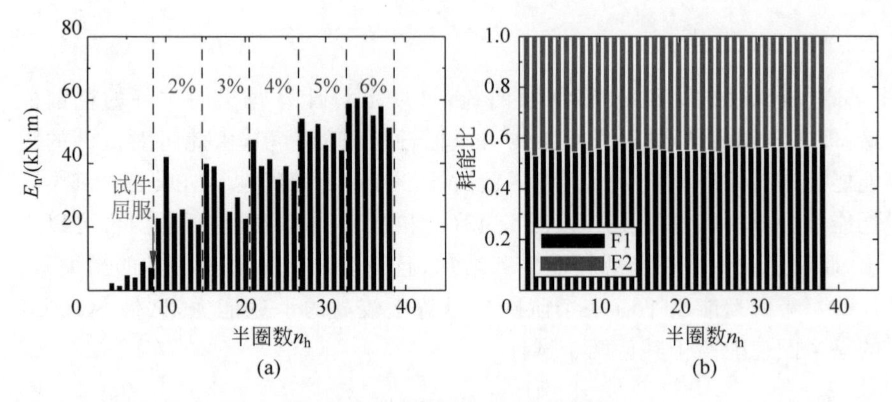

图 2.44 试件 SGLR-2 耗能情况

(a) 每半圈耗能；(b) 层耗能比

试件 RF-1、试件 SGLR-1 和试件 SGLR-2 的每半圈耗能中一、二层的耗能占比分别如图 2.42(b)、图 2.43(b)和图 2.44(b)所示，在整个加载过程中两层耗能分布比较均匀。可以注意到试件 RF-1 随加载等级的增加，一层的层间耗能占比逐步增大并趋于稳定，这是因为在加载后期一层柱脚进入塑性出现屈曲而耗能，且从应变片数据看，二层柱脚应变较小，也没有出现明显屈曲，因而耗能相对较少。试件 SGLR-1 在整体上也是一层耗能大于二层，但前半段二层耗能占比有明显增加，这可能是由于此时柱脚尚未全部进入塑性，而二层层间变形大于一层，层间变形导致的耗能占主导，使二层耗能占比有所增加，到后期柱脚塑性较发展，一层耗能占比增大。试件 SGLR-2 在整个加载过程中一层耗能一直比二层大，是由于剪力墙的损伤主要集中在底部。

3 个试件的累积耗能如图 2.45 所示，从图中可以看出试件 SGLR-2 的累积耗能明显高于另外两个试件，试件 RF-1 和试件 SGLR-1 的累积耗能相差不大，说明设置有双钢板-混凝土组合剪力墙的可分体系具有良好的耗能能力，在遭遇地震时可以较好地耗散地震能量。

如图 2.46(a)所示，根据《建筑抗震试验规程》(JGJ/T 101—2015)[86] 的规定，等效黏滞阻尼系数 h_e 可以由下式确定：

$$h_e = \frac{1}{2\pi} \cdot \frac{S_{FBE} + S_{FDE}}{S_{AOB} + S_{COD}} \tag{2-7}$$

式中，S_{FBE} 和 S_{FDE} 分别代表滞回曲线与横坐标轴围成的面积，S_{AOB} 和 S_{COD} 分别代表如图 2.46(a)所示的两个阴影三角形的面积。

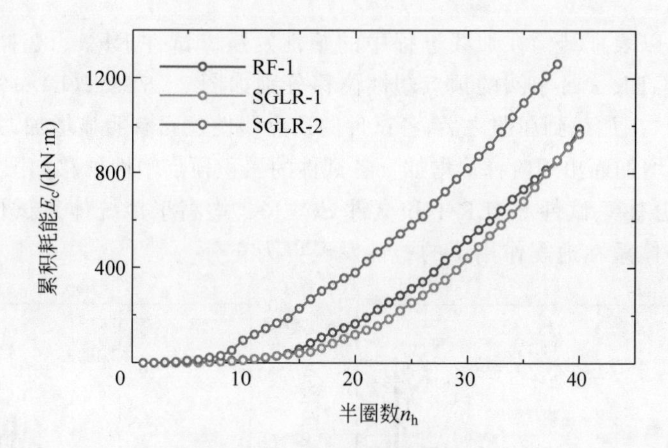

图 2.45　各试件累积耗能

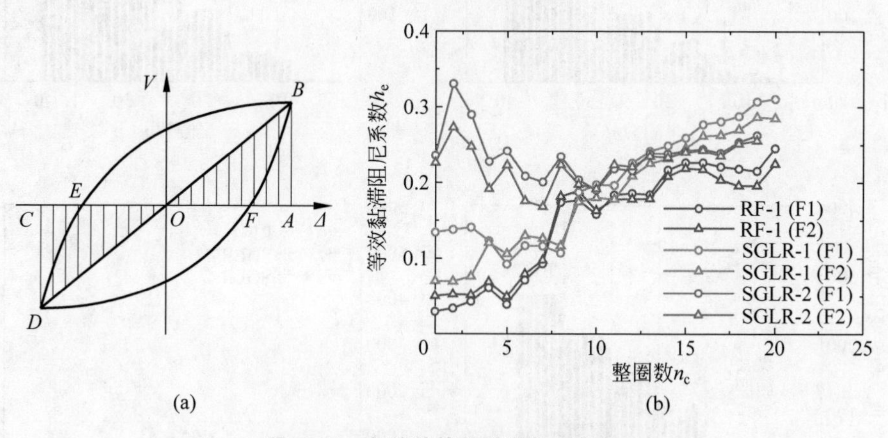

图 2.46　各试件等效黏滞阻尼系数

(a) 等效黏滞阻尼系数定义；(b) 各试件等效黏滞阻尼系数

通过上述计算方法，各试件每层的等效黏滞阻尼系数如图 2.46(b)所示，试件 RF-1 和 SGLR-1 的等效黏滞阻尼系数随加载历程稳步提高，且试件 SGLR-1 高于 RF-1；试件 SGLR-2 在加载初期的等效黏滞阻尼系数很高，当剪力墙钢板屈曲断裂发生后开始下降，但最终的稳定值介于试件 RF-1 和 SGLR-1 之间。另外，每个试件一层和二层的等效黏滞阻尼系数差别很小，发展趋势相同。

2.6.5　变形特征

塑性变形的定义为试件每半圈内加载和卸载时的残余变形之差的绝对

值[30]，可以表征结构在加载过程中的塑性发展。试件 RF-1、试件 SGLR-1 和试件 SGLR-2 每半圈的顶点塑性位移分别如图 2.47(a)、(b)和(c)所示，可以看出，在加载到屈服之后，各试件的顶点塑性位移有明显增加，并且随加载幅值的增加而出现阶梯形增加。各试件的累积顶点塑性位移如图 2.47(d)所示，可分体系试件 SGLR-1 和试件 SGLR-2 均高于传统体系试件 RF-1，说明可分体系在地震作用下的塑性发展更为充分。

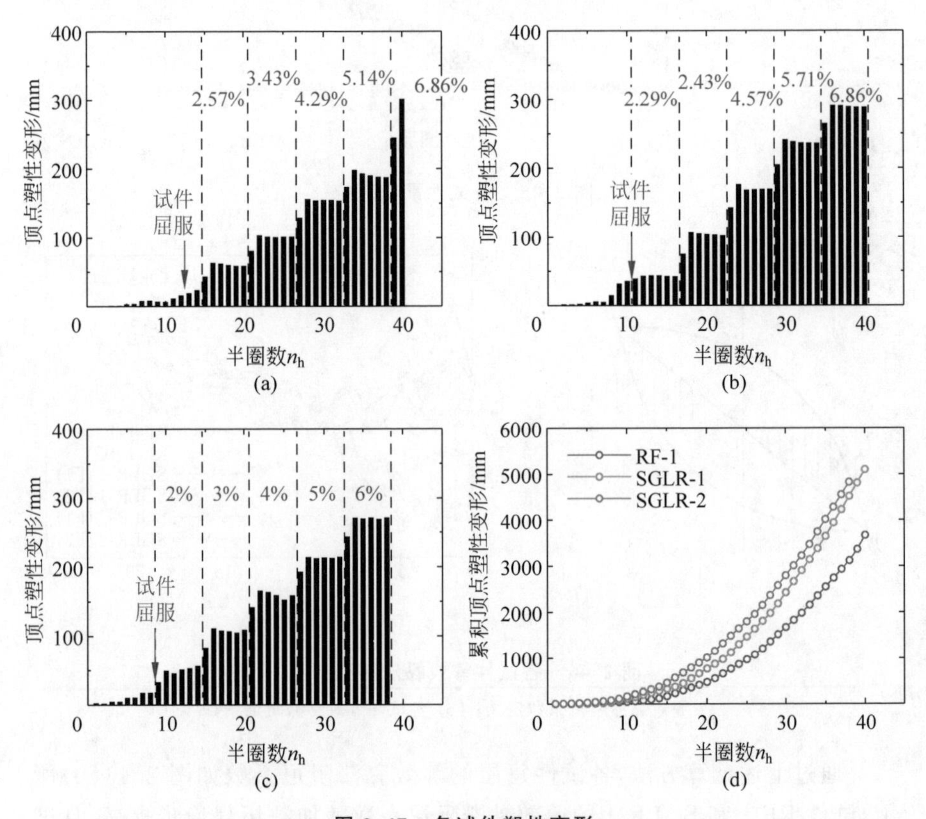

图 2.47 各试件塑性变形

(a) RF-1；(b) SGLR-1；(c) SGLR-2；(d) 累积塑性变形

在地震作用下，结构是否会随塑性变形的增加形成薄弱层对判断结构的安全性十分关键。3 个试件每半圈内各层层间变形占总变形的比值如图 2.48 所示。从图中可以看到，在试件 RF-1 加载过程的前半段，一层的层间位移占比大于 50%，虽然一层柱脚埋入地梁可以认为是刚接，一层的层刚度略大于二层，但一层和二层的层剪力之比为 3∶2，因此一层的层间位移大于二层。但一层层间位移占比随加载历程逐步减小，最终趋于45%，这是由于边节点下翼缘焊缝断裂导致结构整体变形由剪切型转向弯曲型，从而使二层层间位移占比增大。而可分体系试件SGLR-1和试件SGLR-2在整个加载过程中始终是二层层间位移占比较大，符合试验中观测到的弯曲变形模式；另外，试件SGLR-1和试件SGLR-2一层层间位移占比随加载历程有所增加，这是由于两个试件的损伤主要集中在一层底部。

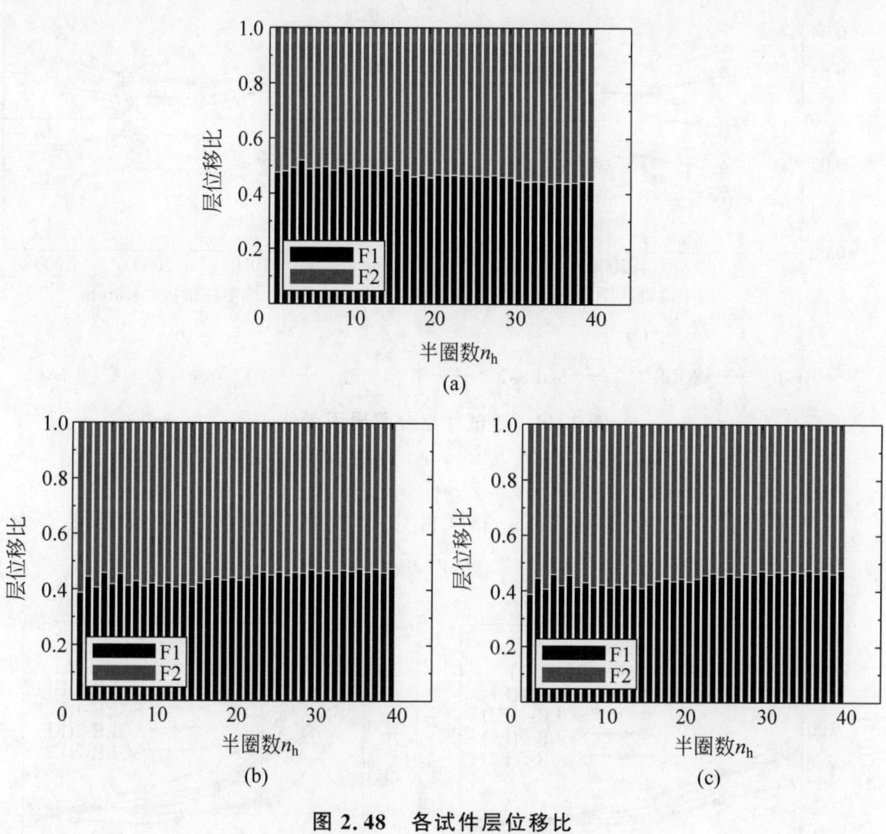

图2.48　各试件层位移比

(a) RF-1；(b) SGLR-1；(c) SGLR-2

2.6.6　组合楼板性能分析

钢梁和混凝土楼板之间的界面滑移可以在一定程度上反映组合梁的界面剪力。在水平滞回加载过程中，各试件东侧主梁在顶点位移角为0.4%和2.0%(分别对应多遇地震和罕遇地震作用下的层间位移角限值[75])时的界面滑移分布如图2.49所示。整体而言，各试件梁端的界面滑移比跨中的大，表明梁端界面剪力大于跨中。由于试件承载力较高、主梁跨度较小，试件 SGLR-2 的界面滑移比 SGLR-1 的大。传统体系试件 RF-1 主梁的界面滑移在位移角为 0.4%时较小，但当位移角增大至 2.0%时，界面滑移大幅增大，超过可分体系的两个试件，说明在地震作用较大时，传统体系主梁充分参与到结构抗侧机制中。

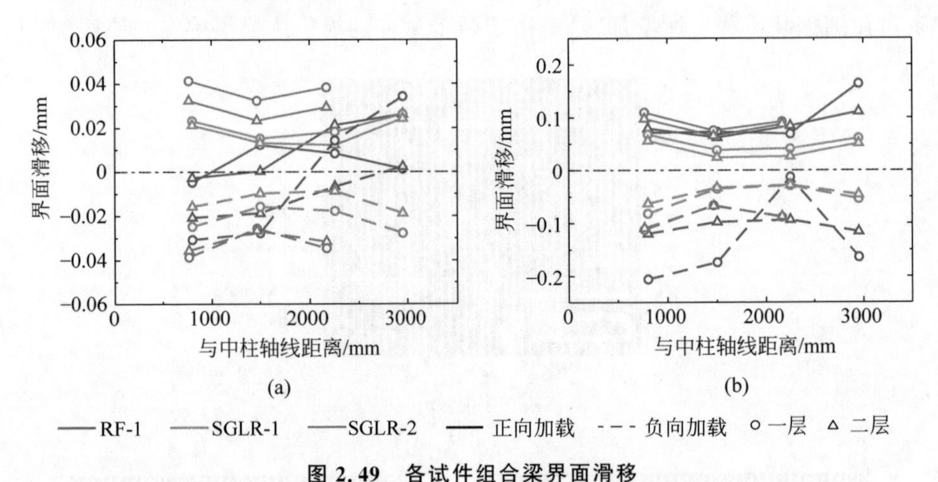

图 2.49　各试件组合梁界面滑移

(a) 顶点位移角 0.4%；(b) 顶点位移角 2.0%

在水平滞回加载过程中，3 个试件中楼板纵向钢筋在顶点位移角为 0.4%和 2.0%的应变分布如图 2.50 所示。

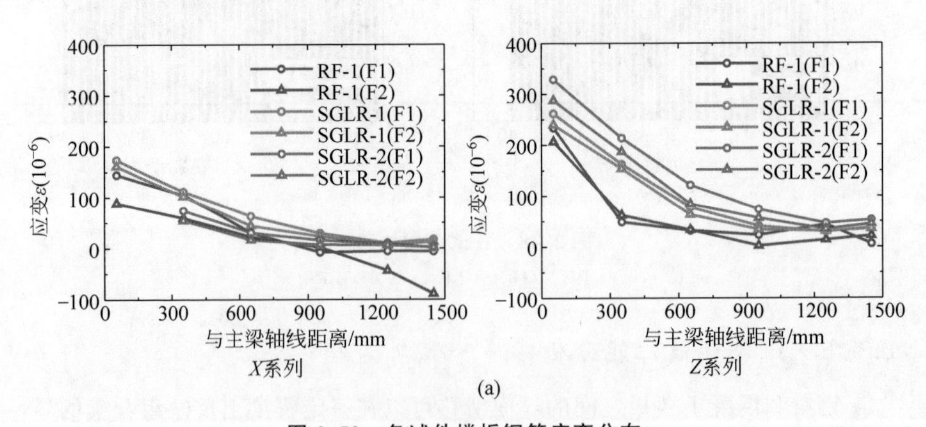

图 2.50　各试件楼板钢筋应变分布

(a) 顶点位移角 0.4%；(b) 顶点位移角 2.0%

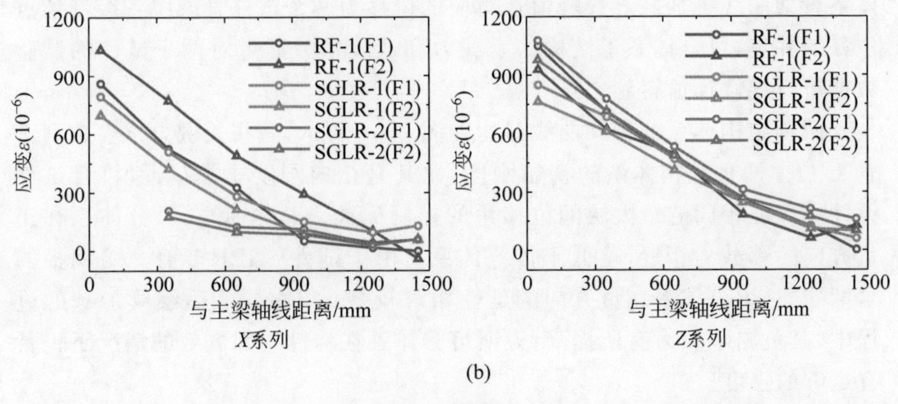

(b)

图 2.50(续)

由于剪力滞效应，各试件楼板纵向钢筋应变随距离主梁轴线距离的增加而减小。中柱附近的 Z 系列应变大于边柱附近的 X 系列应变，与竖向堆载试验中表现的规律一致。对于可分体系的两个试件，承载力较高的试件 SGLR-2 的 Z 系列应变大于试件 SGLR-1 对应位置的钢筋应变；但由于剪力墙的存在，试件 SGLR-2 的 X 系列应变小于试件 SGLR-1。同界面滑移的发展趋势类似，试件 RF-1 在位移角较小时钢筋应变略低，当位移角增大至 2.0%时，钢筋应变增大甚至略超过其他试件。

2.7　可分体系力学性能分析

将上述 3 个试件的试验结果进行整合，可以得到两种体系在竖向楼面和水平地震荷载作用下的力学表现，进而可以对可分体系的力学性能进行综合分析和讨论，揭示其受力特征和传力机制。

2.7.1　抗震性能评价

根据如图 2.2 所示的传统体系子结构和可分体系子结构的结构布置，将两种体系对应试件的骨架曲线整合，即可得到传统体系子结构和可分体系子结构的骨架曲线。其中，传统体系子结构的承载能力按相同顶点位移角下试件 RF-1 的 3 倍计算，可分体系子结构的承载能力按相同顶点位移角下试件 SGLR-1 的 2 倍和试件 SGLR-2 的 1 倍之和计算。考虑到试件 SGLR-1 和试件 SGLR-2 的骨架曲线峰值点所对应的顶部位移不同，可分体系骨架曲线各加载等级峰值点对应的位移为两个试件骨架线各级峰值点位移的并集,可分体系子结构的承载力和地震系数通过对两个试件的试验数据进行线性插值得到。

两种结构体系的骨架曲线对比如图 2.51 所示,一些关键力学参数列于表 2.11。两种结构体系的初始刚度,尤其是正向刚度非常接近,符合试件设计中保证相同的最大层间位移角的控制标准。总体而言,可分体系在正负方向的承载力相近,略低于传统体系。由于试件 SGLR-2 剪力墙钢板的早期屈曲,可分体系在负方向的延性相对较差;但在屈曲后继续加载的过程中,其负向承载力有所提高,说明可分体系在构件局部失效的情况下仍具有足够的强度。

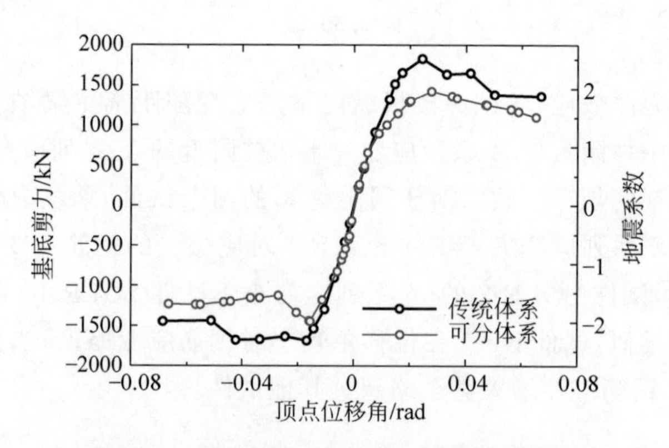

图 2.51　传统体系与可分体系子结构骨架线

为了对可分体系的抗震性能进行定量评价,并与传统体系进行比较,在试验结果的基础上,对两种结构体系进行了非线性静力弹塑性分析(push-over analysis,POA,也称"推覆力分析")[90-94],其过程总结如下。

首先,假设该结构可视为等效单自由度(single degree of freedom,SDOF)系统,根据 ATC-40[95] 规定的变换关系,从推覆曲线中确定两个结构体系的双线性能力曲线,该曲线是骨架曲线的一段。两个体系子结构双线性能力曲线的 3 个关键参数,即峰值谱加速度(C_s)、屈服谱位移(S_{dy})和极限谱位移(S_{du})列于表 2.12。极限谱位移对应于推覆曲线的终点,即结构的承载力降低至最大值的 85%的点。

其次,采用增量动态分析(incremental dynamic analysis,IDA)的简单方法 IN2 法[96] 来确定两个结构体系的 IN2 曲线,即 IDA 曲线的近似值。利用欧洲规范 8[97] 推荐的强度降低系数、延性和周期之间的关系(R-μ-T

表 2.11　传统体系与可分体系子结构关键力学参数

结构体系	加载方向	初始刚度 k_0/(kN/mm)	屈服点		极限点		破坏点		延性系数
			P_y/kN	Δ_y/mm	P_u/kN	Δ_u/mm	P_f/kN	Δ_f/mm	
传统体系	正向	42.04	1655.1 (2.27)	61.4 (1.75%)	1863.3 (2.56)	86.0 (2.46%)	1583.8 (2.17)	155.4 (4.44%)	2.53
	负向	41.33	1616.4 (2.22)	52.5 (1.50%)	1745.7 (2.40)	146.2 (4.18%)	1483.8 (2.04)	174.4 (4.98%)	3.32
可分体系	正向	42.55	1118.1 (1.54)	51.4 (1.47%)	1424.2 (1.96)	96.2 (2.75%)	1210.6 (1.66)	187.5 (5.36%)	3.65
	负向	56.75	1190.7 (1.64)	40.7 (1.16%)	1445.0 (1.98)	55.1 (1.57%)	1228.3 (1.69)	83.7 (2.39%)	2.06

注：括号内的数字分别为对应于各特征点的地震系数和顶点位移角。

关系)，可以确定传统体系和可分体系的 IN2 曲线，如图 2.52 所示。随着弹性需求谱峰值地面加速度(peak ground acceleration，PGA)的增大，目标位移(需求谱与 IN2 曲线交点对应的位移)逐渐增大。当目标位移达到 S_{du} 时的需求谱称为能力对应的“需求曲线”(demand corresponding to capacity curve，DCC 曲线)。

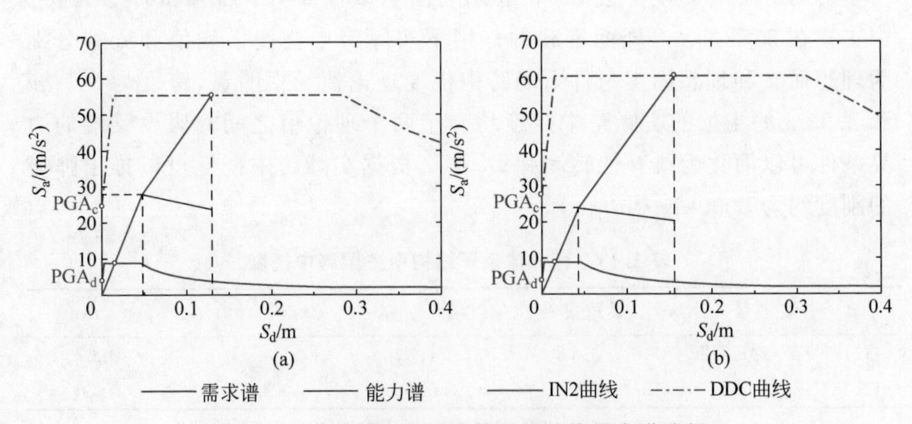

图 2.52　传统体系与可分体系子结构需求谱分析

(a) 传统体系；(b) 可分体系

再次，可用于评估抗震性能的安全系数(safety factor，SF)的计算方法[98]如下：

$$SF = \frac{PGA_c}{PGA_d} \tag{2-8}$$

式中，PGA_d 和 PGA_c 分别对应罕遇地震需求谱和 DCC 曲线的峰值加速度，在图 2.52 中标出，两个体系的安全系数如表 2.12 所示。

表 2.12 传统体系与可分体系子结构抗震性能参数

结构体系	C_s/(m/s^2)	S_{dy}/m	S_{du}/m	PGA_c/(m/s^2)	PGA_d/(m/s^2)	安全系数 SF
传统体系	27.82	0.048	0.130	24.90	3.97	6.27
可分体系	23.81	0.044	0.156	27.23	3.97	6.86

最后，对比结果显示，可分体系的抗震性能评价指标 SF 略高于传统体系。因此，当可分体系按与传统系统相同的需求谱峰值加速度设计时，可分体系在侧向地震作用下的安全裕度大于传统体系，表明可分体系抗震设计的层间位移角限值可略微放松，以达到与传统体系相似的抗震性能。

2.7.2 节点半刚性

试验结果表明，可分体系中梁柱连接的半刚性不可忽略，对可分体系的力学行为有显著影响。表 2.13 分别列出了试件 SGLR-1 和试件 SGLR-2 中主梁在 3.5kN/m^2 楼面堆载的作用下实际跨中挠度平均值和梁端分别为理想简支和理想固支条件下的跨中挠度理论值。很明显，跨度为 3.75m 和 2.93m 的主梁的实际跨中挠度均介于两个理论值之间。假设梁端的边界条件可以简化为线弹性转动弹簧，那么根据实际跨中挠度可以推出弹簧的刚度约为 8000kN·m/rad。

表 2.13 可分体系子结构中主梁跨中挠度

主梁编号	梁跨度/m	δ^a/mm	δ_s/mm	δ_f/mm
G11/G12/G21/G22	3.75	1.61	3.37	0.67
G11a/G21a	2.93	0.68	1.32	0.26

注：δ^a 为梁实际跨中挠度的平均值；δ_s 为简支梁跨中挠度的理论值；δ_f 为固支梁跨中挠度的理论值。

表 2.14 给出了水平滞回加载试验得到的可分体系试件 SGLR-1 和试件 SGLR-2 的特征荷载和试件在正、负方向的理论承载力。理论承载力的计算有以下假设：①主梁梁端简支，试件的承载力为柱和剪力墙的承载力

之和；②柱和剪力墙的破坏模式为弯曲破坏，这也与试验的观测结果一致；③柱和剪力墙底部形成全截面塑性；④不考虑局部屈曲的影响。对比结果表明，试件 SGLR-1 两个方向的试验强度远高于理论承载力，证明了连接的半刚性对承载力的影响。对于试件 SGLR-2，尽管在试验中由于钢板的局部屈曲剪力墙没有达到其理论强度，但由于连接的半刚性，受影响较大的负向极限荷载仍接近理论承载力。

表 2.14　可分体系试件试验实测强度与理论强度对比

试件编号	加载方向	极限荷载 P_u/kN	破坏荷载 P_f/kN	理论承载力 P_t/kN
SGLR-1	正向	360.9	330.1	216.0
	负向	368.2	346.9	216.0
SGLR-2	正向	822.5	699.1	694.0
	负向	1004.8	854.1	1023.0

第3章　重力-侧力系统可分组合结构体系精细数值模型研究

3.1　概　　述

试验研究是分析结构体系抗震性能的基础，但由于试验量测手段和量测精度的限制，往往无法准确获得各关键构件的力学特征和损伤情况。数值分析可以有效补充试验数据的不足，是研究结构体系抗震性能的另一重要工具。大型通用有限元计算程序（如 MSC. MARC、AYSYS、ADINA、ABAQUS 等）由于具有强大的分析计算能力，已广泛应用于结构工程分析领域。本书研究的重力-侧力系统可分组合结构体系为新型结构体系，其精细数值模型有待研究开发，以便深入了解结构受力机理，为该结构体系的数值分析和设计计算提供参考。

目前，关于结构体系精细数值分析的主要难点在于各类界面连接的处理，包括钢与混凝土界面的连接、节点处钢梁腹板与节点连接板的连接等。另外，如何模拟试验中发生的钢板屈曲和焊缝断裂等破坏现象也是本章精细数值模型需要重点解决的问题。

本章在可分体系试验研究的基础上，利用大型通用有限元计算程序 MSC. MARC 对可分体系力学性能展开数值分析，进一步揭示其在竖向楼面荷载和水平滞回荷载作用下的受力机理，主要目的如下。

（1）建立适用于可分体系的精细数值模型并论证其准确性和可靠性。针对可分体系的构造特征，建立三维精细有限元模型，选择合适的材料本构模型，提出针对界面行为、节点连接、焊缝断裂、初始缺陷等关键问题的模拟方法，确定与实际情况相符的有限元加载方法。利用数值模型开展分析计算，并通过与试验结果的验证，论证本书所建立的精细数值模型的准确性和可靠性。

（2）深入分析可分体系关键构件的受力特征和损伤发展情况。基于建立的精细数值模型，对可分体系中关键受力构件（如梁、柱、剪力墙、节点、楼板等）在竖向楼面荷载和水平滞回荷载作用下的力学机理进行深入分析讨论，关注其损伤分布和发展情况，对比其与传统体系中相关构件的受力特点，加深对可分体系力学行为的认识，为后续对可分体系抗震性能的研究提供参考。

本章以第 2 章的试验研究为基础，通过其试验数据对本章精细数值模型的参数标定和计算结果进行校验。本章同时也为第 4 章针对可分体系的高效数值模型的研究和开发提供依据。

3.2　三维精细有限元模型

在通用有限元计算程序 MSC. MARC 中建立传统体系和可分体系试件的精细有限元模型需要确定的关键参数主要包括几何尺寸、单元类型、材料本构、连接设置、边界和加载条件等，本节将分别对上述参数进行详细说明。

3.2.1　几何尺寸与单元类型

试件 RF-1 和试件 SGLR-1 的有限元模型采用三维壳单元建立，试件 SGLR-2 由于设置有双钢板-混凝土组合剪力墙，其有限元模型采用三维实体-壳混合单元建立。模型几何尺寸与试件设计图纸保持一致，钢构件、混凝土楼板、主梁连接节点和剪力墙的网格划分情况分别如图 3.1～图 3.3 所示，综合考虑构件尺度和计算效率，有限元建模整体采用 50mm 的网格尺寸。

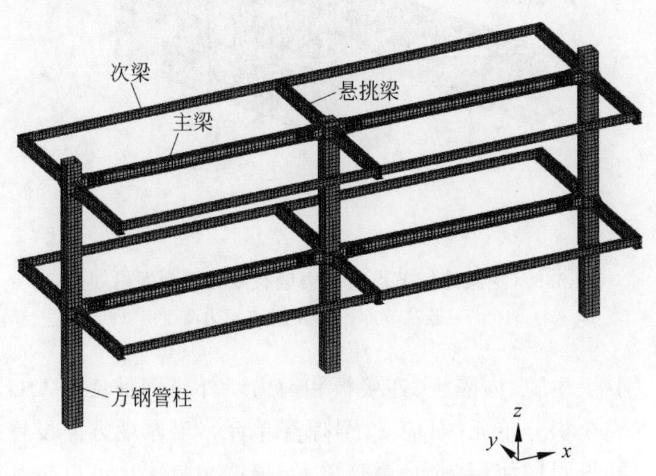

图 3.1　钢构件有限元模型网格划分

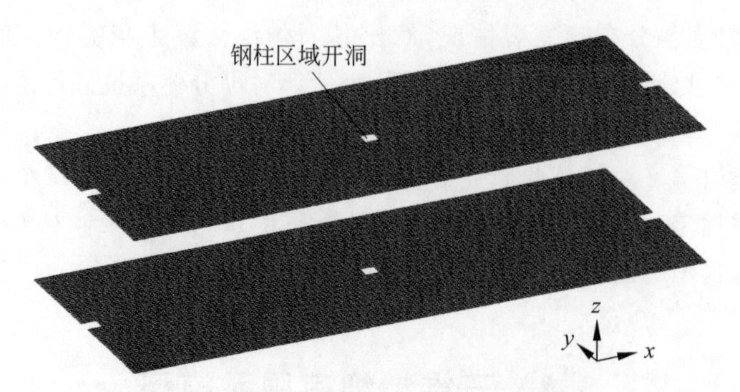

图 3.2 混凝土楼板有限元模型网格划分

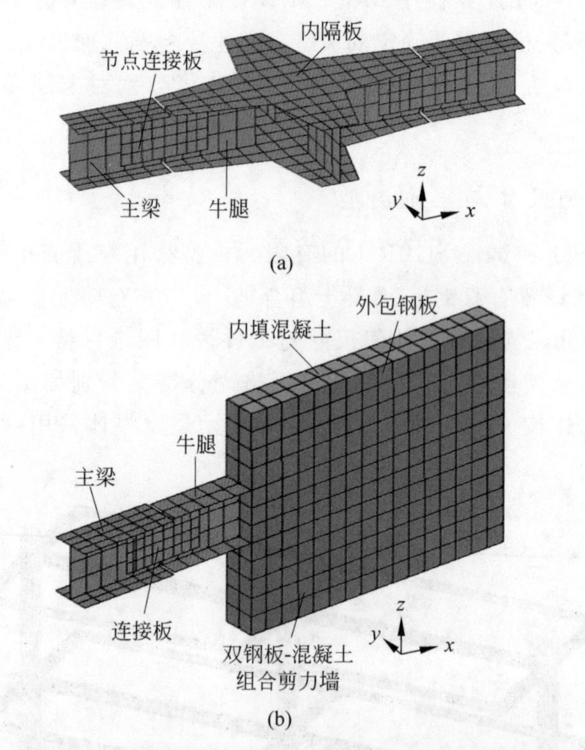

图 3.3 主梁连接节点及剪力墙有限元模型网格划分

(a) 钢梁与柱连接节点；(b) 钢梁与剪力墙连接节点

钢柱、钢梁、牛腿、内隔板、连接板和剪力墙外包钢板使用 QUAD(4)四边形 4 节点完全积分单元(对应 75 号厚壳单元)，沿厚度方向设置 5 个积分点。混凝土楼板同样使用 75 号厚壳单元，根据文献[71]可以将其比拟成分层壳，根据楼板混凝土和钢筋的位置和尺寸信息将壳单元沿厚度方向分成若干个混凝土层和钢筋层，如图 3.4 所示。分层壳中的钢筋层所占比例按实际钢筋截面积等效计算[29]，在材料特性选项中的分层材料项(layered materials)中定义，且纵向钢筋层和横向钢筋层的弹性模量和泊松比分别只在对应方向设置。剪力墙内填混凝土使用 HEX(8)立方体 8 节点完全积分单元(对应 7 号实体单元)。

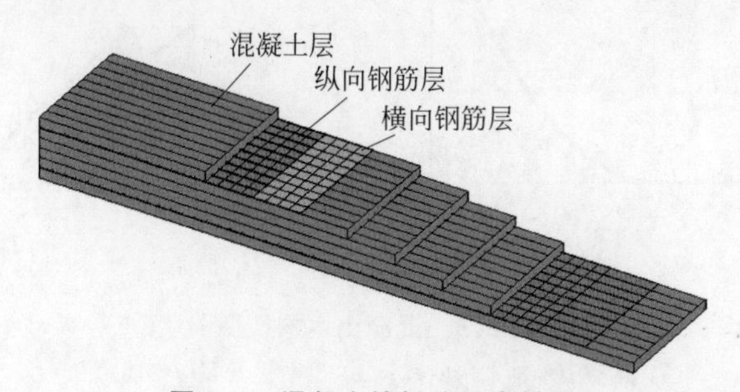

图 3.4　混凝土楼板分层壳模型

3.2.2　材料本构

钢材采用弹塑性本构模型，屈服面取为冯·米塞斯屈服面，强化法则为等向强化，流动法则为关联流动法则。根据应变片测量的结果可知，试验中钢板和钢筋的应变均未达到钢材发生强化时的应变(一般取为 2.5%[99])。为了计算简便，钢材采用理想弹塑性本构模型，弹性模量 $E_s=2.06\times10^5\,\mathrm{N/mm^2}$，泊松比 $v=0.3$，屈服强度根据材料性能试验的结果设置。

混凝土采用弹塑性本构模型，其单轴应力-应变关系曲线如图 3.5(a)所示。其中，受压方向单轴应力-应变关系曲线采用 Rüsch 曲线[100]，其表达式如下：

$$\begin{cases}\sigma=-\sigma_0\left[2\left(\dfrac{\varepsilon}{\varepsilon_0}\right)-\left(\dfrac{\varepsilon}{\varepsilon_0}\right)^2\right], & -\varepsilon_0\leqslant\varepsilon<0\\ \sigma=-\sigma_0, & -\varepsilon_u\leqslant\varepsilon<-\varepsilon_0\end{cases}\tag{3-1}$$

式中，σ 和 ε 分别表示混凝土的应力和应变，σ_0 表示混凝土受压强度的绝对值，等于混凝土圆柱体强度 f'_c；ε_0 表示混凝土受压应力为 $-\sigma_0$ 时对应的应变绝对值，取建议值为 0.002；ε_{cu} 表示混凝土的极限应变，建议取值为 0.004。混凝土的受压弹性极限点为 $1/3\sigma_0$[101]，此处为混凝土弹性和弹塑性的分界点，对应的应变是弹性极限应变 ε_e，弹性模量 $E_c=f_e/\varepsilon_e$，即 $1/3\sigma_0$ 处的割线模量。混凝土的泊松比取 0.17。

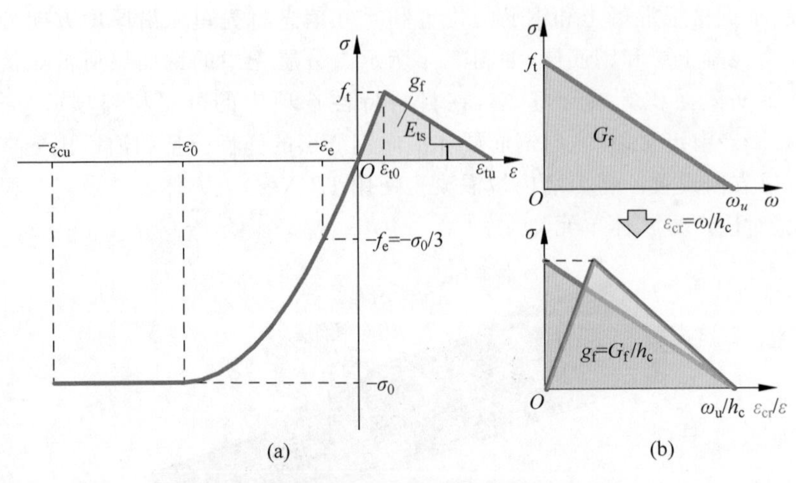

图 3.5 混凝土本构模型

(a) 混凝土单轴本构曲线；(b) 混凝土开裂应变能定义

混凝土的开裂行为采用弥散裂缝模型来进行描述，使用固定转角裂缝假设，相关参数在材料损伤(damage effects)选项中设定。本书采用 Bazant 和 Oh[102] 提出的裂缝带模型以减小尺寸效应对分析结果产生的影响，混凝土的受拉软化特征可由混凝土应力 σ-裂缝宽度 ω 的关系曲线来表示，混凝土软化段为线性，混凝土应力 σ-裂缝宽度 ω 曲线下部与坐标轴围成的面积为断裂能 G_f，如图 3.5(b)所示。G_f 反映的是混凝土的材料属性，代表一根裂缝张开全过程单位截面积耗散的能量，其大小与尺寸无关，仅与骨料粒径和混凝土强度有关。根据模式规范(CEB-FIP model code)[103]，G_f 可以按下式计算：

$$G_f = G_{f0}(f_{cm}/f_{cm0})^{0.7} \tag{3-2}$$

另外，模式规范[103]也给出了混凝土的开裂应力的计算公式：

$$f_t = 1.4(f'_c/10)^{2/3} = 0.26 f_{cu}^{2/3} \tag{3-3}$$

混凝土达到开裂应力 f_t 之前的受拉弹性模量 E_t 与受压弹性段的弹性模量 E_c 相等。混凝土受拉的软化模量 E_{ts} 和极限拉应变 ε_{tu} 可分别由式(3-4)和式(3-5)计算[71]：

$$E_{ts} = \frac{1}{\dfrac{2G_f}{f_t^2 l_m} - \dfrac{1}{E_c}} \tag{3-4}$$

$$\varepsilon_{tu} = \frac{2G_f}{f_t l_m} \tag{3-5}$$

式中，l_m 是混凝土的弥散裂缝带宽度，即平均裂缝间距。根据《混凝土结构设计规范》(GB 50010—2010)[104]，本书研究的混凝土楼板和剪力墙内填混凝土的平均裂缝间距可按照针对配置带肋钢筋混凝土构件的平均裂缝间距 l_{cr} 的计算公式计算：

$$l_{cr}=\beta\left(1.9c+0.08\frac{d_{eq}}{\rho_{te}}\right) \tag{3-6}$$

式中，β 为与构件受力状态有关的系数，楼板和剪力墙均为非轴心受拉构件，取 $\beta=1.0$；d_{eq} 和 ρ_{eq} 分别为钢筋等效直径和有效受拉钢筋配筋率，可根据楼板配筋情况和剪力墙外包钢板厚度等效计算。

由于试验中楼板和剪力墙均以受弯为主，剪切应变不大，因此混凝土的裂面剪力传递系数设置为恒定值 0.2，以提高计算效率。混凝土屈服面取为冯·米塞斯屈服面，强化法则为等向强化，流动法则为关联流动法则。

试验中试件 RF-1 的牛腿与钢梁连接处翼缘焊缝受拉出现撕裂，为模拟焊缝断裂问题，在 MSC. MARC 中对焊缝单元设置损伤，在材料损伤选项中选择“开裂”(cracking)，由于试验中未测量焊缝强度，依据《钢结构焊接规范》(GB 50661—2011)[105]，焊缝强度应大于母材强度，经测试，开裂应力设置为 500MPa 可以实现较好的模拟效果。为保证模型收敛性，软化模量设置为 1000MPa。

3.2.3　连接设置

试验中钢梁上翼缘与混凝土楼板之间量测到了最大约 0.2mm 的界面滑移；试件 SGLR-2 中的双钢板-混凝土组合剪力墙在加载后期出现钢板屈曲，在外包钢板与内填混凝土之间观察到了明显的滑移现象。因此，为更准确地模拟钢和混凝土界面的连接关系，考虑界面滑移效应，有限元模型中钢梁上翼缘与混凝土楼板界面，以及剪力墙外包钢板和内填混凝土界面的连接设置如图 3.6 所示。钢和混凝土单元之间的间距设置为 0。由于混凝土楼板厚度较大，对楼板壳单元设置负 Z 方向的偏心，偏心距离为楼板厚度的一半。试件中钢梁上翼缘通过栓钉与混凝土楼板相连，剪力墙外包钢板通过对拉螺栓和栓钉与内填混凝土相连。因此，在有限元模型中设置栓钉和对拉螺栓的位置为沿两个切向方向，建立非线性弹簧单元(spring)以模拟界面剪力与滑移效应。另外，在钢与混凝土单元节点之间设置刚性连接(tie)，约束其法向共同自由度以模拟栓钉和对拉螺栓的抗拔效应。

试件中钢梁、牛腿腹板通过螺栓与腹板两侧的节点连接板连接，详细节

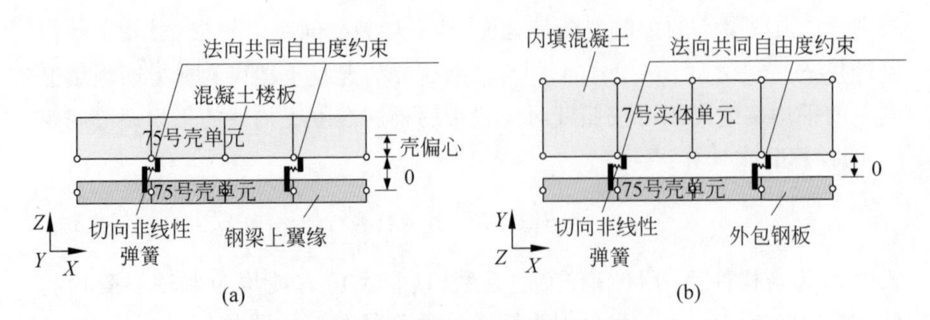

图 3.6　钢与混凝土界面连接设置

(a) 钢梁上翼缘与楼板界面；(b) 剪力墙外包钢板与内填混凝土界面

点构造如图 2.9～图 2.11 所示。有限元模型中，钢梁、牛腿腹板与节点连接板连接的设置如图 3.7 所示，牛腿、钢梁腹板与节点连接板之间的距离取为腹板厚度 d_w 与节点连接板厚度 d_c 之和的一半。与钢和混凝土界面的设置类似，在螺栓所在位置设置沿切向方向的非线性弹簧以模拟螺栓的剪切作用，在腹板和节点连接板节点之间设置刚性连接，约束两者法向共同自由度以模拟螺栓的抗拔效应。

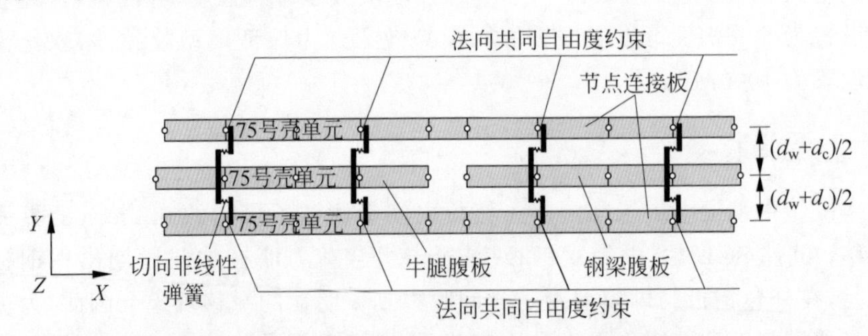

图 3.7　钢梁、牛腿腹板与节点连接板连接设置

螺栓和对拉螺栓的本构模型采用理想弹塑性模型，其本构曲线如图 3.8 所示。根据《钢结构设计标准》(GB 50017—2017)[76]，螺栓和对拉螺栓的极限抗剪承载力 N_v^b 按下式计算：

$$N_v^b = n_v \frac{\pi d^2}{4} f_v^b \tag{3-7}$$

式中，n_v 为螺栓受剪面数目，对于牛腿与钢梁连接处的螺栓，取 $n_v = 2$；对于剪力墙对拉螺栓，取 $n_v = 1$。d 为螺栓杆直径；f_v^b 为螺栓的抗剪强度，根据标准[76]建议取 140MPa。

图 3.8 中的 δ_{yb} 为螺栓达到极限抗剪承载力 N_v^b 时对应的剪切屈服变形,应由摩擦传力的弹性阶段变形和螺栓杆与板件接触的剪切变形两部分组成,根据黄楠[106]给出的计算方法和建议值可以得到 M20 螺栓、M16 螺栓和对拉螺栓的剪切屈服变形分别为 1.3mm、1.8mm 和 2.3mm。需要说明的是,由于螺栓孔壁与螺栓杆之间存在空隙,在变形较大时螺栓会发生滑移,但由于往复荷载下的双向滑移行为较为复杂,MSC.MARC 中自带的非线性弹簧单元也无法考虑滑移效应,此处的螺栓本构模型暂未考虑滑移引起的变形,该问题会在第 4 章详细讨论。

栓钉的剪力-滑移曲线具有很强的非线性,本书采用 Ollgaard 等[107]提出的栓钉模型,其剪力-滑移曲线如图 3.9 所示,栓钉剪力 V 的表达式如下:

$$V=V_u(1-e^{-ns})^m \tag{3-8}$$

式中,s 为滑移量,单位为 mm; m 和 n 为常数,本书采用常用取值 $m=0.558$,$n=1\text{mm}^{-1}$;V_u 为栓钉的极限抗剪承载力,根据《钢结构设计标准》(GB 50017—2017)[76]中条文 11.3.1 关于圆柱头焊钉(栓钉)连接件承载力公式进行计算:

$$V_u=0.43A_s\sqrt{E_c f_c}\leqslant 0.7A_s\gamma f \tag{3-9}$$

式中,E_c 为混凝土的弹性模量,A_s 为栓钉钉杆的截面积,f 为栓钉抗拉强度设计值,γ 为栓钉最小抗拉强度与屈服强度之比。对于本书试验中使用的 4.6 级栓钉,取 $f=215\text{N/mm}^2$,$\gamma=1.67$。

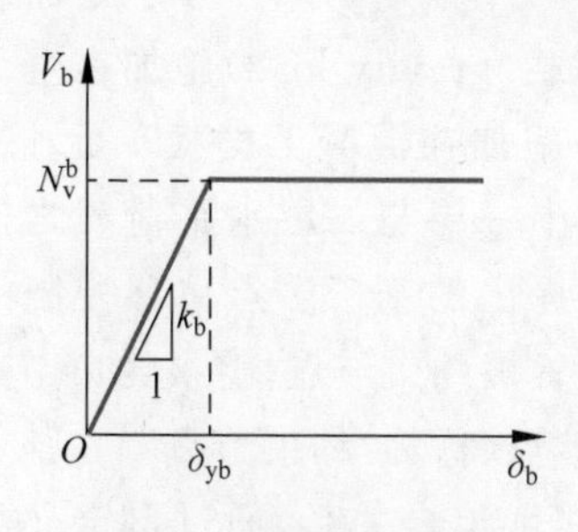

图 3.8 螺栓本构曲线

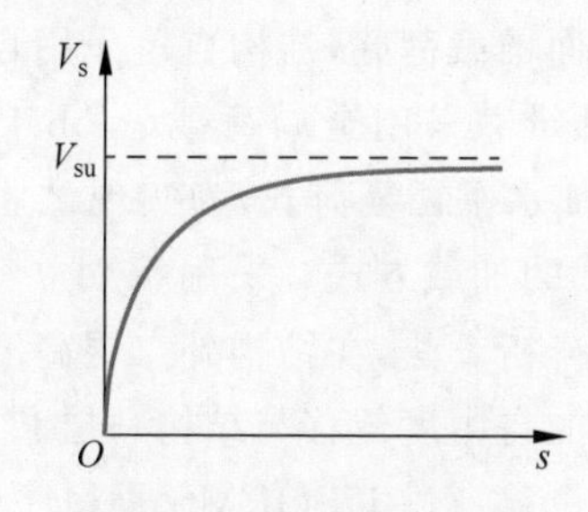

图 3.9 栓钉本构曲线

3.2.4 边界和加载条件

有限元模型的边界和加载条件如图 3.10 所示(以试件 SGLR-2 为例)。在各试件的柱和剪力墙底部中心处建立节点,并约束中心节点的全部自由度位移,通过连接单元(Rbe2)将中心节点与柱和剪力墙底部各节点进行耦合，约束两者之间的 3 个平动和 3 个转动自由度，以模拟柱脚和剪力墙底部的固支边界条件。加载时为防止试件发生面外变形在试件两侧设置了侧向约束装置，为避免结构在有限元计算中出现面外位移，在模型中各节点连接板处施加面外方向的约束。试验中，试件 SGLR-2 的剪力墙外包钢板底部出现明显屈曲，承载力下降。为模拟这一问题，有限元模型在剪力墙钢板底部 200mm 高度(屈曲发生范围)内通过设置均布面外荷载的方式施加初始缺陷。

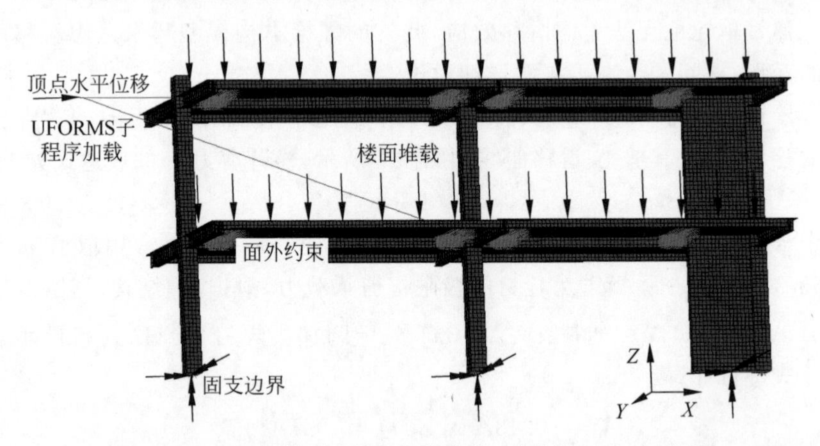

图 3.10　有限元模型边界和加载条件(以试件 SGLR-2 为例)

试验加载过程包括两个工况，分别为竖向堆载和水平滞回加载。在 MSC. MARC 中的加载工况选项(loadcase)中设定。第 1 步：施加结构自重和楼面堆载荷载，结构自重采用自重荷载(gravity load)施加在全部单元上，楼面堆载采用全局荷载(global load)施加在混凝土楼板单元上。第 2 步：施加水平往复荷载，为实现试验加载中一层与二层水平荷载之比保持为 1∶2 的加载方式。采用黄羽立等[108]提出的基于多点位移控制的静力弹塑性分析算法，在结构外二层高度处设置被约束节点，将被约束节点在加载方向的自由度位移与结构一层和二层节点(称为“约束节点”)在该方向的自由度位移通过 UFORMS 子程序建立线性组合关系，通过自定义约束矩阵 $\boldsymbol{S}$ 设置各层之间的荷载比例，计算分析中对被约束节点按照试验加载历程施加顶点位移荷载，便可实现试验中力-位移的混合控制加载。

模型求解控制采用牛顿-拉普森平衡迭代法。为保证模型收敛性，开启非正定求解，以及每次迭代重新集成刚度矩阵。考虑到试验中部分板件出现屈曲，在分析选项(analysis options)中开启大应变(large strain)以考虑几何非线性。

3.3 竖向堆载工况计算结果

3.3.1 挠度发展

在竖向堆载工况下，按照3.2节建立的各试件三维精细有限元模型主梁跨中竖向挠度发展曲线与试验测量结果的对比如图3.11所示。可以看出，有限元模型可以较为准确地模拟主梁在逐级增加的楼板堆载作用下的变形发展。有限元模拟的结果普遍略高于试验测量的结果，这是由于有限元模型中主梁与牛腿连接处腹板与节点连接板是分离的，未考虑实际节点连接板与腹板之间的摩擦作用，但从对比结果来看，这一影响对预测挠度发展的影响较小。各试件主梁的主要差异包括跨度、截面尺寸、节点形式，整体而言，本书提出的建模方法可以较好地考虑这些因素对挠度发展的影响。

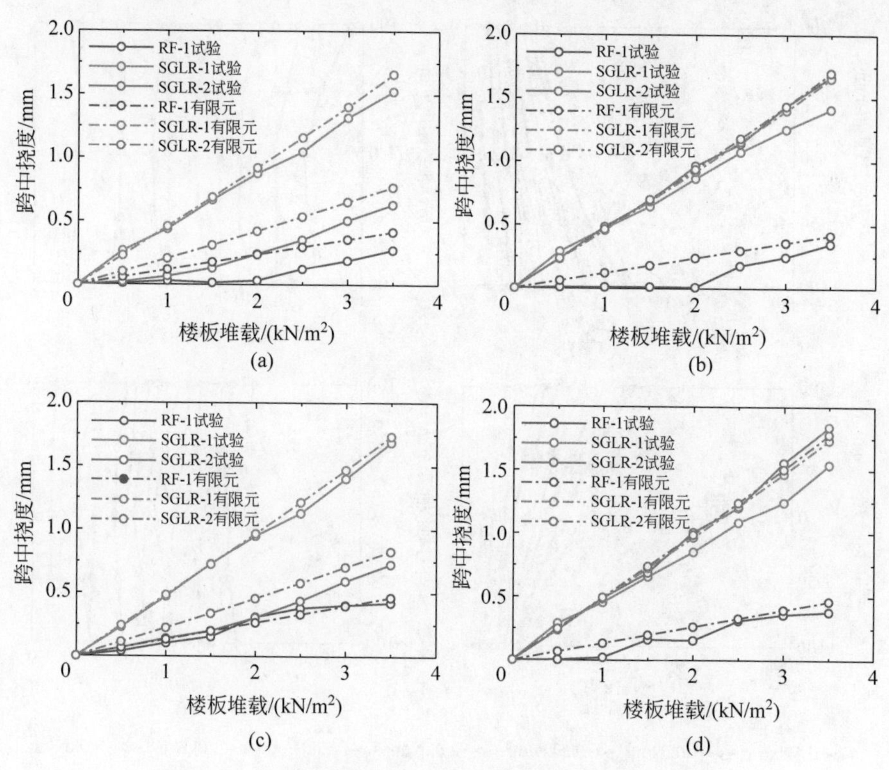

图3.11 竖向堆载工况下主梁跨中挠度发展曲线对比

(a) G11/G11a；(b) G12；(c) G21/G21a；(d) G22

3.3.2 柱截面应变发展

在各级楼板的堆载作用下，各试件柱脚截面应变分布的有限元计算结果与试验测量结果对比如图 3.12 所示，整体上两者吻合良好。在竖向堆载

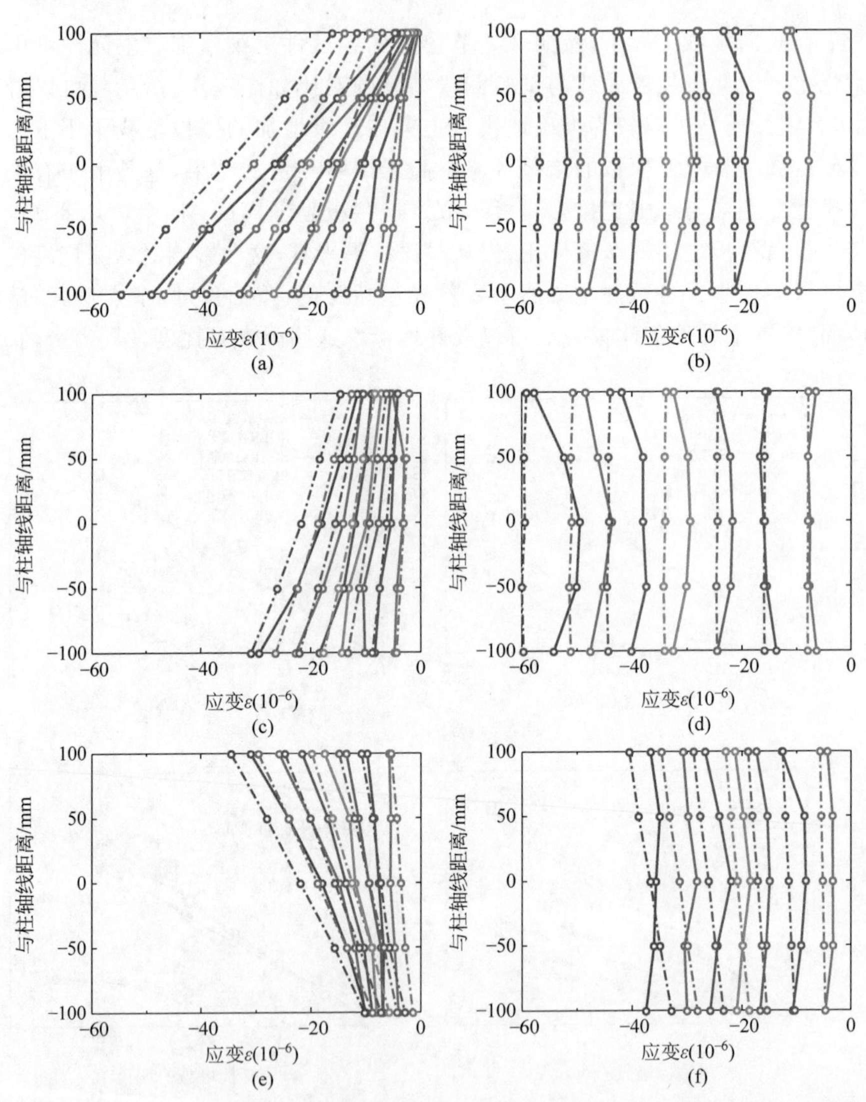

图 3.12 竖向堆载工况下关键柱截面应变发展对比

(a) RF-1 C11 柱脚；(b) RF-1 C12 柱脚；(c) SGLR-1 C11 柱脚；
(d) SGLR-1 C12 柱脚；(e) SGLR-2 C13 柱脚；(f) SGLR-2 C12 柱脚

工况中，柱处于弹性受力阶段，应变分布满足平截面假设，应变大小也大体上呈现随楼面堆载逐级增加而线性增大的趋势。根据应变分布规律可以发现，在竖向堆载作用下，各试件边柱(C11 和 C13)处于压弯状态，柱脚截面各处应变大小不同；中柱(C12)基本处于轴心受压状态，柱脚截面各处应变大小基本相同。需要注意的是，试件 SGLR-2 的中柱柱脚截面各处的应变大小略有差异，这一点在有限元计算结果中较为明显，说明剪力墙的不对称布置使得中柱在竖向堆载工况下除轴压外也承受弯矩作用。

3.3.3 梁截面应变发展

在各级楼板的堆载作用下，试件 RF-1 和试件 SGLR-1 主梁跨中截面应变分布的有限元计算结果与试验测量结果对比如图 3.13 所示，整体而言，两者吻合良好。在竖向堆载作用下，梁跨中截面承受正弯矩作用，梁底

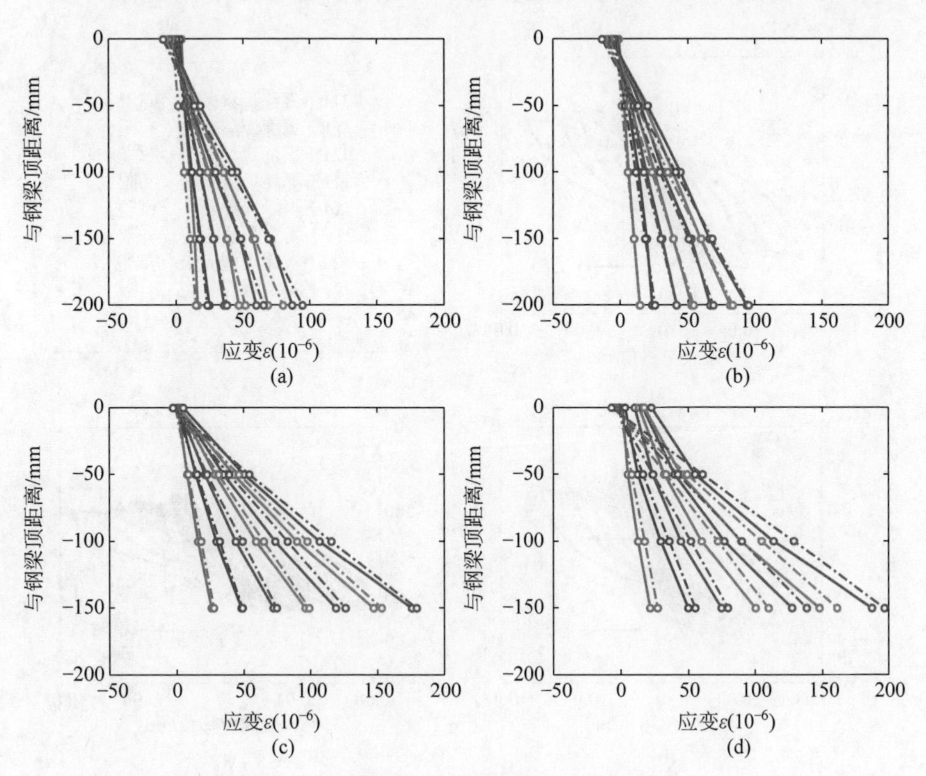

图 3.13 竖向堆载工况下关键梁截面应变发展对比

(a) RF-1 G11 跨中；(b) RF-1 G21 跨中；(c) SGLR-1 G11 跨中；(d) SGLR-1 G21 跨中

拉应变最大不超过 200με,整体处于弹性阶段,应变分布符合平截面假设。由应变分布可以看出,在两个试件的有限元模型中,钢梁顶面的应变均为负值,处于受压状态。有限元模拟结果显示的组合梁中和轴高度略低于根据试验量测结果得到的中和轴高度,这可能是由于有限元模型仅考虑了栓钉对钢梁和混凝土楼板产生的组合作用,而没有考虑钢梁上翼缘与楼板界面的胶合作用和摩擦作用,从而使模型计算得到的组合作用略弱于实际情况。

3.4 水平滞回加载工况计算结果

3.4.1 荷载-位移曲线

在水平滞回加载工况下,试件 RF-1 的三维精细有限元模型整体及一、二层滞回曲线与试验结果的对比如图 3.14 所示。由于在有限元模型中,楼

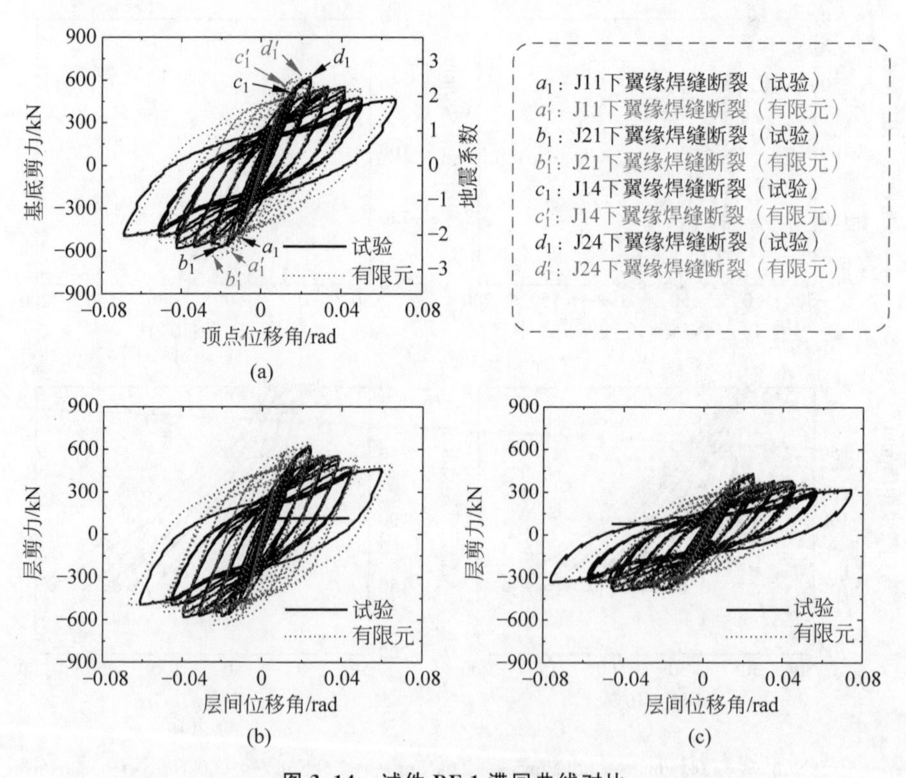

图 3.14 试件 RF-1 滞回曲线对比

(a) 整体滞回曲线;(b) 一层滞回曲线;(c) 二层滞回曲线

板混凝土本构模型采用无下降段的 Rüsch 曲线，未考虑混凝土受压承载力下降和压溃退出工作，所以在卸载段的有限元曲线相比试验更饱满一些，但二者整体上吻合较好。在图 3.14(a)的整体滞回曲线中，a_1'、b_1'、c_1'、d_1'分别表示有限元模型中焊缝单元达到开裂应力的点，与试验观测到的焊缝开裂顺序一致，对应的位移和承载力也较为接近，说明该有限元模型可以较好地预测焊缝开裂问题。焊缝开裂后，有限元模型的承载力明显下降，与试验中承载力的发展趋势吻合。

在水平滞回加载工况下，试件 SGLR-1 的三维精细有限元模型整体及一、二层滞回曲线与试验结果的对比如图 3.15 所示，可以看出二者吻合良好。试件 SGLR-1 在试验中没有焊缝开裂和明显的钢板屈曲问题，因此滞回曲线呈现饱满的梭形，有限元模型在模拟此类问题时可以达到较高的精

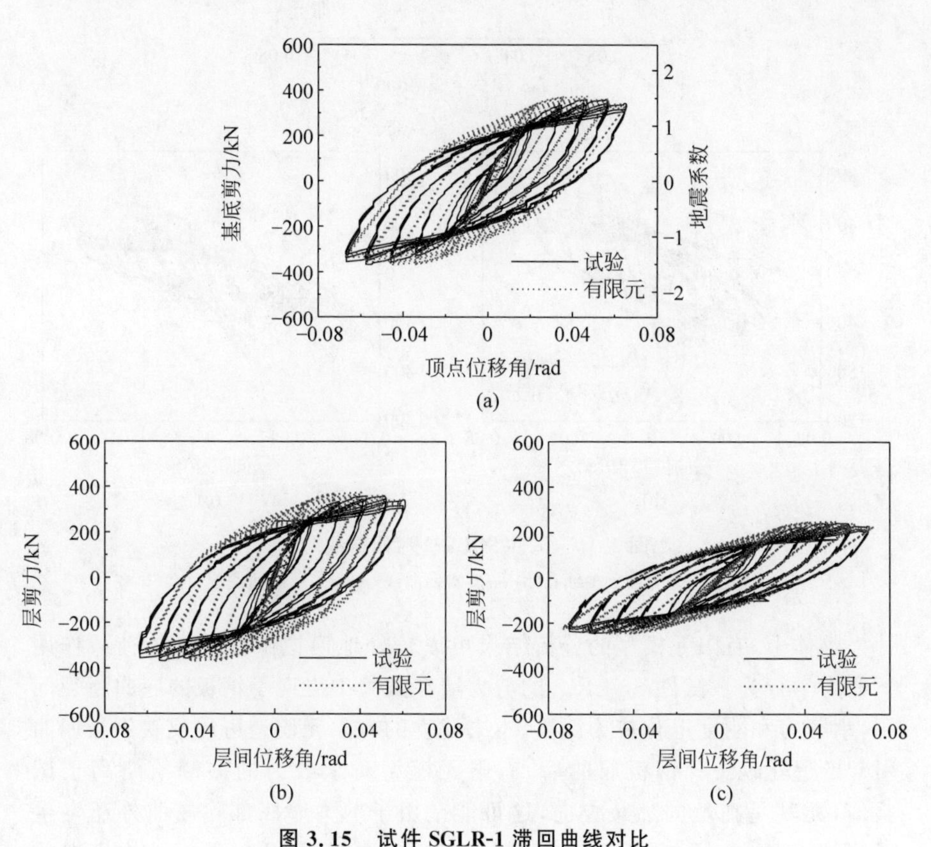

图 3.15　试件 SGLR-1 滞回曲线对比

(a) 整体滞回曲线；(b) 一层滞回曲线；(c) 二层滞回曲线

度。2.7.2节的讨论发现，可分体系存在节点半刚性问题，试验和有限元结果的对比也表明，本章采用的节点连接处建模方法可以较好地反映试件中半刚性节点对试件刚度和承载力的影响。

在水平滞回加载工况下，试件SGLR-2的三维精细有限元模型整体及一、二层滞回曲线与试验结果的对比如图3.16所示。

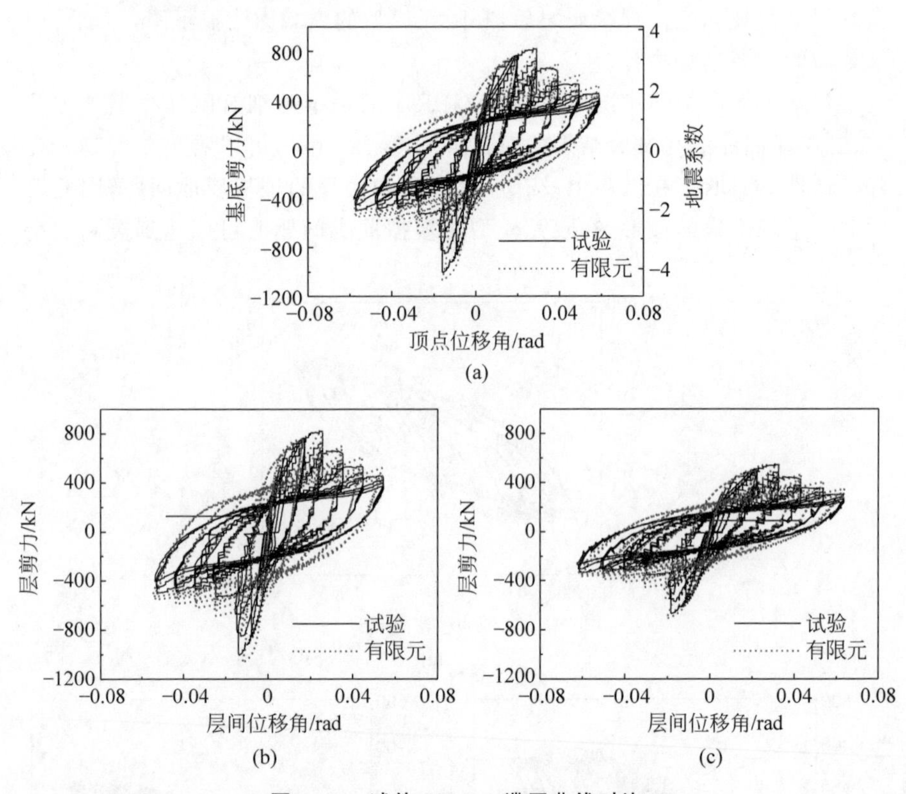

图3.16　试件SGLR-2滞回曲线对比

(a) 整体滞回曲线；(b) 一层滞回曲线；(c) 二层滞回曲线

整体上，有限元模型的分析结果可以较好地模拟试件在侧向荷载作用下的力学行为。试件SGLR-2的剪力墙在试验中出现了钢板的屈曲断裂问题，承载力和刚度退化较为严重，本书建立的有限元模型可以反映钢板屈曲引起的退化现象。钢板屈曲后，有限元模型对承载力的预测值略高于试验值，尤其是在负向加载方向，这可能是由于剪力墙底部除屈曲外还发生了撕裂，而本书的有限元模型未考虑钢板撕裂问题，这也是钢结构模拟的难点。

3.4.2　钢柱、钢梁受力分析

试件 RF-1 在边节点下翼缘焊缝临近开裂前(顶点位移角－2.45%)和开裂后最大加载等级(顶点位移角 6.67%)时，钢柱、钢梁的等效冯·米塞斯应力(Von Mises stress)分布分别如图 3.17(a)和(b)所示。在焊缝开裂前，试件 RF-1 的边柱和中柱在各层与牛腿连接处应力较为集中，呈现剪切受力模式；在焊缝开裂后，边节点梁端释放了一部分弯矩，边柱应力集中在一层柱脚位置处，呈现弯曲受力模式，而中柱仍表现为剪切受力模式。可分体系试件 SGLR-1 和试件 SGLR-2 由于节点均为半刚性连接，钢柱在水平加载过程中始终表现为弯曲受力模式，柱脚应力集中，两个试件在最大加载等级时的等效冯·米塞斯应力分布分别如图 3.17(c)和(d)所示。

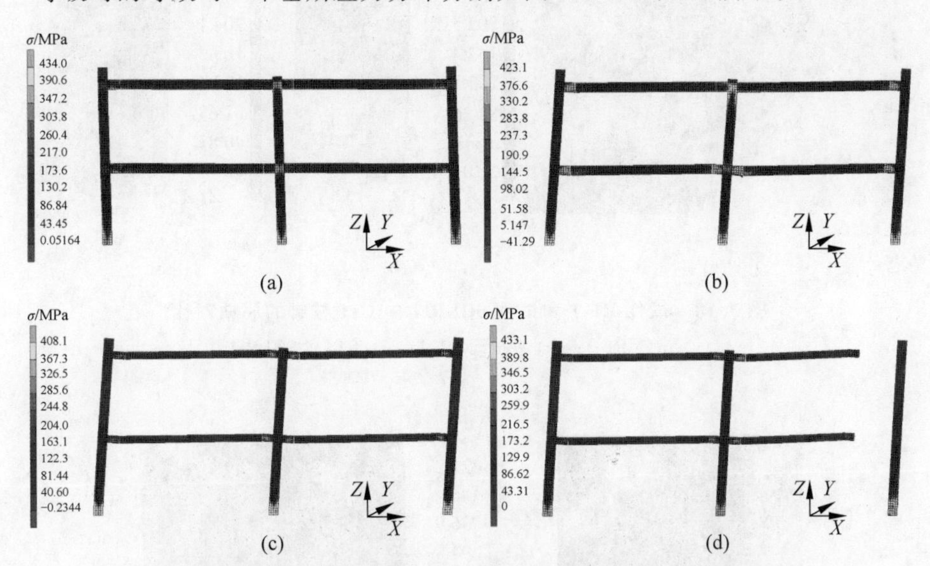

图 3.17　各试件钢柱、钢梁等效冯·米塞斯应力分布

(a) 试件 RF-1(顶点位移角－2.45%)；(b) 试件 RF-1(顶点位移角＋6.67%)；
(c) 试件 SGLR-1(顶点位移角＋6.49%)；(d) 试件 SGLR-2(顶点位移角＋5.92%)

在水平滞回加载后期，各试件柱脚壁板在试验中均出现了局部屈曲，有限元模型在开启大应变分析的情况下柱脚也会发生屈曲，试件 RF-1 与试件 SGLR-1 的柱脚屈曲形态类似。其中，C11 柱脚试验和有限元的屈曲形态对比如图 3.18 所示。试件 RF-1 和试件 SGLR-1 有限元模型的 C11 柱脚均为在垂直于加载方向(X 向)的受压侧壁板底部出现内凹屈曲变形，在平行于加载方面的壁板底部出现轻微外凸屈曲变形，与试验观测结果一致。试件 SGLR-2 中的 C11 柱脚试验和有限元中的屈曲形态对比如图 3.19 所示，其整体上的屈曲模式与试件 RF-1 和试件 SGLR-1 类似，不过由于剪力墙的约束，柱 C11 在平行于加载方向的壁板外凸屈曲更加明显。另外也可以注意到，试件 SGLR-2 的剪力墙外包钢板底部也发生了面外屈曲，与试验现象相符。

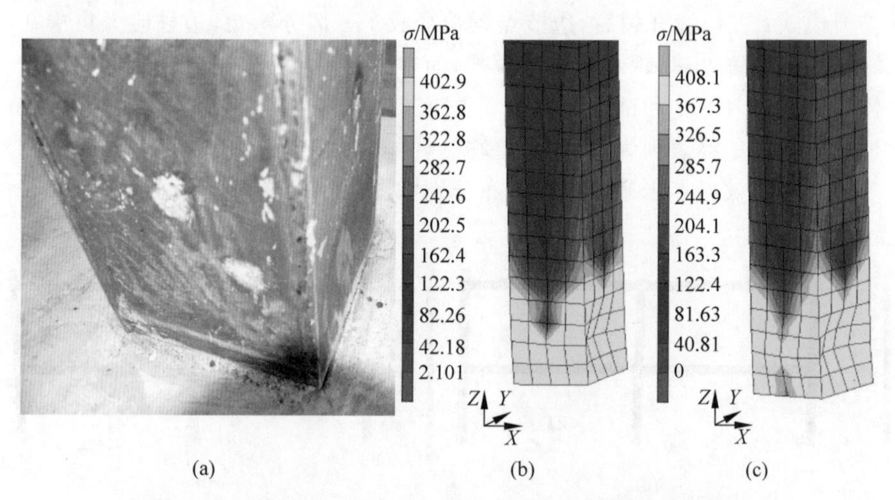

图 3.18 试件 RF-1 和试件 SGLR-1 中 C11 柱脚的屈曲对比

(a) 试件 RF-1；(b) 有限元 RF-1；(c) 有限元 SGLR-1

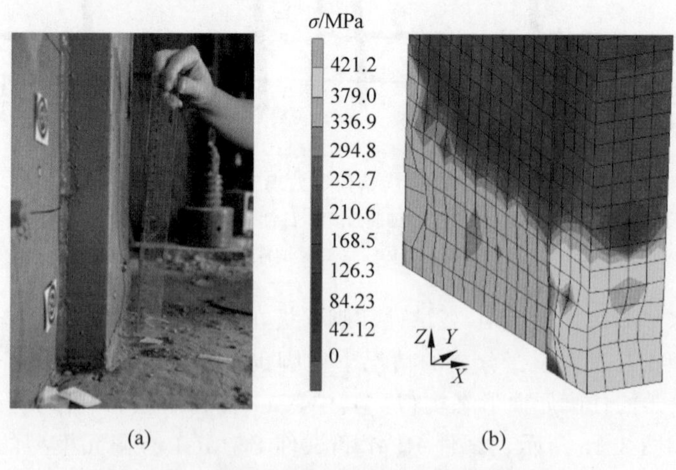

图 3.19 试件 SGLR-2 中 C11 柱脚的屈曲对比

(a) 试件 SGLR-2；(b) 有限元 SGLR-2

3.4.3　剪力墙受力分析

在最大加载等级(顶点位移角+5.92%)时,试件 SGLR-2 中剪力墙外包钢板的等效冯·米塞斯应力分布如图 3.20 所示,剪力墙内填混凝土的等效开裂应变分布如图 3.21 所示。可以看出,剪力墙整体呈现弯曲破坏模式,外包钢板底部应力最大,且已经达到屈服应力;内部混凝土开裂区域主要集中在底部受拉侧,开裂应变最大已达到 0.1,说明混凝土早已开裂。这样的受力模式也与剪力墙的高宽比相符,试件 SGLR-2 中的剪力墙显然属于"高墙",高宽比较大,在水平荷载作用下的破坏模式以弯曲破坏为主导。

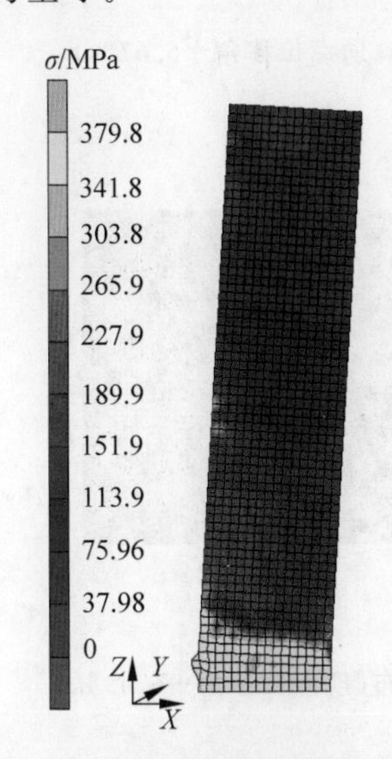

图 3.20　剪力墙外包钢板等效冯·米塞斯应力分布(顶点位移角+5.92%)

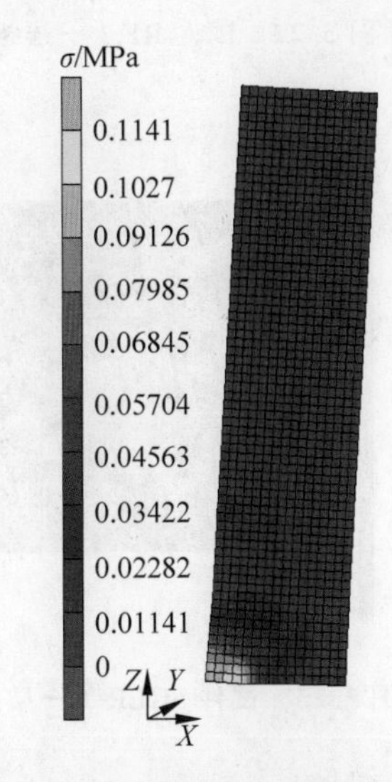

图 3.21　剪力墙内填混凝土等效开裂应变分布(顶点位移角+5.92%)

3.4.4　楼板受力分析

在最大加载等级时,各试件一层楼板下层纵向钢筋层的等效冯·米塞斯应力分布分别如图 3.22~图 3.24 所示。3 个试件的钢筋应力分布规律基本一致,在牛腿与钢梁节点处应力最为集中,说明此处楼板变形较大,钢筋受力最严重。各试件钢筋的应力在承受负弯矩节点(J11、J13)处应力集中范围更大,表明在负弯矩作用下,楼板混凝土受拉开裂,应力下降,组合梁主要靠钢筋承担拉力。试件 RF-1 钢筋的等效冯·米塞斯应力为 477.4MPa,大于试

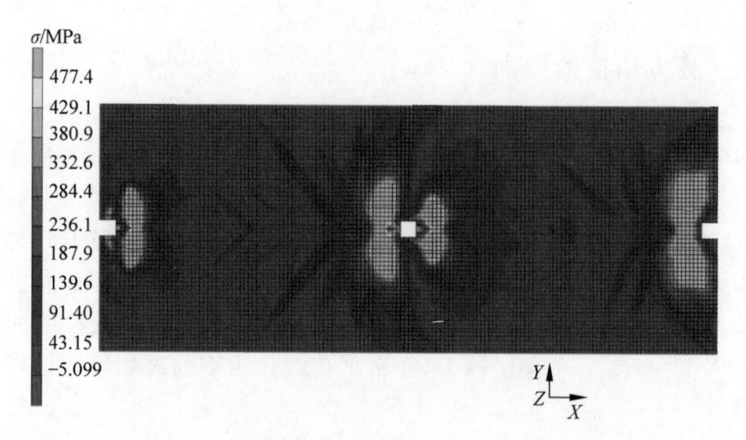

图 3.22 试件 RF-1 一层板顶纵筋层应力分布(顶点位移角+6.67%)

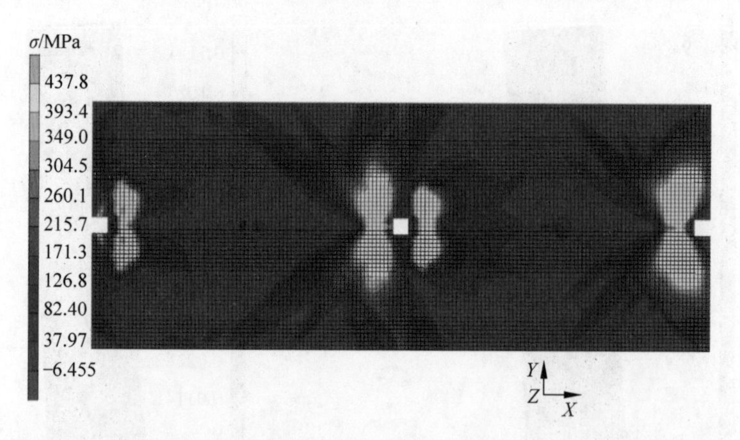

图 3.23 试件 SGLR-1 一层板顶纵筋层应力分布(顶点位移角+6.49%)

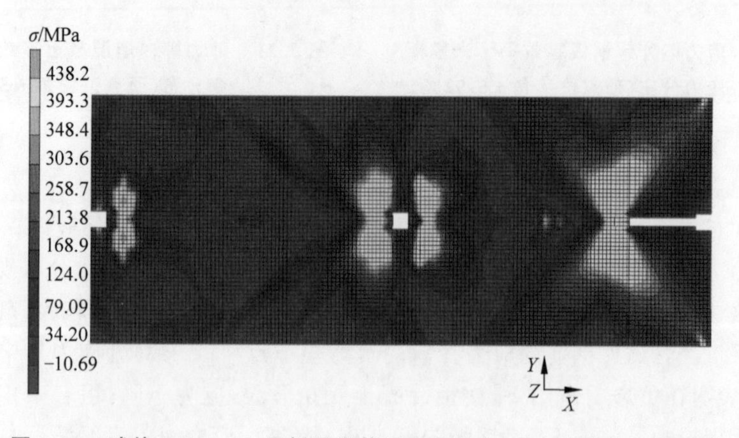

图 3.24 试件 SGLR-2 一层板顶纵筋层应力分布(顶点位移角+5.92%)

件 SGLR-1(437.8MPa)和试件 SGLR-2(438.2MPa),这是由于试件 RF-1 的节点为刚接,连接处所受弯矩更大,加上钢梁的高度也高于其他试件,所以顶层纵向钢筋的应力水平更高。

图 3.25～图 3.28 分别给出了 3 个试件一层楼板顶部混凝土层的受力情况,包括最大主压应力分布情况和等效开裂应变分布情况。

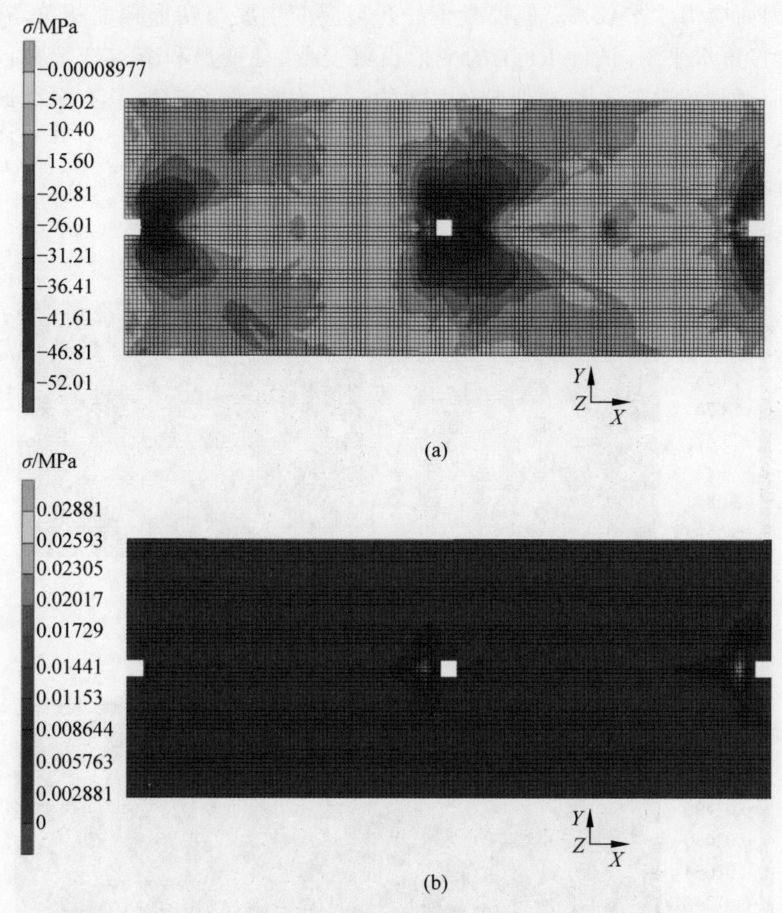

图 3.25 试件 RF-1 一层板顶混凝土层受力情况(顶点位移角+6.67%)

(a) 最大主压应力分布; (b) 等效开裂应变分布

混凝土的最大主压应力在一定程度上可以表征混凝土的受压情况,各试件的楼板混凝土受压均主要集中在承受正弯矩的节点附近,此处变形较大且楼板在组合作用下主要承担压应力。与钢筋应力大小规律一致,传统体系试件 RF-1 的混凝土最大主压应力大小为 52.0MPa,大于可分体系试件 SGLR-1(47.0MPa)和试件 SGLR-2(49.0MPa)。各试件楼板的混凝土开裂主要集中在承受负弯矩的节点附近,但值得注意的是,试件 RF-1 的最大开裂应变为 0.029,小于试件 SGLR-1(0.042)和试件 SGLR-2(0.044),这与各试件的钢筋和混凝土的应力水平大小关系明显不同。这是因为,构件应力水平主要与内力大小有关,试件 RF-1 节点处的刚接导致弯矩较大,因而应力水平较高;但混凝土的开裂应变主要与变形程度相关,在同等位移角水平下,试件 RF-1 的变形由梁变形、柱变形和节点变形共同组成,而试件 SGLR-1 和试件 SGLR-2 的节点为半刚性连接,具有更大的转动能力,变形更加集中在牛腿与钢梁连接处,所以此处的混凝土开裂应变更高。

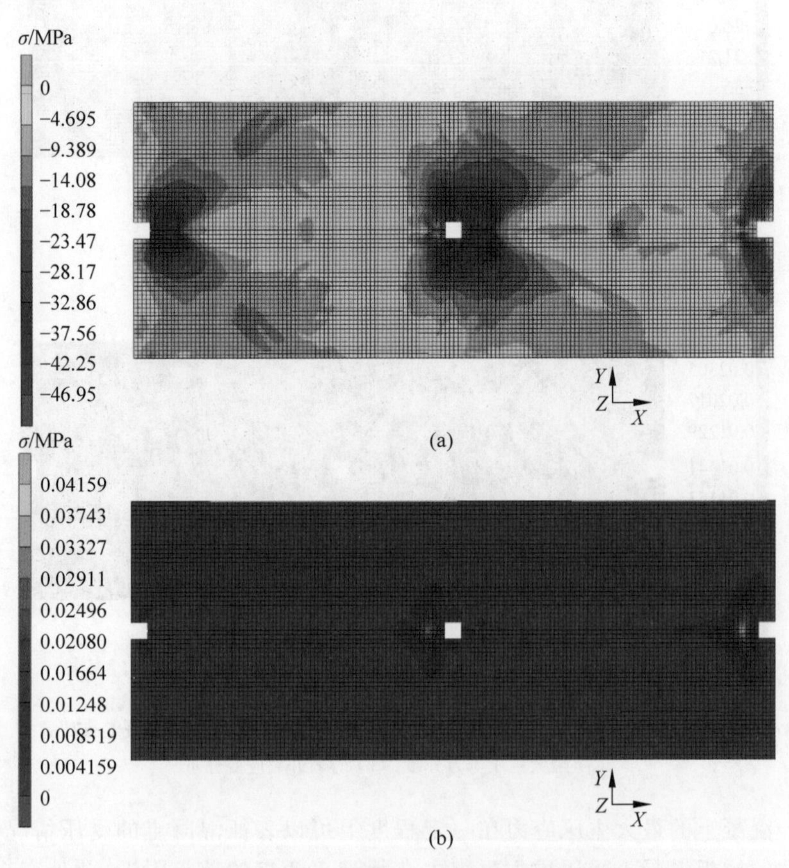

图 3.26 试件 SGLR-1 一层板顶混凝土层受力情况(顶点位移角+6.49%)

(a) 最大主压应力分布;(b) 等效开裂应变分布

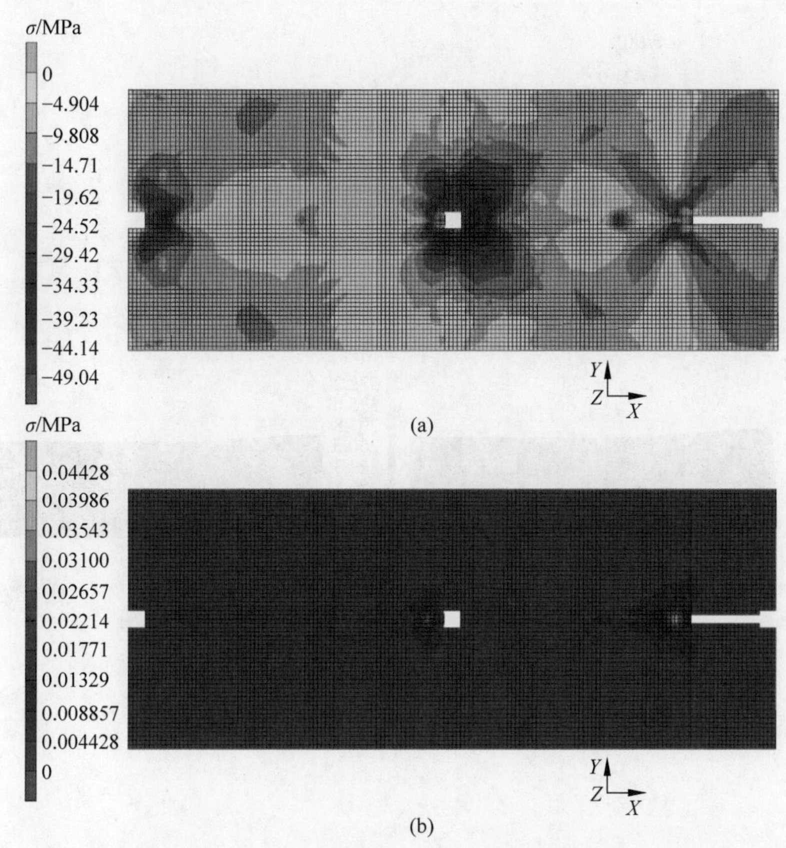

图 3.27 试件 SGLR-2 一层板顶混凝土层受力情况(顶点位移角+5.92%)

(a) 最大主压应力分布;(b) 等效开裂应变分布

3.4.5 节点受力分析

在最大加载等级时,各试件中J14节点的变形情况与等效冯·米塞斯应力分布如图3.28所示。各试件节点的变形特征类似,在正弯矩作用下钢梁与牛腿下翼缘张开,节点发生明显转动。试件RF-1节点下翼缘焊缝单元此时早已达到开裂应力,因此也有较大变形。节点连接板应力主要集中在下部受拉区域,螺栓周围的腹板应力也较为集中。试件RF-1节点处的最大等效冯·米塞斯应力为421.0MPa,也明显高于试件SGLR-1(364.6MPa)和试件SGLR-2(372.2MPa),这是由于试件RF-1的钢梁高度更高,螺栓间距更大,且螺栓直径更大、强度更高,更强的连接作用导致在同等位移角水平下,试件RF-1具有更高的应力水平。

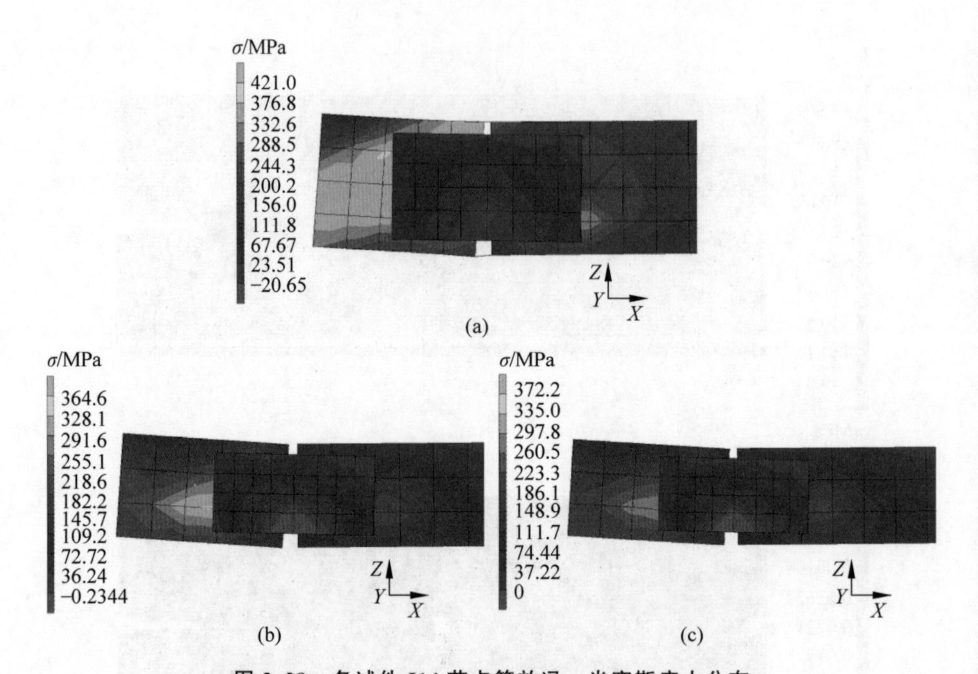

图 3.28 各试件 J14 节点等效冯・米塞斯应力分布

(a) RF-1(顶点位移角+6.67%)；(b) SGLR-1(顶点位移角+6.49%)；
(c) SGLR-2(顶点位移角+5.92%)

第4章 重力-侧力系统可分组合结构体系高效数值模型研究

4.1 概 述

精细数值模型可以较为全面地模拟结构的受力行为，便于分析各关键构件的力学机理和损伤情况，但建模过程较为烦琐、计算效率较低。因此，为了研究重力-侧力系统可分组合结构体系的抗震性能，有必要研究开发可以反映可分体系在地震作用下非线性行为的高效数值模型。

杆系模型是目前公认的最适合结构体系层次的非线性分析方法。近年来，陆新征等[109]、汪训流[110]、周新炜等[111]学者通过将复杂的截面模型或材料本构模型引入通用有限元程序实现了钢筋混凝土结构的非线性杆系模型的求解计算。后来，陶慕轩[71]基于大型通用有限元计算程序MSC. MARC建立了适用于组合框架结构体系非线性分析的纤维模型，为组合结构弹塑性行为的模拟计算提供了强大工具。然而，该纤维模型无法考虑可分体系中节点的半刚性作用，而第2章已表明节点的半刚性对结构无论在竖向楼面荷载还是水平地震荷载作用下的刚度和承载力均有不可忽视的影响。因此，本章需要在前人开发的组合框架结构体系纤维模型的基础上研究和开发能模拟节点半刚性的计算模型，为开展可分体系抗震行为的分析计算提供高效、准确的数值工具。

本章作为整个研究中承上启下的关键，基于前面试验和精细数值模型研究，提出适用于可分体系的高效数值模型，主要开展的工作包括以下几个方面。

(1) 对以往关于半刚性节点力学性能的研究进行总结归纳。通过文献调研明确节点的分类标准，归纳常见半刚性节点的连接形式，回顾国内外关于半刚性节点的研究历程，梳理和对比针对半刚性节点力学行为的典型研究方法。根据系统的文献调研和综述，确定进行可分体系中半刚性节点的模型研究的基本思路和方法。

（2）提出适用于可分体系的半刚性节点理论模型。依据组件法[112]的基本思想，针对可分体系的节点形式提出半刚性节点理论模型，分别提出节点各组件等效弹簧的滞回准则，按照节点构造对各组件等效弹簧进行集成，得到可分体系半刚性节点的滞回模型。

（3）开发适用于可分体系的半刚性节点单元。基于大型通用有限元计算程序 MSC. MARC 提供的 ubeam 扩展接口进行开发，将半刚性节点的理论模型通过程序实现，得到可以模拟节点细观行为的高效梁单元。将开发的半刚性节点单元与陶慕轩[71]开发的组合框架结构体系纤维模型进行集成，形成 COMPONA-FIBER 半刚性节点的扩展版程序，为可分体系的非线性分析提供高效数值模拟工具。

（4）开展可分体系试验中节点层面和体系层面的数值模拟。利用开发的程序分别建立可分体系试验中节点和体系的高效数值模型，将模拟结果与试验结果进行对比，验证本书所开发高效数值模型的准确性和适用性。

本章高效数值模型的开发是在第 2 章和第 3 章通过试验和精细数值模拟手段对可分体系力学行为建立基本认识的基础上进行的，并采用前文研究的数据对高效数值模型进行了验证。同时，本章开发的数值模型为第 5 章和第 6 章开展的体系分析研究提供了高效、准确的计算工具。

4.2 半刚性节点研究综述

4.2.1 节点的分类

结构体系中节点的受力性能对整个结构的传力机制和变形特征具有十分关键的作用。根据《欧洲规范 3》[112]（钢结构设计规范），典型钢节点的弯矩-转角曲线如图 4.1 所示，包括初始弹性段、塑性上升段和达到极限承载力后的水平段。其中，$S_{j,ini}$ 指节点的初始转动刚度；$M_{j,Ed}$ 指结构分析中得到的节点弯矩设计值，ϕ_{Ed} 指 $M_{j,Ed}$ 在节点弯矩-转角曲线上对应的转角，S_j 指 $M_{j,Ed}$ 对应的割线刚度；$M_{j,Rd}$ 指节点抗弯承载力设计值，ϕ_{Xd} 指节点弯矩刚刚达到 $M_{j,Rd}$ 时的转角，即 ϕ_{Ed} 取值的上限；ϕ_{Cd} 指节点的转动能力。

试验结果表明，实际工程中的各种节点形式的刚度均处于理想铰接和完全刚接之间[113]，从严格意义上来讲均为半刚性节点。但是，从简化分析

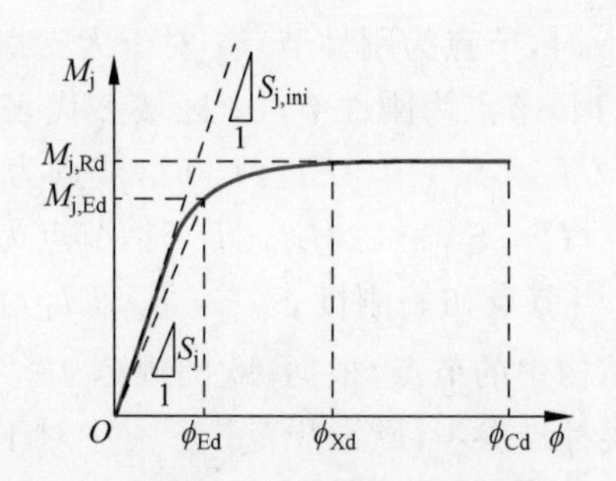

图4.1　典型钢节点弯矩-转角曲线[112]

计算的角度考虑,一般会根据节点的力学性质对其进行分类,便于整体结构的计算分析。根据《欧洲规范3》[112],在进行结构整体分析时,需要根据选择的分析方法采用不同的标准对节点进行分类。在进行弹性整体分析时,根据转动刚度的不同将节点分为名义铰接(nominally pinned)、半刚性(semi-rigid)、刚接(rigid)节点;在进行刚塑性整体分析时,根据抗弯强度的不同将节点分为名义铰接、部分强度(partial-strength)、等强(full-strength)节点;在进行弹塑性整体分析时,需要综合考虑节点的转动刚度和抗弯强度来进行分类,一般将节点弯矩-转角曲线简化为如图4.2所示的二折线,采用刚度修正系数 η 来对节点初始转动刚度 $S_{j,ini}$ 进行修正,得到简化曲线的弹性段刚度。

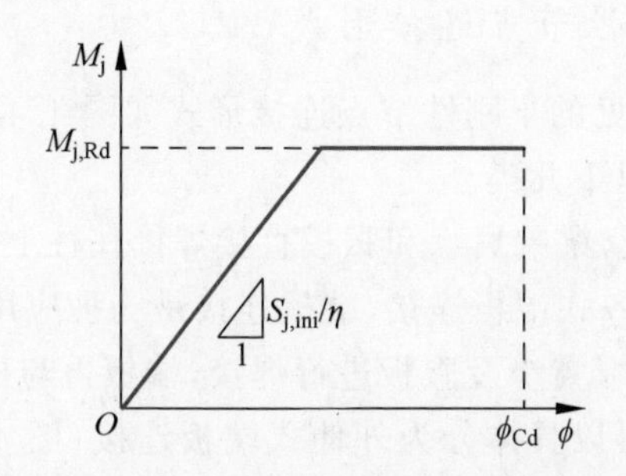

图4.2　简化二折线节点弯矩-转角曲线[112]

根据国内相关规范[75-77],在进行结构整体抗震设计时,一般根据反应谱法对结构进行设计验算,假设结构整体处于弹性状态。因此,对于国内的设计流程而言,节点转动刚度对于结构内力分布起着决定性作用,从体系的计算角度而言,以节点转动刚度作为分类标准更为合理。根据《欧洲规范3》[112],如图4.3所示,区域1代表刚性节点,对于有支撑结构,当节点初始

刚度 $S_{j,ini} \geqslant 8EI_b/l_b$ 时，节点为刚性节点；对于无支撑结构，当节点初始刚度 $S_{j,ini} \geqslant 25EI_b/l_b$ 时，节点为刚性节点；区域 2 代表半刚性节点，对于有支撑结构，当 $0.5EI_b/l_b < S_{j,ini} < 8EI_b/l_b$ 时，节点为半刚性节点，对于无支撑结构，当 $0.5EI_b/l_b < S_{j,ini} < 25EI_b/l_b$ 时，节点为半刚性节点；区域 3 代表名义铰接节点，当节点初始刚度 $S_{j,ini} \leqslant 0.5EI_b/l_b$ 时，节点为名义铰接节点。对于组合结构中的节点，根据《欧洲规范 4》[114]（组合结构设计规范），组合节点的分类标准参考《欧洲规范 3》[112]中对于钢结构节点的规定，并且应该考虑楼板的组合作用。

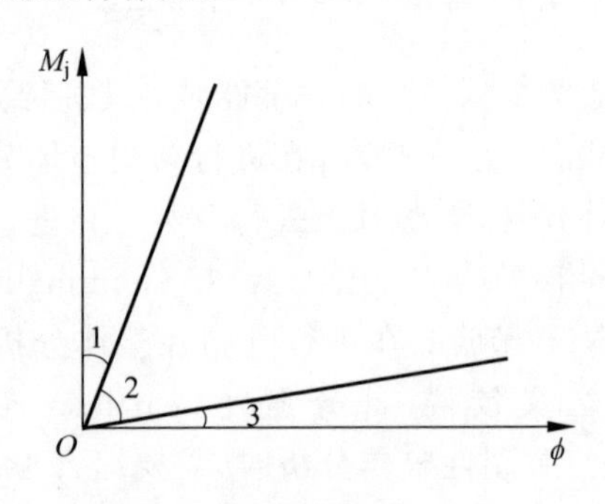

图 4.3　初始刚度分类标准

4.2.2　常见半刚性节点连接形式

实际工程中，常见的半刚性节点连接形式如图 4.4 所示（图中未画出混凝土楼板），主要有以下几类。

(1) 全焊接连接，梁端翼缘和腹板直接焊接在柱上（图 4.4(a)）。

(2) 外伸式/平齐式端板连接，端板连接是一种应用十分普遍的半刚性节点形式，端板与梁端翼缘及腹板进行焊接，端板再与柱通过螺栓连接。根据端板形式的不同可以具体分为外伸式端板连接（图 4.4(b)）和平齐式端板连接（图 4.4(c)），平齐式端板连接适用于对节点承载力及刚度要求不高的情况。

(3) 腹板单/双角钢连接，梁端腹板通过单面或双面角钢与柱进行连接（图 4.4(d)），角钢与梁柱可以通过螺栓连接，也可以通过焊缝连接，单角钢连接的抗弯刚度和承载力弱于双角钢连接。

(4) 单板连接，与腹板单角钢连接类似，梁端腹板用钢板代替角钢焊接在柱上，另一端通过螺栓或焊缝与梁腹板进行连接，其钢材用量小于单角钢

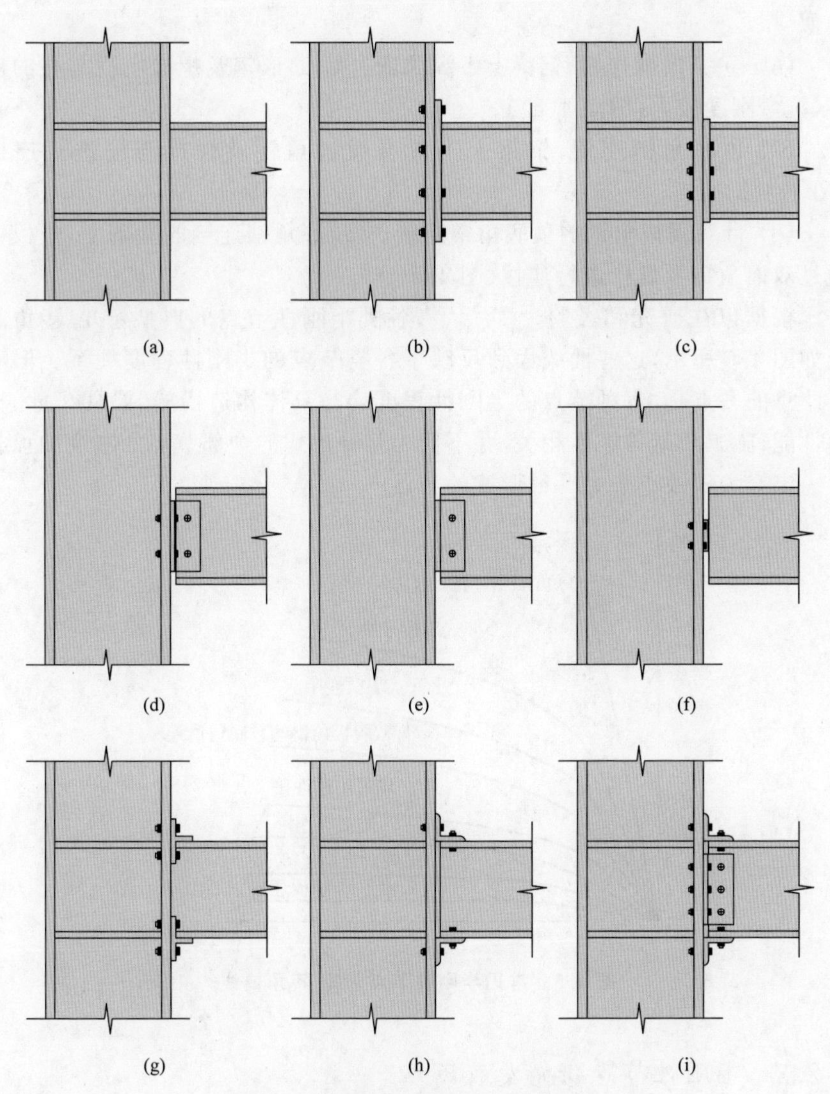

图 4.4　常见半刚性节点连接形式

(a) 全焊接连接；(b) 外伸式端板连接；(c) 平齐式端板连接；
(d) 腹板单/双角钢连接；(e) 单板连接；(f) 矮端板连接；
(g) 短 T 形钢连接；(h) 顶底角钢连接；(i) 带双腹板角钢的顶底角钢连接

连接，造成的偏心影响也较小。

(5) 矮端板连接，梁端腹板焊接一块高度小于梁高的端板，端板另一侧通过螺栓与柱相连(图 4.4(f))，这类节点的力学性质与双腹板角钢连接类似。

(6) 短 T 形钢连接,钢梁上下翼缘通过短 T 形钢及螺栓实现与柱的连接,抗弯刚度较大(图 4.4(g))。

(7) 顶底角钢连接,钢梁上下翼缘通过角钢及螺栓与柱进行连接(图 4.4(h))。

(8) 带双腹板角钢的顶底角钢连接,在顶底角钢连接的基础上,腹板也通过双面角钢及螺栓进行连接(图 4.4(i))。

根据以往研究和经验[113,115-117],各类半刚性节点的典型弯矩-转角曲线如图 4.5 所示,这些曲线大致反映了各类节点的半刚性程度关系。但需要注意的一点是,每种节点的半刚性程度均与具体构造措施、梁柱尺寸、材料性能、施工质量等因素相关,并不代表某种形式的全部节点的刚度和承载力一定会大于或小于另一种形式的节点。

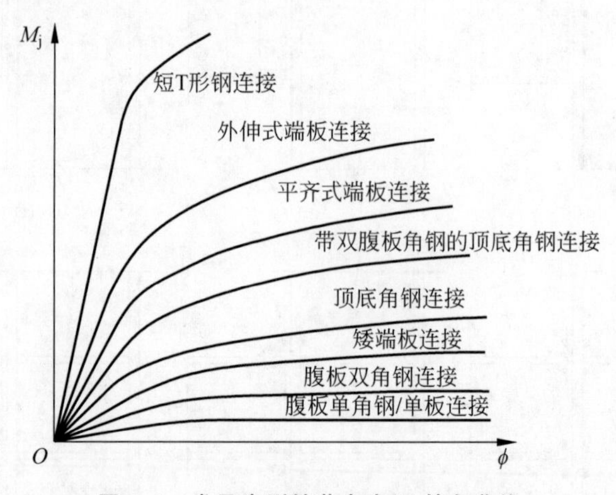

图 4.5 常见半刚性节点弯矩-转角曲线

4.2.3 半刚性节点研究发展历程

最早关于半刚性节点的研究是 Wilson 和 Moore 等[118]在 1917 年对当时在欧美广泛应用的铆接节点刚度的研究。直到 20 世纪 30 年代,学者们才开始关注各类半刚性节点(铆接节点、拴接节点、焊接节点等)的弯矩-转角关系及节点半刚性对结构整体力学行为的影响[119-123]。

为了确定节点提供的梁端约束,Batho 和 Rowan[120]提出一种称为“梁线”(beamline)的图解方法,需要通过试验得到节点的弯矩-转角曲线来进行计算。另外，Rathbun[123]最早应用斜率法[124]和弯矩分配法[125]来对半刚性节点进行分析。在 1936—1950 年，大部分研究都集中在将这些方法应用于半刚性连接的结构分析中，比较有代表性的成果包括 Baker 和 Williams[121]、Johnston 和 Mount[126]、Stewart[127]及 Sourochnikoff[128]等的研究。

20 世纪 60 年代，随着计算机的出现和应用，结构分析中开始采用矩阵刚度法进行计算。1963 年，Monforton 和 Wu[129]最早通过修正梁刚度矩阵的方式将节点半刚性对结构受力分析的影响引入矩阵刚度法中。大约在同一时间，类似的分析方法也被 Livesley[130]及 Gere 和 Weaver[131]等研究学者提出。在这些分析方法中，节点的弯矩-转角关系被假设为线性，引入半刚性节点系数 Z 来对梁的刚度矩阵进行修正[132]。

20 世纪 60 年代末至 70 年代初，Lionberger 和 Weaver[133]及 Suko 和 Adams[134]分别对半刚性连接框架的动力特性进行了研究，在结构分析中采用等效弹簧来模拟半刚性节点的弹塑性力学行为。

1978 年，欧洲建筑钢结构协会(European Convention for Construction Steelwork，ECCS)发表了关于钢结构施工建议的第 23 号报告[135]，形成了现行《欧洲规范 3》的基础。报告中提出了基于安全概率概念的极限状态法，在结构承载力和稳定性分析中使用荷载分项系数，并建议用极限状态法取代传统的容许应力法。

1981 年，Moncarz 和 Gerstle[136]通过修改刚度矩阵提出一种半刚性连接框架的近似分析方法。

基于欧洲建筑钢结构协会的相关研究，1984 年，欧洲共同体委员会(Commission of the European Community)发表了第一版《欧洲规范 3》[137]，对于线弹性分析将节点分为刚性和半刚性，对于弹塑性分析将节点分为等强和部分强度。然而，其中并没有对各类节点的应用范围和模拟方法给出建议。该版本规范以试用版发行，广泛征求用户，以及专业组织、学术界和技术行业的意见，在采纳意见的基础上形成了最终的规范版本。1989 年，规范的修改工作基本完成并移交给欧洲标准化委员会(Comité Européen de Normalisation，CEN)。

1983 年，Jones 等[138]对半刚性连接框架的分析方法进行了总结归纳。之后，Nethercot[139]在此基础上提出了新的半刚性连接框架分析方法，采用基础刚度矩阵方法对原有方法进行改进。

1987 年，Lui 和 Chen[140]、Goto 和 Chen[141]提出了适用于计算机的基

于矩阵的半刚性连接框架分析方法。同一年，欧洲建筑钢结构协会成立了TWG8.2工作组，研究半刚性节点对整体框架力学行为的影响。这项研究推动了结构连接技术委员会(TC10)[142]的成立。

随着研究的不断深入，欧洲规范不断发展[143]，2005年5月，《欧洲规范3》[112]正式出版发行。这版规范涵盖了各种类型的节点，包括半刚性节点。规范中对节点的分析采用组件法，将节点的各个组件进行分解并对其几何和力学特性进行分析，最终再集成得到整个节点的力学性能。其他国家的规范，比如美国的AISC-ASD[144]、LRFD[145]、AISC-ASD/LRFD[146]和中国的《钢结构设计标准》(GB 50017—2017)[76]，也给出了对节点力学行为的建议。

目前，对半刚性连接框架的研究很多，包括Jaspart[147]、Jaspart和Maquoi[148]、Weynand等[149]、Chen[150]、Braham和Jaspart[151]、Ashraf等[152-153]、Cabrero和Bayo[154]、Bayo等[155]、da S. Vellasco等[156]、Yang和Lee[157]、Faella等[158]、da Silva等[159]、Daniūnas和Urbonas[160]、Sekulovic和Nefovska-Danilovic[161]、Bel Hadj Ali等[162]、Ihaddoudène等[163]、Mehrabian等[164]、Darío[165]、Stylianidis等[166]、Yang等[167]及Liu等[168]的研究。这些研究主要关注两个方面：①节点力学性能的评价，包括转动刚度、抗弯承载力和转动能力；②考虑节点转动行为的框架分析和设计方法。基本上，所有研究都认同在框架分析时需要考虑节点的力学行为。一般而言，节点的力学行为以弯矩 M-转角 ϕ 曲线来表示，这也是在结构分析软件中对半刚性连接框架进行分析时必须的输入条件。因此，下文将对预测节点转动行为(M-ϕ 曲线)的各类方法进行简要介绍。

4.2.4 半刚性节点研究方法

研究半刚性节点力学行为的典型方法主要包括试验法、经验法、解析法、机械法、数值法和机器学习法。

1. 试验法

通过试验可以最为准确地得到节点的力学行为，但是试验法的时间成本和经济成本均较高，仅适用于科学研究，不适用于日常的结构设计。1917年，Wilson等学者[118]进行了第一批钢框架节点试验来评估节点刚度。自此之后，各国学者对于半刚性节点开展了大量的试验研究[169]，并形成了4个最为重要的节点数据库，分别是Goverdhan数据库[170]、Nethercot数据库[171-173]、钢节点数据库[174-176]和 SERICON 数据库[177-178]。数据库包括节点各组成部分的几何和力学特性、M-ϕ 曲线、转动刚度、抗弯承载力和研究者姓名等信息，用于验证学者们提出的各类节点模型的准确性。

2. 经验法

经验法主要基于经验公式，通过数据回归的方式得到 M-ϕ 曲线的表达式，主要与节点几何参数和力学参数有关。这些数据主要通过试验、有限元参数分析、解析法和受力分析等方式获得。这类方法的主要缺点是得到的经验公式只适用于某一种类型的节点，并且也无法确定节点各个参数对整体力学性能的影响。通过经验法得到的节点模型主要包括 Frye-Morris 模型[179]、Krishnamurthy 模型[180-181]、Kukreti 模型[182]、Attiogbe-Morris 模型[183]和 Faella-Piluso-Rizzano 模型[184]，这些模型均以创建该模型的人名命名。

3. 解析法

解析法利用受力平衡、变形协调和材料本构关系对节点进行力学分析，从而得到节点的转动刚度和抗弯承载力，力学概念明确。较为典型的研究有 Chen 等[185-187]于 1987 年针对带双腹板角钢的顶底角钢连接节点提出的模型，但这个模型存在的一个问题是它忽略了柱的变形。另一个非常有代表性的研究是 Yee 和 Melchers[188]针对端板连接节点提出的模型，考虑了节点的 5 种变形成分和 6 种破坏模式，可以预测端板连接节点的 M-ϕ 曲线。

4. 机械法

机械法将节点的各个组成部分进行拆解，用弹簧模型来模拟各元件，节点的非线性行为通过各弹簧元件的弹塑性本构关系来进行体现。由于只需要确定各元件的力学关系，再根据节点组成形式进行组装，机械法可以非常灵活地应用于各种类型的节点。利用机械法建立节点模型包含 3 个步骤：首先，确定节点中会发生明显变形和破坏的元件；其次，通过试验、数值或力学分析的方法确定各元件的本构关系；最后，将所有元件集成得到整个节点的 M-ϕ 曲线。对于机械法较为典型的研究包括 Wales 和 Rossow[189]、Kennedy 和 Hafez[190]、Chmielowiec[191]、Pucinotti[192]、Simões da Silva 和

Girão[193]、Cabrero 和 Bayo[194-195]、Lemonis 和 Gantes[196]及 Simões da Silva 等[197]的研究。

《欧洲规范 3》[112]建议的组件法是其中具有代表性的计算方法。组件法通过将节点看作一系列轴向拉伸弹簧和刚性杆的组合，根据各组件的几何和力学特性得到节点的力学性能。近年来，一些学者（Stylianidis 和 Nethercot[166]、Liu 等[168]及 Yang 等[167]）在钢框架和组合框架的连续倒塌分析中应用组件法以模拟节点在大变形中的力学行为。

5. 数值法

随着有限元软件的出现和发展，数值法开始被广泛使用，该方法主要有以下几点优势：第一，可以弥补试验数据、试验手段的不足；第二，可以获取试验中难以测量的局部效应和细观行为；第三，可以用于大量参数的研究。但是，节点的数值模型需要考虑组成元素的几何和材料非线性、螺栓预紧力、螺栓与板件之间的接触和摩擦、螺栓滑移、焊缝等因素的影响，建立精细数值模型的难度较大。目前的有限元软件可以在模型中引入大变形、塑性行为、应变硬化、接触及螺栓预应力等作用[198-199]。利用数值模型对节点力学行为开展的研究很多，较为典型的包括 Bose 等[200]、Krishnamurthy 和 Graddy[201]、Bursi 和 Jaspart[202-204]、Bahaari 和 Sherbourne[205]、Swanson 等[206]、Ju 等[207]、Xiao 和 Pernetti[208]、Pirmoz 等[209]及 Díaz[210-211]等的研究。

6. 机器学习法

机器学习法是近年来兴起的一种模拟方法，利用神经网络建立起各参数间的内部联系。其中，人工神经网络（artificial neural network，ANN）是工程师为完成设计任务而开发的一种人工智能应用，现已被用于结构分析、结构设计、动力控制、结构损伤评估等领域[169]。机器学习得到的模型没有显式公式，一旦学习完成，这个模型就可以直接用于相关结构分析中，不需要人为再进行分析和简化。目前，机器学习法已经应用于节点力学行为的预测，较为典型的包括 Jadid 和 Fairbairn[212]、Anderson 等[213]、Dang 和 Tan[214]、De Lima 等[215]、Salajegheh 等[216]、Cevik[217]、Kim 等[218]及 Shariati 等[219]的研究。

上述几类方法各有优缺点，试验法是最直观、准确研究节点力学行为的方法，但成本最高；经验法和解析法计算成本低，但需要试验数据的校正，而且一般采用简化模型,精度有限；数值法可以开展参数分析,但要考虑节点各种细节因素的影响,建模和计算成本较高；机器学习法适用于各类问题,但想获得好的预测结果需要学习大量数据,相比其他领域,结构工程的试验数据样本量较小；机械法通过拆解节点的各个组件来研究节点行为,适用于任何类型的节点,但模型的精度主要依赖于各组件本构关系的准确性。在现有研究中,对节点中各组件(如螺栓、角钢、腹板等)力学性质的研究已经较为成熟,为组件法的应用提供了较为成熟的条件。然而,以往组件法的研究并未涉及本书提出的可分体系中半刚性节点的形式。除此之外,大部分组件法的研究仅关注节点的单向加载行为,并未考虑节点在往复荷载下的力学性能,限制了节点模型在地震往复荷载作用下的分析应用。因此,本章采用组件法来研究可分体系中半刚性节点的滞回行为,提出了半刚性节点的等效弹簧模型,并基于通用有限元计算程序 MSC. MARC 开发了针对该节点的纤维梁单元以实现该节点模型在体系计算中的应用。

4.3　可分体系半刚性节点模型

可分体系中的半刚性节点构造如图 2.10 所示,柱外伸牛腿与钢梁腹板通过螺栓和节点连接板连接而成,牛腿与钢梁上下翼缘保留一定间隔为节点转动提供足够的空间,钢梁和牛腿上翼缘通过栓钉与混凝土楼板组合。利用组件法可以将该节点拆分为如图 4.6 所示的各组件弹簧构成的节点模型,模型包括以下几类组件弹簧：①混凝土等效弹簧(用 con 表示),②钢筋等效弹簧(用 rb 表示),③开孔腹板等效弹簧(用 bwbr 表示),④开孔节点连接板等效弹簧(用 cpbr 表示),⑤螺栓剪切等效弹簧(用 bs 表示),⑥螺栓滑移等效弹簧(用 slip 表示),⑦下翼缘接触等效弹簧(用 ctt 表示)。需要说明的是,试验中观测到节点的变形主要集中在牛腿和钢梁连接处,柱与牛腿相交的节点域基本未发生变形,因此组件法模型中未考虑柱变形。各组件弹簧两端连接在刚性杆上,各弹簧根据节点构造设置在对应高度处。楼板混凝土和钢筋等效弹簧将有效翼缘宽度内的混凝土和钢筋按照陶慕轩提出的纤维模型概念[71]离散成各个纤维,各纤维对应的等效弹簧在节点模型中是并联关系。根据螺栓所在高度处各组件的力学平衡和变形协调关系,腹板剪切、节点连接板剪切、螺栓剪切、螺栓滑移等效弹簧在节点模型中是串联关系。如图 4.6 所示,各组件弹簧构成了节点的力学模型,忽略节点的剪切变形,即认为剪切刚度为无穷大,节点在弯矩和轴力的共同作用下发生变形，表现为各组件弹簧的拉压变形，各弹簧产生的反力与节点的弯矩和轴力平衡。因此，只要确定各组件弹簧的本构关系，便可以得到整个节点的宏观力学行为。

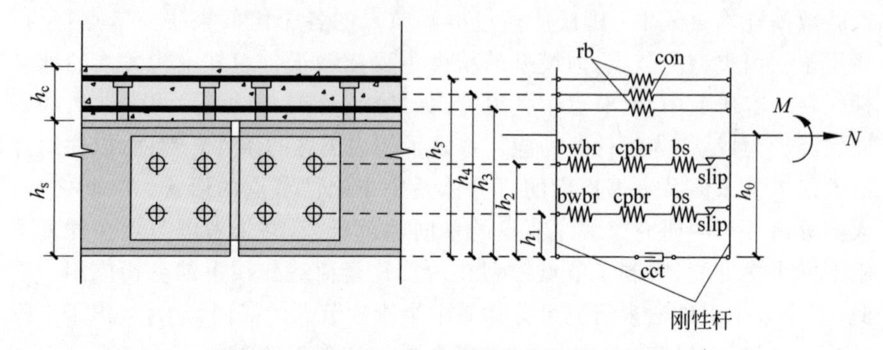

图 4.6　可分体系中半刚性节点组件法模型

4.3.1　混凝土等效弹簧

混凝土的单轴受压和受拉应力-应变骨架曲线如图 4.7 所示，由于楼板混凝土没有约束，图中只给出了非约束混凝土的受压骨架线。

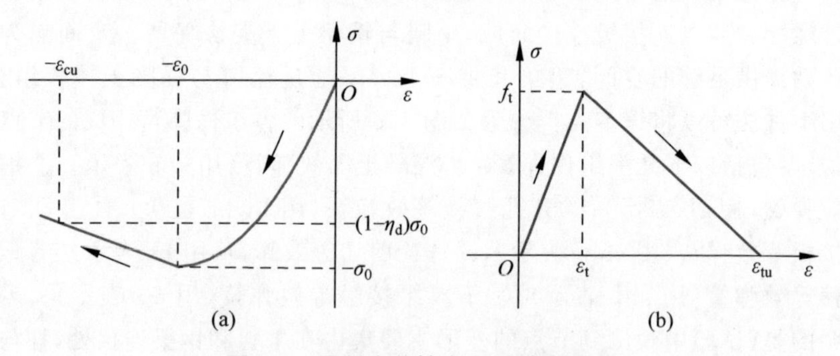

图 4.7　混凝土单轴应力-应变骨架线

(a) 非约束混凝土受压；(b) 混凝土受拉

对于单轴受压的混凝土，在达到峰值压应变 ε_0 之前，应力-应变曲线采用 Rüsch[100] 提出的二次抛物线形式的本构关系，具体表达式如下：

$$\sigma=\sigma_0\left[2\left(\frac{\varepsilon}{\varepsilon_0}\right)-\left(\frac{\varepsilon}{\varepsilon_0}\right)^2\right] \tag{4-1}$$

式中，对于非约束混凝土，峰值压应变 ε_0 一般取为 $2000\mu\varepsilon$；峰值压应力 σ_0 取为混凝土圆柱体强度 f_c'，可由混凝土立方体抗压强度 f_{cu} 按下式确定[71]：

$$f'_c=\begin{cases}0.8f_{cu}, & f_{cu}\leqslant 50\\ f_{cu}-10, & f_{cu}>50\end{cases}\tag{4-2}$$

当混凝土压应变超过后，非约束混凝土的应力-应变曲线取为直线，如图 4.7(a)所示。混凝土极限压应变 ε_{cu} 取 $4000\mu\varepsilon$，η_d 为混凝土达到极限压应变 ε_{cu} 的折减系数，Rüsch[100] 建议取 0，Hognestad 等[220] 建议取 0.15。根据文献[71]的结论，配筋混凝土的 η_d 取 0～0.15 时可以达到较好的模拟效果。

混凝土材料存在受拉软化效应，其单轴受拉应力-应变曲线如图 4.7(b)所示，混凝土抗拉强度 f_t 按式(4-3)计算，峰值拉应变 $\varepsilon_t=f_t/E_c$，E_c 为混凝土初始弹性模量，极限拉应变 ε_{tu} 可根据 3.2.2 节给出的方法计算得到。

$$f_t=\begin{cases}0.26f_{cu}^{2/3}, & f_{cu}\leqslant 50\\ 0.21f_{cu}^{2/3}, & f_{cu}>50\end{cases}\tag{4-3}$$

根据文献[87]的结论，混凝土材料的滞回准则对组合构件非线性分析结果的影响较小，按照初始弹性模量 E_c 进行简单的线弹性加载、卸载，忽略强度退化和刚度退化，仍可以取得较高的模拟精度。因此，为简化计算，本书采用最简单的混凝土滞回准则来模拟混凝土等效弹簧。

4.3.2　钢筋等效弹簧

钢筋等效弹簧的本构模型采用 Esmaeily 和 Xiao 提出的模型[221]，其单轴骨架线如图 4.8(a)所示，强化段采用二次抛物线形式，各阶段表达式如下：

$$\sigma=\begin{cases}E_s\varepsilon, & \varepsilon\leqslant\varepsilon_y\\ f_y, & \varepsilon_y<\varepsilon\leqslant k_1\varepsilon_y\\ k_3f_y+\dfrac{E_s(1-k_3)}{\varepsilon_y(k_2-k_1)^2}(\varepsilon-k_2\varepsilon_y)^2, & \varepsilon>k_1\varepsilon_y\end{cases}\tag{4-4}$$

式中，E_s 为钢筋初始弹性模量，f_y 为钢筋屈服强度，ε_y 为屈服应变，k_1、k_2、k_3 为决定钢筋应力-应变关系曲线形状的 3 个参数。根据相关研究成果[110,221]，对于楼板内钢筋，可以取 $k_1=4$、$k_2=25$、$k_3=1.2$。

钢筋在往复荷载作用下的滞回准则如图 4.8(b)所示，该准则可以较好地考虑钢筋的包辛格效应(Bauschinger effect)。钢筋卸载刚度取为初始弹性模量 E_s，按弹性直线卸载；再加载路径根据起点和终点连线的斜率与初

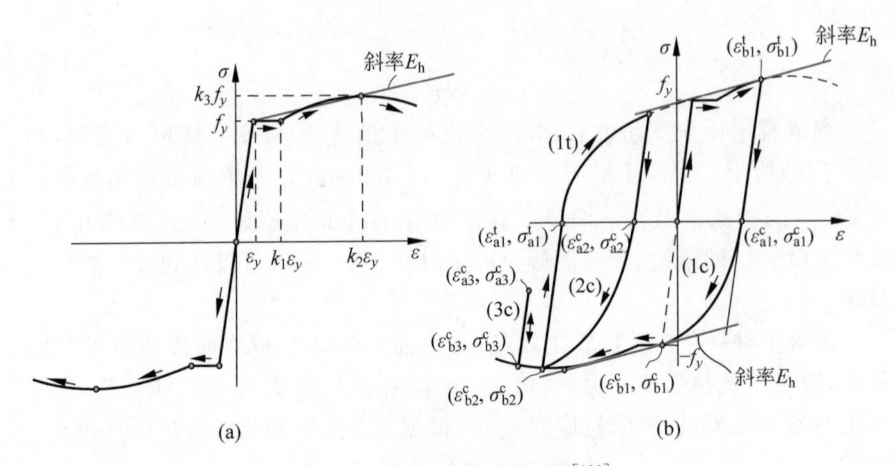

图 4.8　钢筋单轴本构模型[222]

(a) 骨架线；(b) 滞回行为

始弹性模型的关系分为直线加载和 p 次曲线加载两种情况，具体表达式见文献[71]。

4.3.3　开孔钢板等效弹簧

节点在弯矩和轴力作用下，螺栓孔附近的钢梁或牛腿腹板和节点连接板会承受压力发生变形。根据 Liu 等[168]的研究，开孔钢板等效弹簧(本模型中对应 bwbr 和 cpbr)的本构关系可以采用如图 4.9 所示的简化双线性模型。其中，等效弹簧的屈服承载力 $F_{s,Rd}$ 可按下式计算：

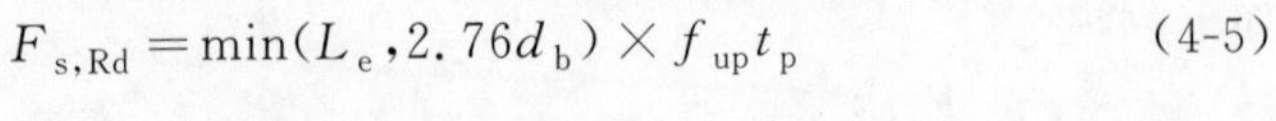

$$F_{s,Rd}=\min(L_e, 2.76d_b)\times f_{up}t_p \tag{4-5}$$

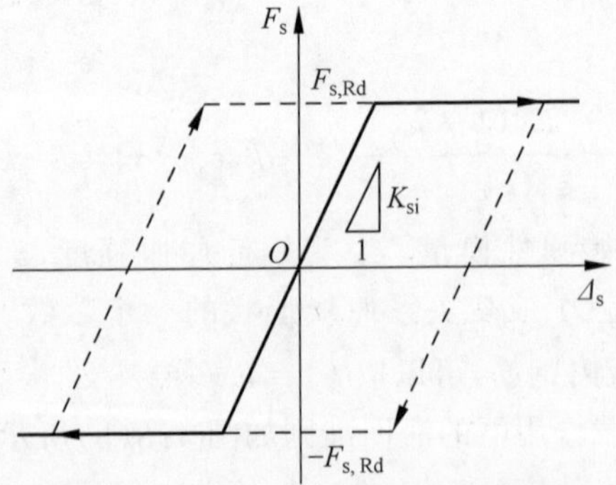

图 4.9　开孔钢板等效弹簧滞回模型

式中，$F_{s,Rd}$ 为弹簧的屈服承载力，L_e 为螺栓形心到钢板边缘的距离，d_b 为螺栓直径，f_{up} 为钢材的极限强度，t_p 为钢板厚度。

开孔钢板等效弹簧可以视为由受压弹簧（初始弹性刚度 K_{br}）、弯曲弹簧（初始弹性刚度 K_b）和剪切弹簧（初始弹性刚度 K_v）并联组成[223]，其初始弹性刚度 K_i 可由 3 种弹簧的初始弹性刚度按式(4-6)～式(4-9)计算得到：

$$K_i = \frac{1}{1/K_{br} + 1/K_b + 1/K_v} \tag{4-6}$$

$$K_{br} = 120 t_p f_{yp} (d_b/25.4)^{0.8} \tag{4-7}$$

$$K_b = 32 E_p t_p (L_e/d_b - 0.5)^3 \tag{4-8}$$

$$K_v = 6.67 G_p t_p (L_e/d_b - 0.5) \tag{4-9}$$

式中，f_{yp} 为钢板的屈服强度，E_p 为钢材的弹性模量。G_p 为钢材的剪切模量，按下式计算：

$$G_p = \frac{E}{2(1+\mu)} \tag{4-10}$$

开孔钢板等效弹簧的滞回准则为平行四边形准则，如图 4.9 所示。弹簧卸载按弹性直线卸载，卸载刚度与初始弹性刚度 K_i 相同。将第 i 次拉/压再加载曲线的起点位移和荷载分别记为 $\Delta_{ai}^{t/c}$ 和 $F_{ai}^{t/c}$，定义第 i 次拉/压再加载曲线的终点为该方向上（拉或压）前次到达的最大位移点，其初始值取为初始屈服点，记为$(\Delta_{bi}^{t/c}, F_{bi}^{t/c})$。当第 i 次再加载曲线的起点和终点连线的斜率小于初始弹性刚度 K_i 时，取双折线，即先按初始弹性刚度 K_i 进行加载，当弹簧内力达到 $F_{b,Rd}$ 后，再按平台段进行加载；当第 i 次再加载曲线的起点和终点连线的斜率等于初始弹性刚度 K_i 时，再加载曲线取直线。

4.3.4　螺栓剪切等效弹簧

Yu 等[224]认为，螺栓受剪弹簧具有线弹性本构关系，无屈服平台，并且螺栓在剪力达到极限承载力后会被剪断。在可分体系构件的加载过程中，螺栓在节点转角很大时均未发生剪断，但后期承载力已经不再上升，说明螺栓已经进入屈服状态，且具有较好的延性。因此，本书在 Yu 等[224]提出的模型基础上对螺栓剪切等效弹簧进行修正，采用简化双线性模型，如图 4.10 所示，螺栓受剪骨架线分为线弹性段和屈服后的平台段，既符合螺栓受力特征，也便于程序计算收敛。

螺栓剪切等效弹簧的屈服承载力 $V_{bs,Rd}$ 取为螺栓的极限抗剪承载力

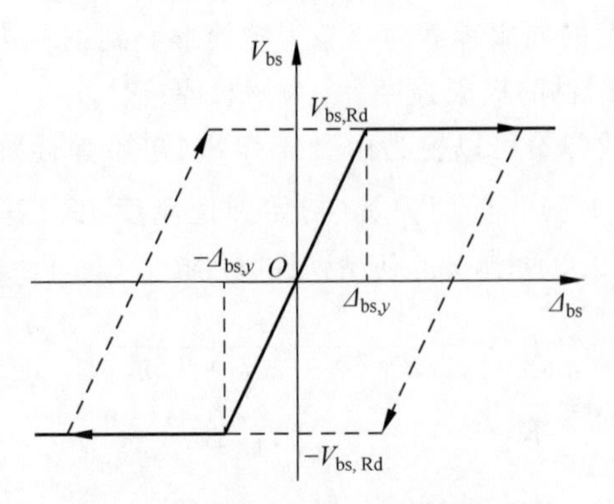

图 4.10　螺栓剪切等效弹簧滞回模型

N_v^b,按式(3-7)进行计算。螺栓达到屈服承载力 $V_{bs,Rd}$ 时对应的剪切屈服位移 $\Delta_{bs,y}$ 包括摩擦传力变形 $\Delta_{bs,y1}$ 和螺栓杆受剪变形 $\Delta_{bs,y2}$。根据前人的研究[106],对本书采用的螺栓分别取建议值 0.11mm 和 2.0mm。

螺栓剪切等效弹簧的滞回准则与开孔钢板等效弹簧相同,也采用平行四边形准则。

4.3.5　螺栓滑移等效弹簧

在试验过程中观察到,可分体系试件节点的连接处螺栓发生了明显的滑移,因此节点计算模型中需考虑螺栓滑移效应,这也是 3.2.3 节精细有限元模型中用软件自带的非线性弹簧(spring)模拟螺栓时无法考虑的一点。根据 Liu 等[168]的研究,螺栓滑移等效弹簧的本构关系可以采用如图 4.11

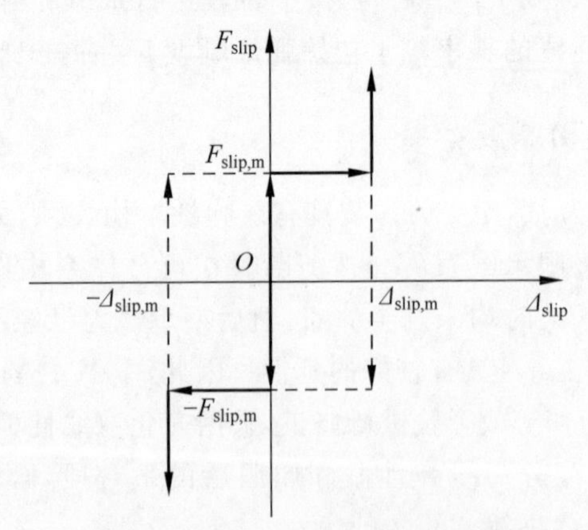

图 4.11　螺栓滑移等效弹簧滞回模型[168]

所示的模型。螺栓的剪力在达到滑移临界荷载 $F_{slip,m}$ 之前，不发生滑移；在达到临界荷载后发生滑移，荷载保持临界荷载不变；当达到最大滑移量 $\Delta_{slip,m}$，即螺栓杆接触孔壁后，位移不再增加，荷载-位移曲线的斜率又变为无穷大。

根据 Yang 和 Tan 的研究[225]，螺栓的滑移临界荷载 $F_{slip,m}$ 可以按照下式计算：

$$F_{slip}=n_b\mu P_{bf} \tag{4-11}$$

式中，n_b 为传力摩擦面数目，当螺栓为单剪连接时，$n_b=1$；当螺栓为双剪连接时，$n_b=2$。μ 为摩擦面抗滑移系数，根据文献[225]的建议取为0.25。P_{bf} 为螺栓预紧力，建议取为40kN。

螺栓滑移等效弹簧的滞回准则也采用平行四边形准则，理论上卸载刚度等于滑移发生前的弹性段刚度，为无穷大。但是，考虑到程序计算的收敛性，实际编程中螺栓滑移等效弹簧在滑移发生前和达到最大滑移量之后的刚度取为钢材弹性模量的100倍，保证其远大于其他弹簧的刚度，不影响各弹簧的内力和变形计算结果。

4.3.6　下翼缘接触等效弹簧

当节点变形很大时，钢梁和牛腿下翼缘在负弯矩作用下可能会发生接触产生挤压力，而当两者分离时，挤压力消失。将该作用简化为下翼缘接触等效弹簧，本构模型如图4.12所示。当节点受正弯矩时，下侧受拉，下翼缘接触弹簧不发挥作用；当节点受负弯矩时，下侧受压，钢梁和牛腿下翼缘间距变小，接触之前弹簧也不发挥作用，当间距减小量为初始下翼缘间距 Δ_{gap} 时，下翼缘接触弹簧发挥作用产生压力，由于钢材的弹性模量很大，弹簧受压变形很小，刚度很大。当下翼缘间距 $\Delta_{ctt}>-\Delta_{gap}$ 时，弹簧的内力为0。

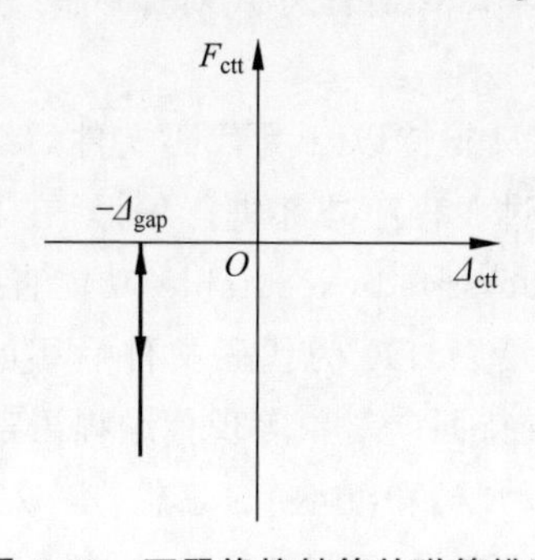

图4.12　下翼缘接触等效弹簧模型

假设接触后压应力在下翼缘截面上均匀分布，下翼缘接触弹簧刚度 K_{ctt} 可按照下式推导：

$$K_{ctt}=\frac{F_{ctt}}{\Delta_{ctt}}=\frac{\varepsilon_{ctt}E_sA_f}{\varepsilon_{ctt}l_c}=\frac{E_sA_f}{l_c} \tag{4-12}$$

式中，F_{ctt} 为下翼缘接触等效弹簧反力；Δ_{ctt} 为弹簧变形；ε_{ctt} 为下翼缘钢材压应变；E_s 为钢材弹性模量；A_f 为下翼缘截面积；l_c 为节点连接区段长度，本书取为节点连接板长度。

由于钢梁和牛腿下翼缘受压变形很小，下翼缘接触弹簧可以认为是线弹性弹簧，因此卸载路径为最简单的原路返回，卸载刚度同样取为加载弹性刚度 K_{ctt}。

4.4　数值处理与程序实现

本书在清华大学组合结构课题组基于 MSC. MARC 平台自行开发的组合结构非线性分析子程序包（COMPONA-FIBER 纤维梁模型[71]）的基础上，进行相应扩展以适用于包含半刚性节点的组合结构模型的分析求解，如图 4.13 所示。MSC. MARC 平台将非线性分析总体分为前处理、求解和后处理 3 个阶段，并提供了 ubginc、ubeam、plotv 等扩展接口。COMPONA-FIBER 基于这些接口实现了纤维梁模型的参数输入、位移-内力计算、关键参数显示等功能。

COMPONA-FIBER 主要有混凝土、钢材/钢筋两大类纤维本构模型，而本书增加了开孔钢板、螺栓剪切、螺栓滑移、下翼缘接触等纤维（弹簧）本构模型。由于纤维数量大大增加，为了重复利用不同纤维之间的相同逻辑代码，本书采用了面向对象的编程方式对原代码进行了重新构筑和功能扩展。

原生 MSC. MARC 只支持以. f 为代码文件后缀的 Fortran 77 语言进行二次开发并编译。通过在程序外部进行编译，在 MSC. MARC 中通过运行保存的可执行文件（run saved executable）功能直接运行编译后的可执行文件，可绕过该限制，使用以. f90 为代码文件后缀的 Fortran 90 及以后的语言进行二次开发，并支持面向对象等现代编程语言特性。

基于面向对象编程的“类和继承”的思想，本书从包含半刚性节点的组合结构模型的非线性求解过程中归纳了 3 个主类，即纤维（fiber）类、截面

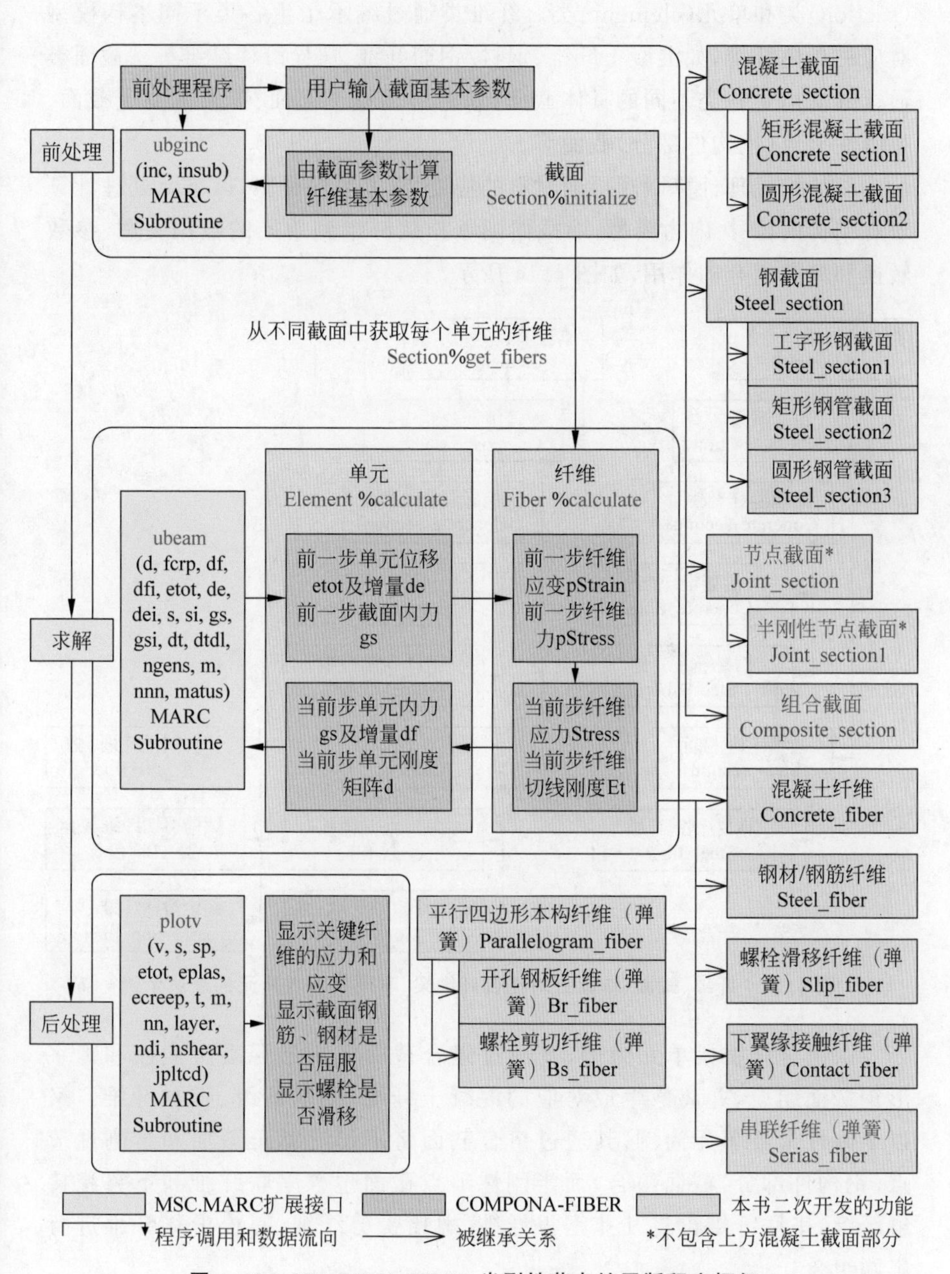

图 4.13　COMPONA-FIBER 半刚性节点扩展版程序框架

(section)类和单元(element)类。纤维类通过继承衍生各类不同本构模型对应的具体纤维,如混凝土纤维、钢材/钢筋纤维、螺栓滑移纤维等。截面类通过继承衍生各类不同的具体截面,如矩形混凝土截面、圆形混凝土截面、半刚性节点(钢构件部分)截面等。

以纤维处理计算微观层面材料的应变-应力本构模型,以单元处理计算宏观结构的位移-内力模型,而截面则承担从纤维到单元的数据关联、参数转换和离散组合的作用,如图 4.14 所示。

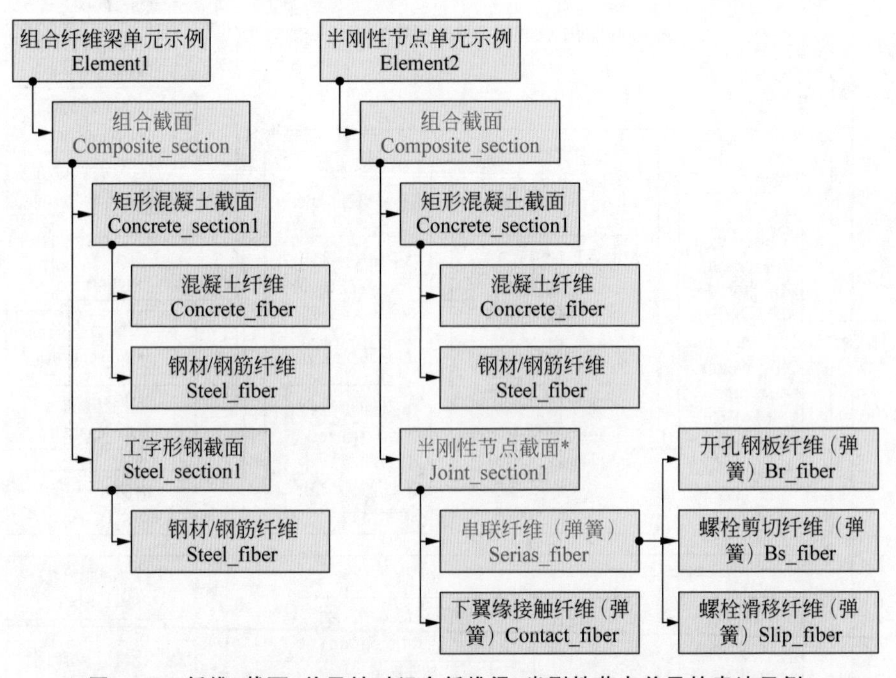

图 4.14 纤维、截面、单元针对组合纤维梁、半刚性节点单元的表达示例

以组合纤维梁单元为例,其通过组合截面将矩形混凝土截面和工字形钢截面组合,并离散生成对应的混凝土纤维、钢筋纤维、钢材纤维。又以半刚性节点单元为例,其通过组合截面将矩形混凝土截面和半刚性节点(钢构件部分)截面组合,而半刚性节点截面包含串联纤维和下翼缘接触纤维,串联纤维再将开孔钢板纤维、螺栓受剪纤维、螺栓滑移纤维进行串联组合。

在求解包含半刚性节点的组合结构模型问题的过程中,串联纤维需要处理开孔钢板纤维、螺栓剪切纤维和螺栓滑移纤维的应变协调和应力平衡方程。在该平衡方式中，各子纤维应力相等，均为串联纤维总应力、应变相加得到串联纤维的总应变。而在程序每一次迭代求解的过程中，均假设单元产生了相应的位移，然后求解内力，并调整内力的不平衡分布。因此，串联纤维内的平衡方程的总应变已知，须求解各子纤维的应变和总应力。程序通过自行实现的牛顿法迭代总应力反求各子纤维的应变，使之和趋近于已知总应变。

4.5 模型验证

本节采用前述开发的半刚性节点模型模拟可分体系试件中的节点在往复荷载下的力学行为，并将其与试验结果进行对比验证。另外，利用 COMPONA-FIBER 半刚性节点扩展版程序对可分体系试件进行建模计算，并将其与试验结果进行对比验证。对比节点在理想铰接和理想刚接情况下的计算结果，探讨节点连接方式对模拟结果的影响。

4.5.1 节点层面

根据试验中试件 SGLR-1 和试件 SGLR-2 节点处布置的倾角仪和位移计可以测量得到水平滞回加载过程中可分体系中节点的转角。由布置在试件梁柱截面的应变片数据利用塑性理论可以得到应力分布从而计算得到梁柱内力，再根据结构受力平衡可以推算节点处的弯矩。由此得到试验中可分体系试件各节点的弯矩-转角曲线。在半刚性节点单元边界处施加试验测得的节点转角位移，计算得到节点的弯矩，试件 SGLR-1 和试件 SGLR-2 中各节点处弯矩-转角曲线的数值模拟结果与试验量测结果的对比分别如图 4.15 和图 4.16 所示。

可以看出，节点弯矩-转角曲线存在较为明显的水平段，说明此时处于螺栓滑移阶段，位移变化较大而承载力基本没有变化，本书提出的半刚性节点模型可以较好地反映螺栓滑移引起的捏拢效应。在螺栓滑移结束后，开孔钢板和螺栓剪切等效弹簧发挥的作用开始显现，节点弯矩明显上升，本书提出的模型也可以较为准确地模拟这一行为。可以注意到，节点在正弯矩段的滞回曲线比负弯矩段饱满，且正向受弯极限承载力高于负向，这是由负弯矩段混凝土受拉软化导致的。

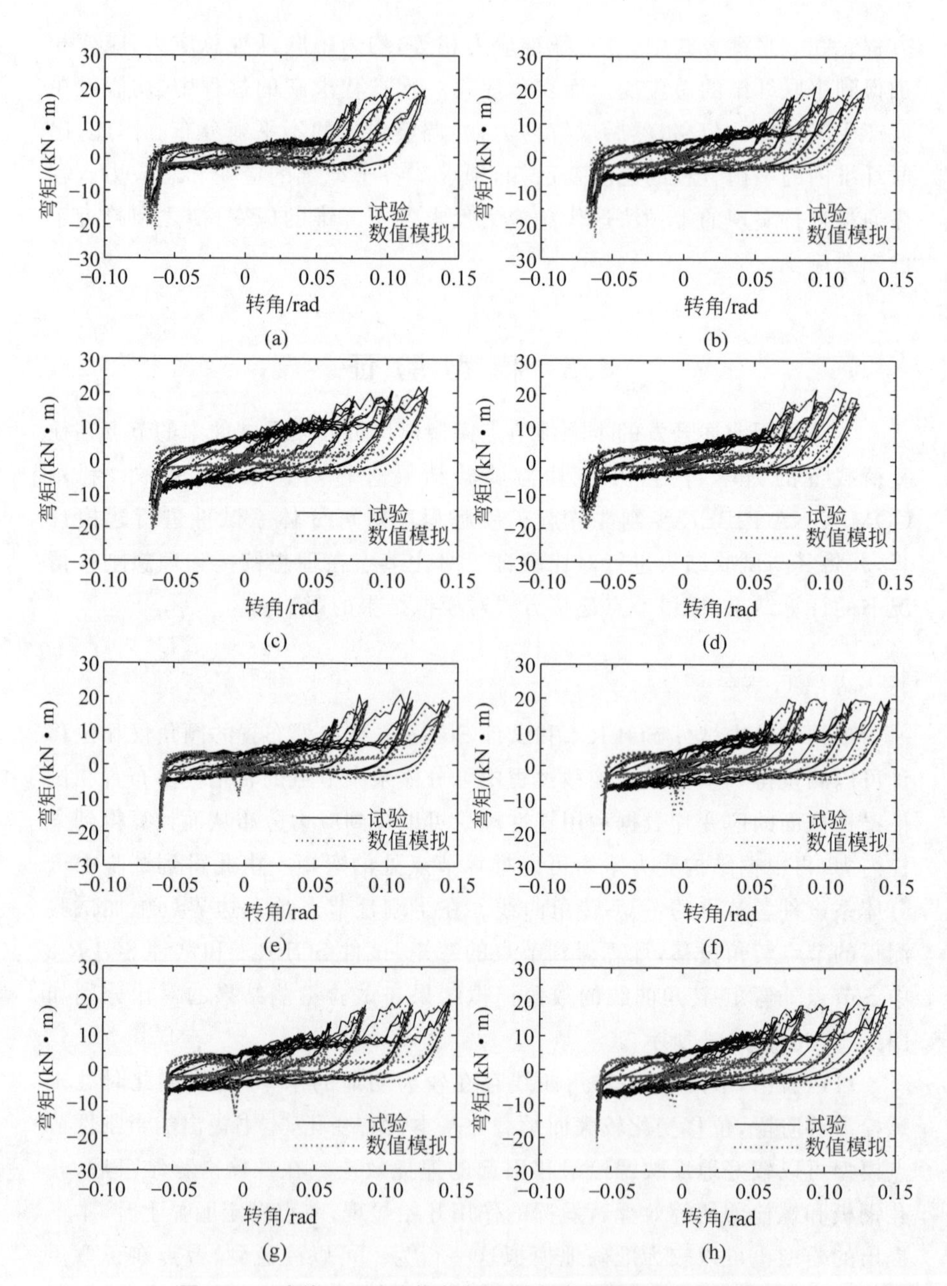

图 4.15　试件 SGLR-1 节点弯矩-转角曲线的数值模拟结果

(a) J11；(b) J12；(c) J13；(d) J14；(e) J21；(f) J22；(g) J23；(h) J24

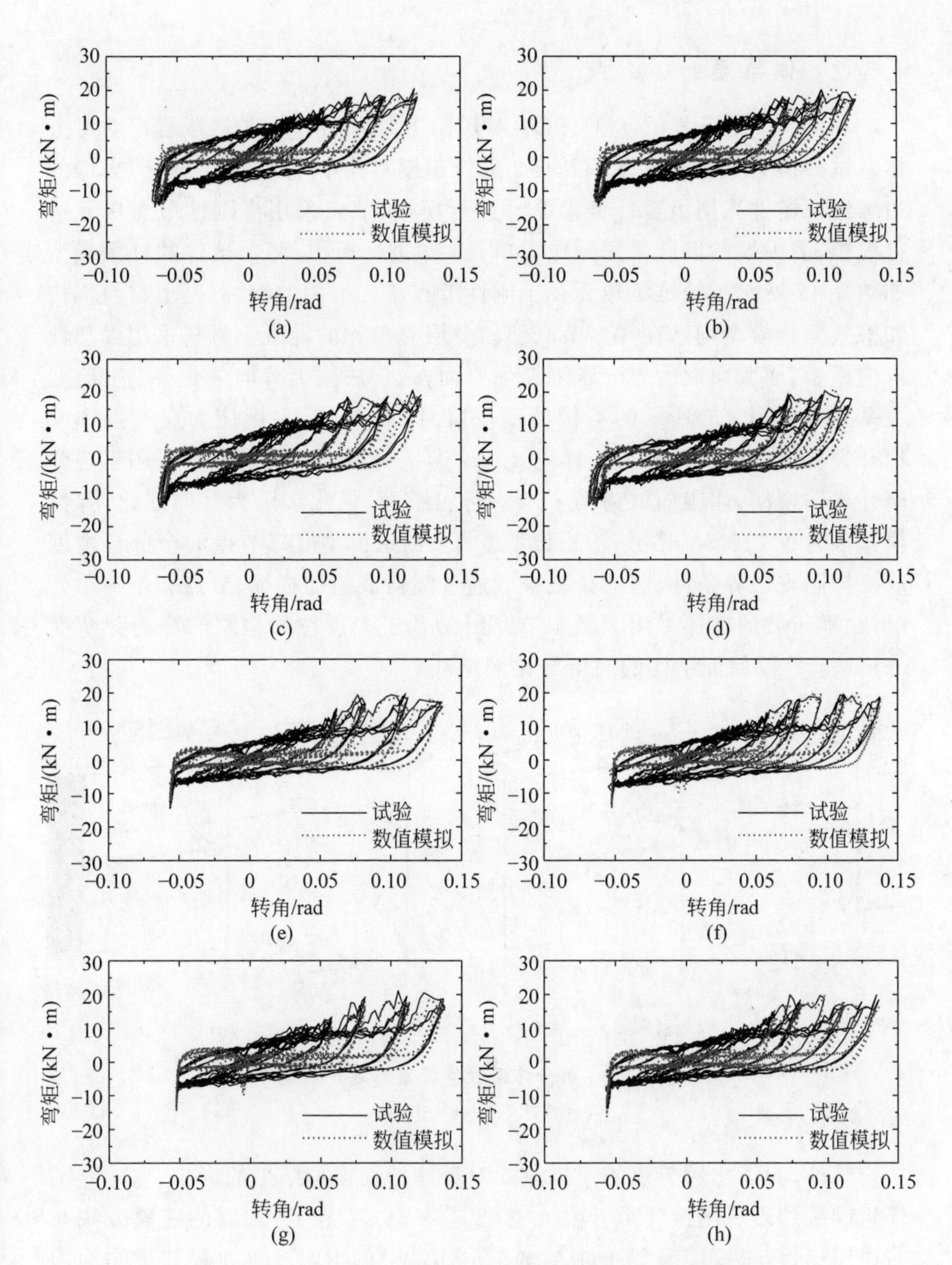

图 4.16　试件 SGLR-2 节点弯矩-转角曲线的数值模拟结果

(a) J11；(b) J12；(c) J13；(d) J14；(e) J21；(f) J22；(g) J23；(h) J24

4.5.2　体系层面

利用4.4节开发的COMPONA-FIBER半刚性节点扩展版程序对可分体系试件SGLR-1和试件SGLR-2进行建模。其中,梁、柱、牛腿、剪力墙的边缘约束构件采用组合纤维梁单元进行模拟,节点采用半刚性节点单元进行模拟,剪力墙的墙肢采用分层壳单元[226]进行模拟,两个试件的杆系模型如图4.17所示。纤维梁单元及半刚性节点单元采用的钢、混凝土材料本构和等效弹簧模型均已在4.3节介绍。分层壳单元的混凝土材料采用弹塑性本构模型,屈服面取为冯・米塞斯屈服面,强化法则为等向强化,应力-应变关系采用如图3.5所示的本构模型,泊松比取0.17,关键应力应变点和模拟开裂行为的参数计算方法详见3.2.2节。分层壳单元的钢材采用理想弹塑性本构模型,屈服面取为冯・米塞斯屈服面,强化法则为等向强化,弹性模量取为2×10^5 N/mm^2,泊松比取0.3。约束模型底部节点的全部自由度以模拟固支边界条件,竖向楼板堆载通过线荷载施加在梁、节点和牛腿单元上,水平荷载的施加采用3.2.4节介绍的基于多点位移控制的静力弹塑性分析法[108]以保证结构的两层等比例加载。

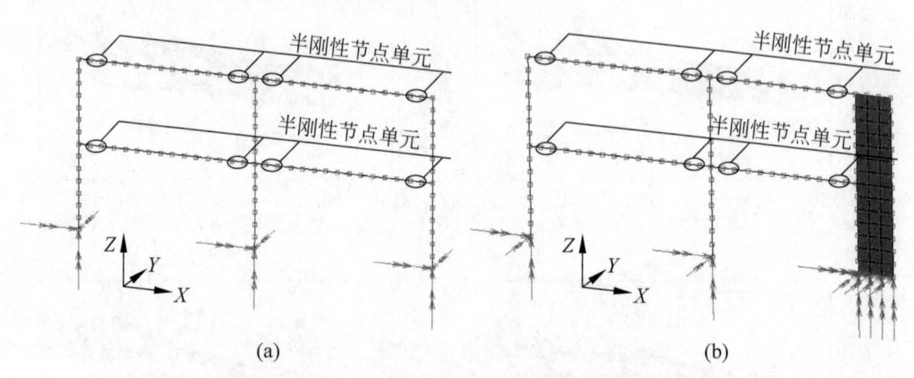

图4.17　可分体系试件杆系有限元模型

(a) SGLR-1；(b) SGLR-2

另外,为了比较节点的模拟方式对整体结构模拟结果的影响,也建立了理想铰接和理想刚接杆系有限元模型。梁、柱、牛腿、剪力墙的建模方式与前述相同,理想铰接模型通过MSC.MARC中的RBE2单元释放梁端面内转动方向的自由度来模拟铰接连接,理想刚接模型在节点处采用与梁截面相同的纤维梁单元建模以模拟刚接连接。模型的边界条件和加载方式均与半刚性连接模型相同。

试件 SGLR-1 半刚性连接模型、理想铰接模型和理想刚接模型滞回曲线的模拟结果与试验结果的对比如图 4.18 所示。从图中可以看到,理想刚接模型会显著高估试件的刚度和承载力,理想铰接模型对试件的承载力预测值偏低,而半刚性连接模型的滞回曲线与试验结果吻合良好,可以较为准确地模拟试件在水平地震荷载作用下的滞回行为。

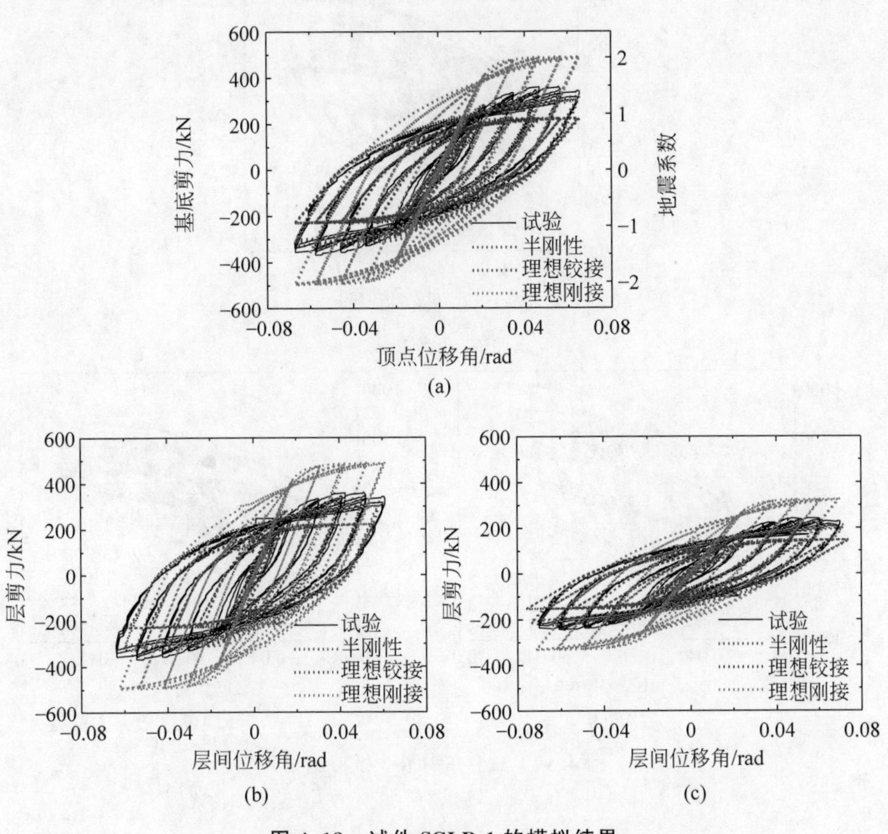

图 4.18　试件 SGLR-1 的模拟结果

(a) 整体滞回曲线；(b) 一层滞回曲线；(c) 二层滞回曲线

试件 SGLR-2 半刚性连接模型、理想铰接模型和理想刚接模型滞回曲线的模拟结果与试验结果对比如图 4.19 所示。由于试件 SGLR-2 中的剪力墙在加载过程中发生了钢板屈曲和断裂,滞回曲线呈现明显的退化和捏拢现象,而分层壳单元无法模拟这一行为,因此 3 种杆系模型计算得到的滞回曲线都很饱满。但是可以观察到,在剪力墙发生明显损伤退化现象之前,半刚性模型的承载力和刚度与试验结果最为接近,而理想铰接和理想刚接模型则会低估或高估试件的承载力和刚度，说明本书提出的半刚性节点模型可以较好地反映节点半刚性对结构力学行为的影响，至于如何在分层壳单元中考虑剪力墙钢板的屈曲断裂行为，则不在本书的研究范围之内。

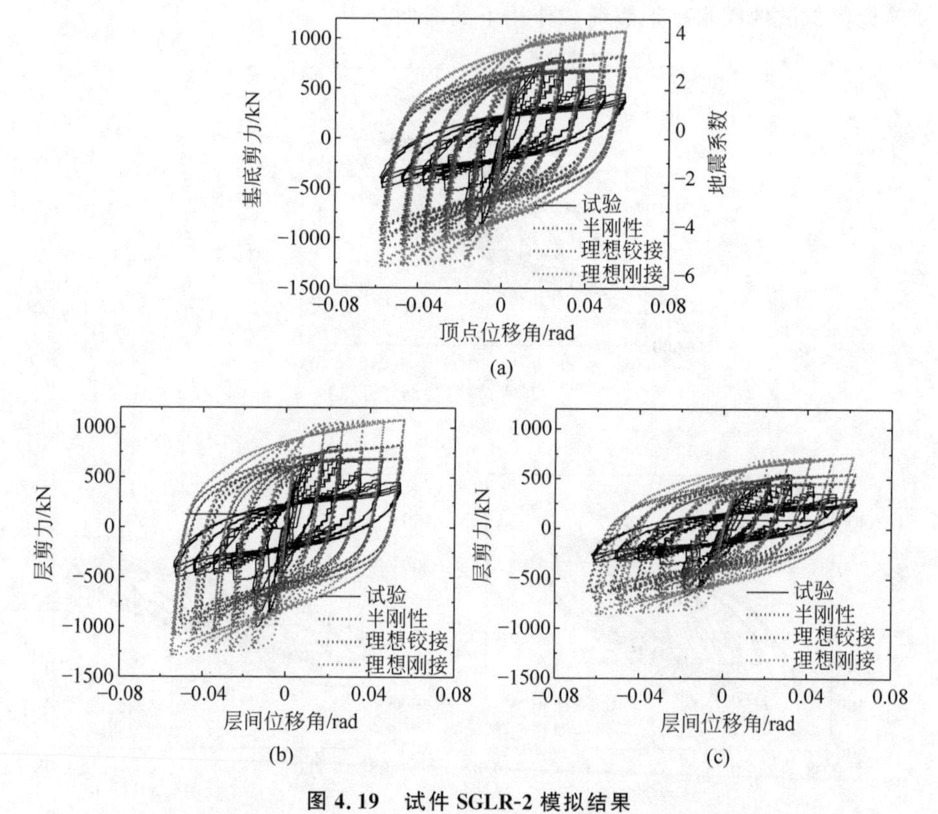

图 4.19 试件 SGLR-2 模拟结果

(a) 整体滞回曲线；(b) 一层滞回曲线；(c) 二层滞回曲线

将本节建立的可分体系试件高效数值模型和第 3 章建立的精细数值模型计算效率进行对比，对比的前提是两类模型运行的硬件和软件平台一致，加载路径均按照试验加载历程，如表 4.1 所示。通过对比可以看出，本章开发的高效数值模型可以大大减少模型单元数量，并且单元类型由计算较为耗时的壳单元和实体单元简化成更为高效的梁单元和少量壳单元。两个试件的高效数值模型的计算时间分别为精细数值模型的 1.42% 和 1.25%，大大提高了计算效率。

表 4.1　不同模型的计算效率对比

试件编号	模型	单元数	滞回加载计算时间(wall time)/s
SGLR-1	精细	32780(壳)	18062
	高效	102(梁)	257
SGLR-2	精细	34636(壳)、2176(实体)	30809
	高效	110(梁)、42(壳)	384

综上所述,本书开发的半刚性节点模型可以较好地模拟可分体系中节点在往复荷载下的力学行为,包括螺栓滑移引起的捏拢效应和正负弯矩作用下的差异。通过 COMPONA-FIBER 半刚性节点扩展版程序可以建立可分体系的杆系模型,该模型通过引入半刚性节点单元,较为准确地模拟了可分体系的抗震性能,并且相比第 3 章的精细有限元模型,杆系模型建模简单,计算效率高,为模拟半刚性连接的框架提供了强有力的计算工具。

第5章　重力-侧力系统可分组合结构体系抗震机理分析

5.1 概　　述

第2～4章关于重力-侧力系统可分组合结构体系的研究仅关注2层1榀子结构在平面内的力学行为,可分体系应用于实际多层结构中的抗震性能仍有待研究。采用试验或精细有限元模型开展完整空间结构体系的性能研究从成本和效率的角度而言显然是不切实际的,而第4章开发的COMPONA-FIBER半刚性节点扩展版程序能够模拟可分体系的非线性行为,由此可以考虑体系中节点的半刚性作用,为研究可分体系全楼模型在地震作用下的力学机理提供了强大的分析工具。

本章以某实际6层办公楼工程为背景,开展可分体系在地震作用下的弹塑性时程分析,并与传统体系进行对比,研究可分体系的力学特征和抗震机理,关注节点半刚性作用对体系抗震行为的影响。主要开展的工作包括以下几个方面。

(1) 确定该办公楼的传统体系和可分体系的设计方案。根据工程的设计条件和要求,按照国内相关设计规范设计两种体系的结构方案,保证两者的最大层间位移角相同,以便对其抗震性能进行对比。

(2) 根据设计方案建立办公楼的高效数值模型。利用第4章开发的高效数值计算工具建立两种体系的数值模型。其中,可分体系分别按照节点理想铰接和半刚性连接进行建模,以研究节点半刚性对体系抗震性能的影响。

(3) 进行自振特性分析。对各体系模型开展自振特性计算,对比各模型的自振模态和周期,确定动力弹塑性时程分析中结构的阻尼参数。

(4) 开展动力弹塑性时程分析。根据结构的反应谱性质选取合适的地震波对各模型进行动力弹塑性时程计算,关注结构的位移响应、塑性铰发展、破坏机制、基底剪力、梁柱和剪力墙等关键构件的内力和损伤发展,揭示可分体系的抗震机理,探讨节点半刚性对可分体系的抗震行为产生的作用和影响。

第 2 章提出的可分体系的布置方案，为本章设计可分体系方案提供了指导，第 2 章和第 3 章的试验和精细数值分析结果为本章分析可分体系的抗震机制提供了有效参考，第 4 章开发的高效数值模型为本章的体系分析提供了强有力的计算工具。本章对可分体系抗震机理和损伤行为的分析也为第 6 章对该体系抗震损伤评估的研究奠定了基础。

5.2　结构设计方案

以北京某实际办公楼结构为基础，针对该工程的设计条件和要求，分别设计传统体系和可分体系两种方案，进行对比分析。

5.2.1　结构布置及设计要求

办公楼结构平立面布置如图 5.1 所示。该办公楼共 6 层，其中 1 层层高 5.5m，2 层层高 5m，3～5 层层高均为 4.5m，6 层层高 4.65m，总高度 28.65m；X 向共 3 跨，跨度分别为 8.2m、8.7m 和 8.25m，并在一侧悬挑长度 1.4m，总长度 26.55m；Y 向共 5 跨，跨度分别为 8.55m、8.2m、8.6m、8.45m 和 8.5m，总长度 42.3m。其中，每层中心区格内设置电梯井，开洞尺寸为 5.2m×8.6m，如图 5.1(c)和(d)所示。另外，由于两侧入口处要营造高大空间，在一层楼板两侧各设置一处开洞，开洞尺寸分别为 6.05m×12.45m 和 7.5m×8.45m，如图 5.1(c)所示。

普通办公楼的设计基准期为 50 年[227]，设计使用年限为 50 年，抗震设防类别为丙类，安全等级为二级。该办公楼位于北京市，抗震设防烈度为 8 度，设计基本地震加速度为 0.2g，设计地震分组为第 1 组，根据地质勘察报告，该工程所处场地为Ⅲ类场地。根据上述抗震计算参数，按《建筑抗震设计规范》(GB 50011—2010)[75]中的相关规定，可以得到地震影响系数的最大值对于多遇地震为 0.16，对于罕遇地震为 0.90，特征周期为 0.45s，抗震等级为一级。楼面恒荷载(含混凝土楼板自重和楼面做法质量)为 6.0kN/m^2，楼面活荷载为 3.0kN/m^2。根据《建筑结构荷载规范》(GB 50009—2012)[74]的相关规定，结构所承担的基本风压为 0.45kN/m^2，地面粗糙度为 B 类；基本雪压为 0.40kN/m^2，屋面积雪分布系数为 1.0。

框架柱为钢管混凝土柱，其轴压比限值为 0.70[228]。框架梁为钢-混凝土组合梁，设计承载力富裕度不低于 20%。对于可分组合结构体系，选用

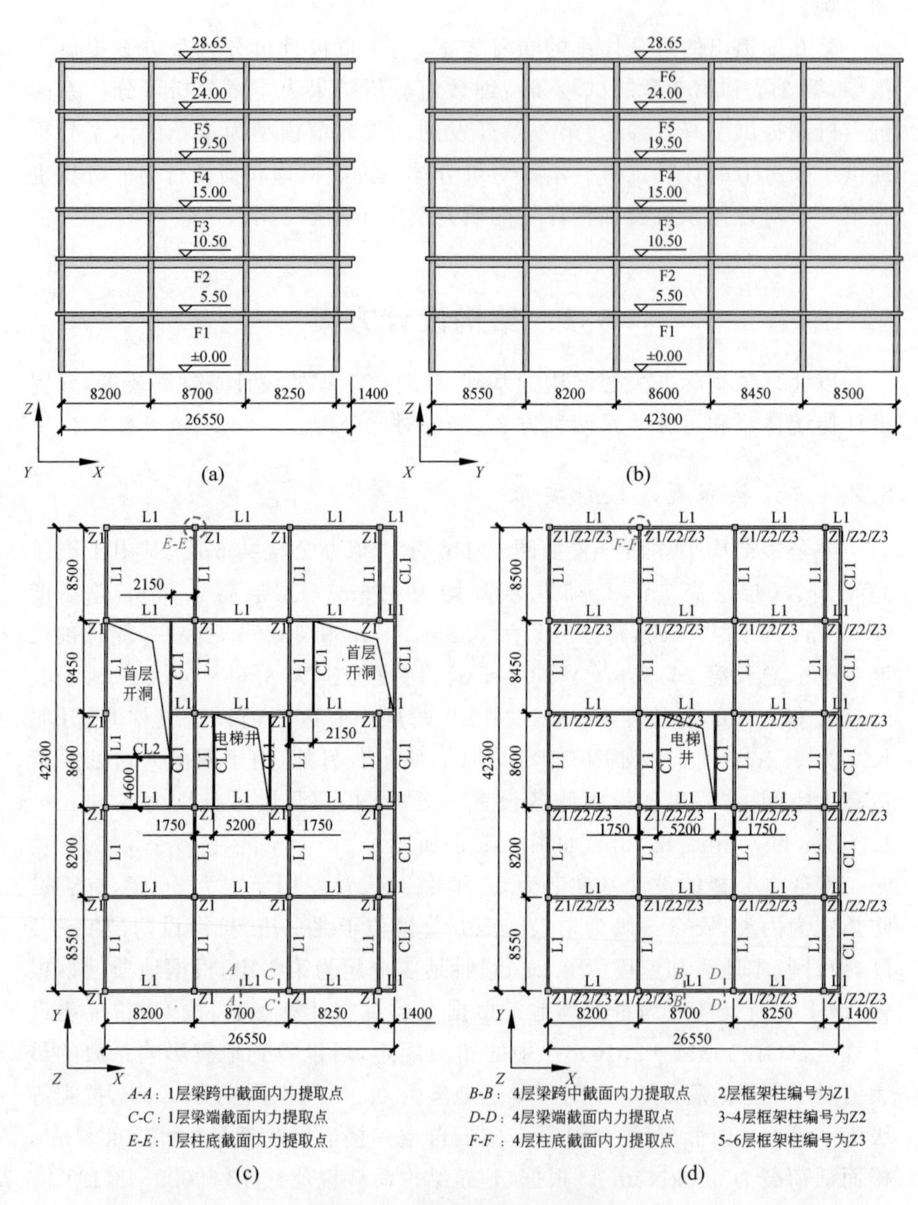

图 5.1　6 层办公楼结构布置

(a) XZ 向立面图；(b) YZ 向立面图；(c) 1 层平面图；(d) 2～6 层平面图

单位：mm

双钢板-混凝土组合剪力墙作为主要抗侧力构件，其轴压比的限值为0.50[77]。钢-混凝土组合梁和组合楼盖的挠度限值为1/300[77]，多遇地震作用下结构弹性层间的位移角限值为1/250[75]。

对于刚接组合框架结构体系，相关的设计规范已经很成熟，可根据规范要求设计计算。而可分组合结构体系为新型结构体系，没有相关规范指导设计。因此，在进行可分体系设计时，梁柱仍然按照适用于传统体系的规范要求进行承载力、变形、轴压比等验算，对于双钢板-混凝土组合剪力墙的设计布置，则主要以保证两种体系最大层间位移角基本一致为原则。剪力墙作为可分体系中的主要抗侧力构件，其主要作用为承担水平地震作用，而弹性设计阶段衡量抗震能力的一个关键指标即多遇地震作用下的结构最大层间位移角，因此选用该指标作为可分体系设计的控制指标，可保证两种结构体系在一定程度上具有可比性。

5.2.2　传统体系结构设计方案

在传统体系的结构设计方案中，梁柱钢材的标号为Q345，柱内混凝土强度等级为C40。结构主要构件的编号示于图5.1，截面信息如表5.1所示。

表5.1　传统体系结构方案关键构件参数

构件类型	构件编号	所在位置	截面尺寸/mm			
			$b(h_s)$	$h(b_f)$	t_w	t_f
方钢管混凝土柱	Z1	1～2层	550	550	18	18
方钢管混凝土柱	Z2	3～4层	500	500	18	18
方钢管混凝土柱	Z3	5～6层	500	500	16	16
工字钢组合梁	L1	框架主梁	500	250	16	22
工字钢组合梁	CL1	长次梁	500	250	16	22
工字钢组合梁	CL2	短次梁	200	150	8	12

注：b、h分别为方钢管截面宽度、高度；h_s、b_f分别为工字型钢梁截面高度、宽度；t_w、t_f分别为腹板厚度和翼缘厚度；工字钢组合梁仅列出工字钢截面尺寸，混凝土翼板的有效宽度可根据《组合结构设计规范》(JGJ 138—2016)[77]计算得到。

梁端节点采用栓焊混接的连接方式，腹板以螺栓连接，翼缘通过全熔透焊缝实现等强连接，节点连接板的厚度为12mm，螺栓的直径、强度等级和排列情况如表5.2所示。楼板的厚度为120mm，混凝土的强度等级为C30。楼板内配置双层双向受力筋，钢筋的直径为8mm，钢筋间距为150mm，保护层的厚度为15mm，钢筋为HRB400。

表 5.2　传统体系梁端节点处螺栓布置信息

节点位置	螺栓等级	行数	列数	布置尺寸/mm				
				直径	行间距	列间距	边距	端距
L1/CL1 端部	10.9 级	4	3	27	90	90	50	60
CL2 端部	10.9 级	2	2	16	60	60	30	40

注：边距指螺栓中心到节点连接板短边的最短距离，端距指螺栓中心到节点连接板长边的最短距离。

5.2.3　可分体系结构设计方案

可分体系结构的布置方案如图 5.2 所示，在结构的四角沿 X 向各布置一片剪力墙 Q1，在结构中心电梯区域沿 Y 向布置两片剪力墙 Q2，以增加

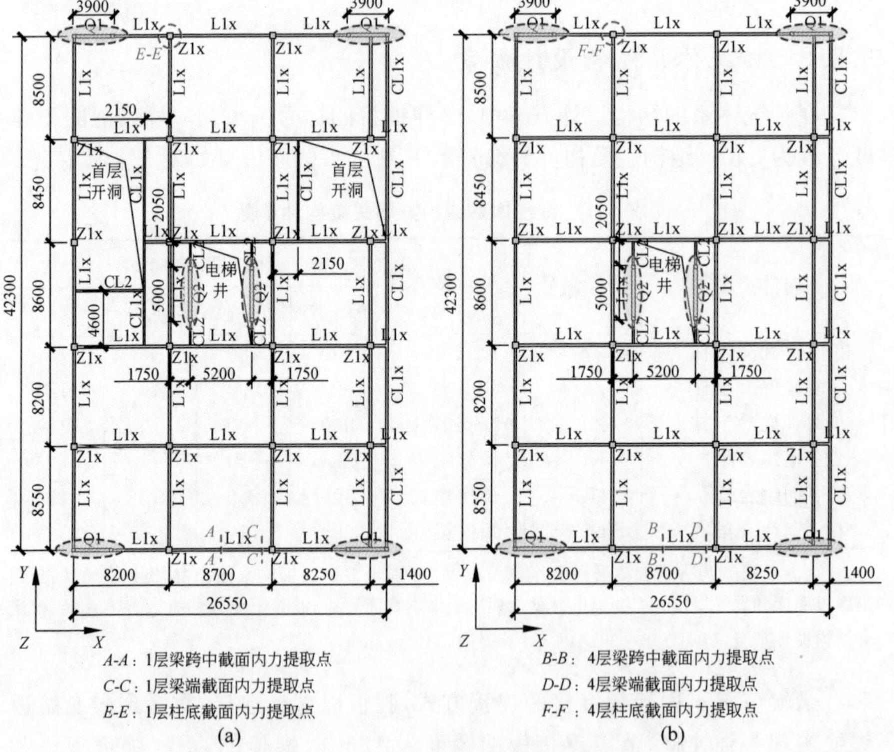

图 5.2　办公楼可分体系结构布置方案

(a) 1 层平面布置；(b) 1 层平面布置

单位：mm

结构在两个方向的抗侧能力。另外,在结构四周布置剪力墙还可以提高结构的抗扭转能力,从而解决梁柱铰接导致的整体结构扭转刚度不足的问题。

由于可分体系中梁端为简支,柱为排架柱,所以,除次梁外,梁柱截面相比传统体系均有所减小,具体如表5.3所示。梁柱采用的材料强度等级与传统体系一致,楼板厚度、配筋、材料强度等级也和传统体系一致。梁端腹板通过高强螺栓与牛腿腹板连接,节点连接板厚度为10mm,螺栓直径、强度等级和排列情况如表5.4所示。在可分体系中,新增设的剪力墙为双钢板-混凝土组合剪力墙,截面如图5.3所示,剪力墙两端的边缘约束构件一般采用方钢管混凝土柱,截面为正方形,各边钢管壁厚相等,两个方向的剪力墙Q1和Q2的具体截面尺寸如表5.5所示。双钢板-混凝土组合剪力墙中钢材标号为Q345,混凝土强度等级为C40。

表5.3　可分体系结构方案关键构件参数

构件类型	构件编号	所在位置	截面尺寸/mm			
			$b(h_s)$	$h(b_f)$	t_w	t_f
方钢管混凝土柱	Z1x	1～6层	400	400	12	12
工字钢组合梁	L1x	主梁	350	200	12	16
工字钢组合梁	CL1x	长次梁	350	200	12	16
工字钢组合梁	CL2	短次梁	200	150	8	12
双钢板-混凝土组合剪力墙	Q1	X向剪力墙	—	—	—	—
双钢板-混凝土组合剪力墙	Q2	Y向剪力墙	—	—	—	—

注:各参数含义同表5.1。

表5.4　可分体系梁端节点处螺栓布置信息

节点位置	螺栓等级	行数	列数	布置尺寸/mm				
				直径	行间距	列间距	边距	端距
L1x/CL1x端部	10.9级	3	2	22	80	80	40	50
CL2端部	10.9级	2	2	16	60	60	30	40

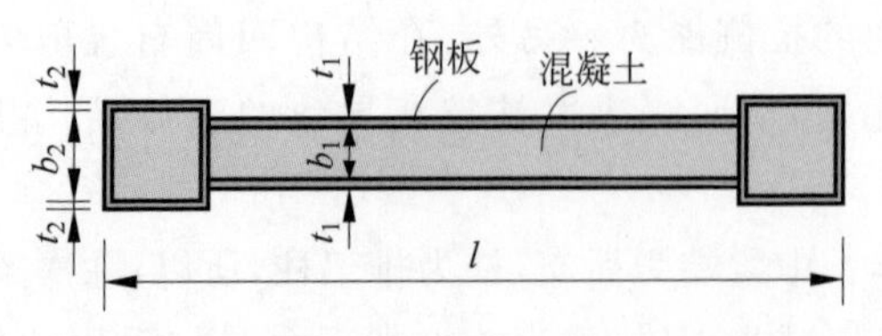

图 5.3　双钢板-混凝土剪力墙 Q1、Q2 截面

表 5.5　双钢板-混凝土组合剪力墙截面尺寸

剪力墙编号	方向	l/mm	b_1/mm	b_2/mm	t_1/mm	t_2/mm
Q1	X	3900	272	272	14	14
Q2	Y	5000	272	272	14	14

在设计可分体系的剪力墙时，应主要保证结构最大层间位移角与传统体系基本一致。通过 Midas Gen 软件进行结构弹性设计，由于软件的限制，可分体系方案设计时梁端节点均按理想铰接，未考虑节点半刚性对整体结构的影响。采用反应谱法考虑地震作用，计算了两种体系在多遇地震作用下的层间位移角，如表 5.6 所示。

表 5.6　弹性设计阶段多遇地震作用下两种体系层间位移角

楼层	X 向		Y 向	
	传统体系	可分体系	传统体系	可分体系
1	1/627	1/1917	1/640	1/1877
2	1/417	1/759	1/434	1/762
3	1/445	1/548	1/466	1/554
4	1/535	1/468	1/564	1/474
5	1/690	1/432	1/734	1/440
6	1/1082	1/420	1/1175	1/428

传统体系 X 向和 Y 向的最大层间位移角分别为 1/417 和 1/434，均出现在 2 层；可分体系 X 向和 Y 向的最大层间位移角分别为 1/420 和 1/428，均出现在 6 层。两种体系的最大层间位移角数值虽然相差很小，但出现的位置不同，这是由于结构布置的差异，两种体系在水平地震作用下呈现不同的变形模式。

5.3 建模方法

采用第 4 章基于陶慕轩[71]的研发成果——扩展完善的组合结构非线性分析子程序包 COMPONA-FIBER 半刚性节点扩展版，对办公楼传统体系和可分体系结构方案进行有限元建模，各构件采用的单元形式同 4.5.2 节。其中，可分体系结构方案分别按照节点理想铰接和半刚性连接进行建模，以研究节点半刚性对体系抗震性能的影响。将按照传统体系、理想铰接可分体系、半刚性连接可分体系结构方案建立的模型分别简称为"模型 A""模型 B"和"模型 C"。

计算分析中不考虑楼板的面内变形，即假设楼盖为刚性，建模时可通过"MSC. MARC 中的 RBE2 连接单元耦合各层楼板节点 X、Y 向平动自由度"实现。

楼板承担的楼面荷载和抗震计算时考虑的转换质量可通过 MSC. MARC 中的 RBE3 连接单元实现。在各楼板区格中心建立荷载作用点，并将该作用点与相关梁单元各节点的 X、Y、Z 向平动自由度耦合，按照输入的权重系数进行荷载和质量的分配。楼板荷载质量分配的权重系数按照 45°塑性绞线法确定，楼板区格短边节点的分配系数为 1，而长边节点的分配系数则按式(5-1)计算：

$$\omega_1=\left(\frac{2L_1}{L_s}-1\right)\frac{n_s}{n_1} \tag{5-1}$$

式中，L_1 和 L_s 分别为楼板区格长边和短边的长度，n_1 和 n_s 分别为长边和短边的节点数(不包含区格角点处的节点)。在荷载作用点上施加的荷载大小为重力荷载代表值，即 1.0 恒载加 0.5 活载。楼板质量在软件中的初始条件(initial condition)模块中定义，具体数值按照该楼板区格的重力荷载代表值进行换算。

模型 B 假设梁端均为理想铰接，铰接的边界条件可通过 MSC. MARC 中的 RBE2 连接单元实现。建模时梁端通过 RBE2 单元与相邻构件连接，并耦合两个节点除梁面内弯曲以外的其他方向自由度，便可释放梁端面内的转动约束，实现对铰接节点的模拟。

模型 C 则在模型 B 的基础上考虑了节点的半刚性行为，在梁端节点连接区段建立第 4 章开发的半刚性节点单元以连接钢梁和牛腿纤维梁单元，实现对半刚性节点的模拟。

5.4 自振特性

在建立模型后,首先分析其自振特性,一方面可以解 3 种模型的动力参数,对比传统体系与可分体系的自振特性,研究节点半刚性对可分体系自振特性的影响;另一方面,可以通过自振特性参数进一步确定瑞利阻尼(Rayleigh damping),用于后续的弹塑性时程分析。

表 5.7 列出了模型 A、模型 B 和模型 C 前 9 阶的自振周期和振型描述。整体而言,由于结构布置相对规则,传统体系与可分体系的前 9 阶模态均为整体模态。其中,在两种体系的第 4 阶～第 9 阶振型中,X 向平动和 Y 向平动振型出现的先后顺序略有区别,但总体上,相邻的 X 向平动和 Y 向平动振型对应的周期接近,说明结构 X 向和 Y 向的自振特性相差不大。对比模型 A 和模型 B 的自振周期发现,虽然设计时保证最大层间位移角的一致,但理想铰接的可分体系各阶周期均低于传统体系,说明剪力墙的设置在一定程度上增强了结构整体的刚度,而刚度的增加未必在最大层间位移角的指标中体现。模型 B 和模型 C 的各阶振型均一致,但模型 C 的各阶自振周期均小于模型 B,尤其第 1 阶和第 2 阶的自振周期差距接近 10%,说明节点的半刚性会增大实际结构的抗侧刚度从而减小自振周期,并且节点的半刚性对于可分体系的自振特性的影响不可忽略。

表 5.7 3 种模型结构自振特性

振型	模型 A		模型 B		模型 C		T_B/T_C
	T_A/s	振型描述	T_B/s	振型描述	T_C/s	振型描述	
1	1.481	X 向平动	1.403	X 向平动	1.310	X 向平动	1.071
2	1.423	Y 向平动	1.372	Y 向平动	1.261	Y 向平动	1.088
3	1.213	绕 Z 转动	0.949	绕 Z 转动	0.902	绕 Z 转动	1.052
4	0.464	X 向平动	0.238	Y 向平动	0.234	Y 向平动	1.018
5	0.448	Y 向平动	0.234	X 向平动	0.231	X 向平动	1.013
6	0.382	绕 Z 转动	0.161	绕 Z 转动	0.160	绕 Z 转动	1.010
7	0.251	X 向平动	0.094	Y 向平动	0.093	Y 向平动	1.006
8	0.245	Y 向平动	0.089	X 向平动	0.088	X 向平动	1.004
9	0.208	绕 Z 转动	0.062	绕 Z 转动	0.061	绕 Z 转动	1.003

图 5.4 给出了模型 A、模型 B 和模型 C 的前 3 阶自振模态。可以发现,传统体系和可分体系的前 3 阶振型一致,分别为 X 向平动、Y 向平动和绕 Z 轴转动,但两种体系的平动振型的具体变形模式有所不同,传统体系主要呈现剪切变形模式,可分体系则主要呈现弯曲变形模式。另外,模型 B 和模型 C 的自振模态和变形模式基本一致,说明节点的半刚性会影响可分体系的自振周期,但对整体振型不会产生明显影响。

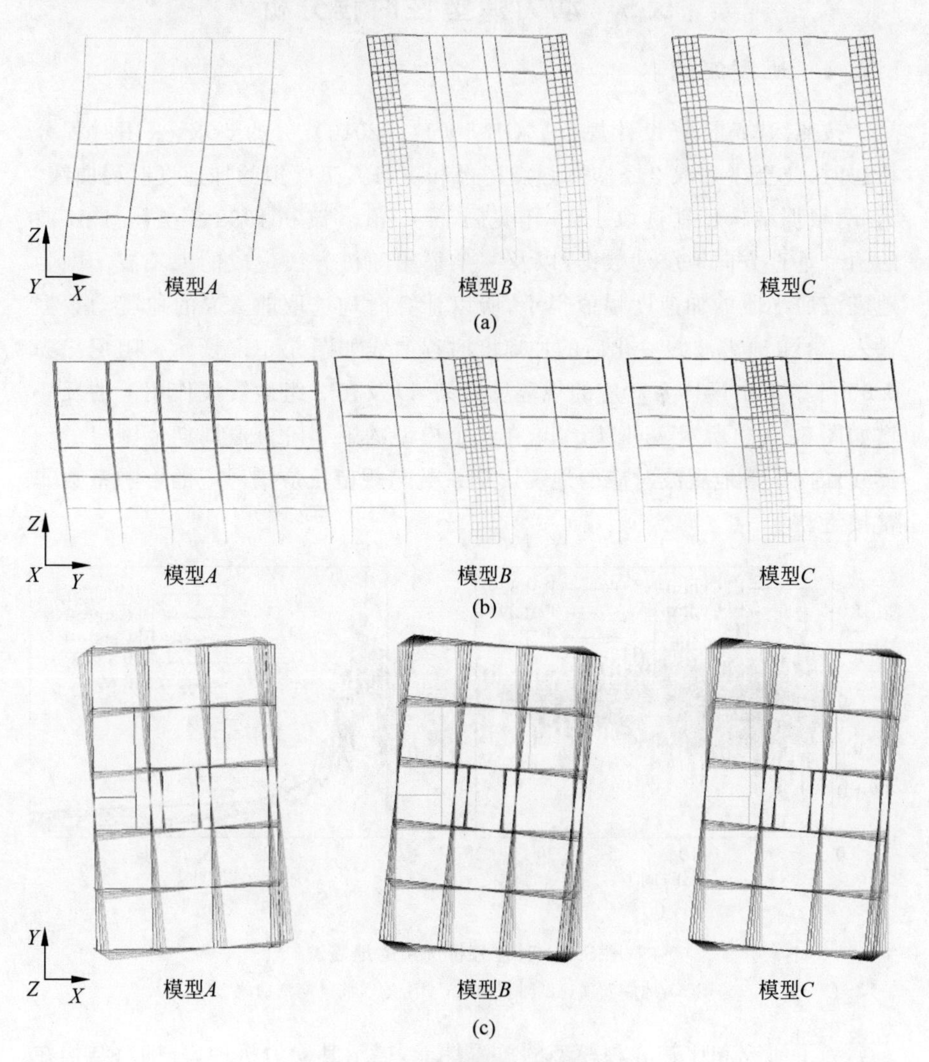

图 5.4　3 种模型前 3 阶振型

(a) 1 阶振型;(b) 2 阶振型;(b) 3 阶振型

通过对比3种模型的自振特性可以发现,可分体系的自振周期和平动振型的变形模式均和传统体系有所区别。另外,在可分体系中,节点的半刚性作用对结构自振频率的影响也不可忽略。因此,有必要对可分体系进行进一步的弹塑性精细有限元分析,以研究其地震响应特征。

5.5 动力弹塑性时程分析

5.5.1 地震波选取

按照《建筑抗震设计规范》(GB 50011—2010)[75]的要求,采用时程分析法时,应至少选取2条实际强震记录和1条人工模拟的加速度时程曲线。为此,根据结构特性选取1940年美国El Centro波和1952年美国Taft波的两个垂直方向地震动数据,以及一条采用随机方法生成的人工波。因为地震波后半段的加速度幅值很小,所以计算时均选取前25s的地震动数据输入。3组地震波归一化后的加速度时程曲线如图5.5(a)所示。阻尼比为0.05的单自由度体系对应的规范反应谱,以及在3组地震波作用下的反应谱如图5.5(b)所示。可以看出,在几个模型的第1阶自振周期范围(1.3~1.5s)内,几条地震波对应的地震影响系数与规范反应谱对应的影响系数非常接近。

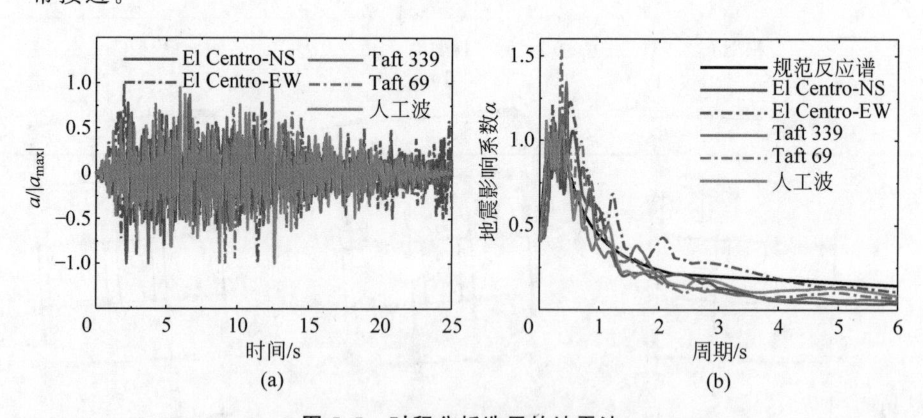

图5.5 时程分析选用的地震波

(a) 地震波加速度时程曲线;(b) 地震波反应谱曲线

为了研究和比较3种模型的抗震性能,揭示其受力机理,分别对结构在多遇地震和罕遇地震作用下的力学响应进行弹塑性时程分析。结构抗震设计的相关参数与5.2.1节一致，分析时多遇地震和罕遇地震对应的地震动加速度峰值分别为70.0cm/s^{2}和400.0cm/s^2。地震波输入采用X和Y双向同时输入的方式，每条地震波分别以X向和Y向为主方向进行计算，共有12个工况，如表5.8所示。天然地震波按照实际记录的两个方向的峰值加速度等比例缩放后进行输入，人工地震波则按照两个方向峰值加速度1∶0.85输入。根据标准[75]规定，多遇地震作用下的计算结构阻尼比取0.04，罕遇地震作用下取0.05，采用瑞利阻尼，根据结构第1阶和第2阶的自振周期计算阻尼系数。

表5.8　动力弹塑性时程分析工况

输入工况	地震波	主方向	多遇/罕遇地震	X向加速度峰值/(cm/s^2)	Y向加速度峰值/(cm/s^2)
1	El Centro波	X向	多遇地震	70.0	42.0
2	El Centro波	Y向	多遇地震	42.0	70.0
3	Taft波	X向	多遇地震	70.0	60.7
4	Taft波	Y向	多遇地震	60.7	70.0
5	人工波	X向	多遇地震	70.0	59.5
6	人工波	Y向	多遇地震	59.5	70.0
7	El Centro波	X向	罕遇地震	400.0	240.0
8	El Centro波	Y向	罕遇地震	240.0	400.0
9	Taft波	X向	罕遇地震	400.0	347.0
10	Taft波	Y向	罕遇地震	347.0	400.0
11	人工波	X向	罕遇地震	400.0	340.0
12	人工波	Y向	罕遇地震	340.0	400.0

5.5.2　结构位移响应

模型A、模型B和模型C在以X为主方向和以Y为主方向的罕遇地震作用下的结构顶层位移响应分别如图5.6和图5.7所示。从图中可以看出，3种模型在3组地震波作用下均有明显响应，其中在Taft波下的响应最大。在地震波作用前半段，3种模型的位移响应相位基本一致，后期地震波作用减弱，位移幅值减小，相位有所差异，说明结构自身特性会对地震作用下的位移响应产生影响。表5.9汇总了3种模型在X向和Y向罕遇地震作用下的顶点位移最值。整体上，3种模型在以X为主方向的罕遇地震作用下的顶点位移响应大于 Y 向,说明结构 X 向为相对薄弱方向,这也与振型的分析结果一致。模型 B 顶点位移的最值基本上都大于模型 A,说明剪力墙的设置会放大结构的位移响应。但需要注意的一点是,地震作用下的剪力墙主要为弯曲变形,上层位移很大一部分是刚体转动引起的[229],顶点总位移并不适合直接用来表征结构的损伤情况。对比模型 B 和模型 C 的位移响应可以发现,考虑可分体系中的节点半刚性作用可使结构的抗侧刚度增加,从而有效减小结构的顶层位移响应。模型 C 的位移响应与模型 A 相差不大,说明实际可分体系的位移响应幅值与传统体系无明显区别。

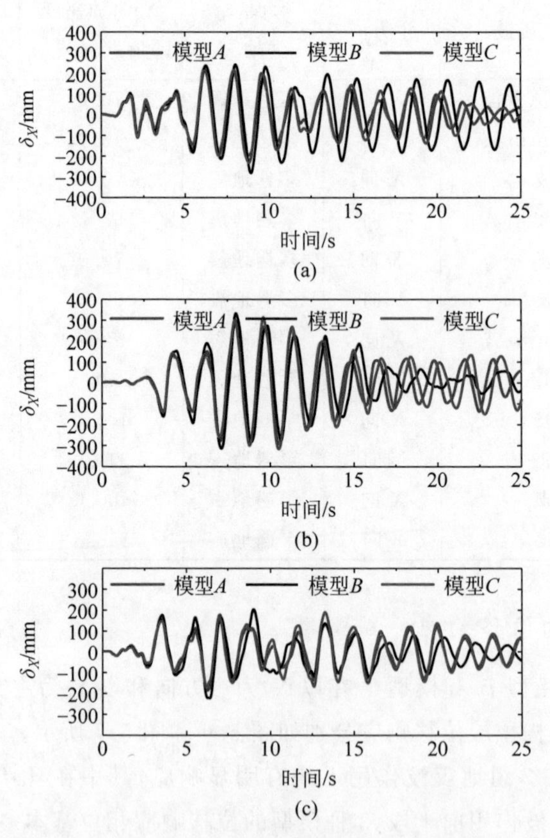

图 5.6 以 X 为主方向罕遇地震作用下结构顶层位移响应

(a) El Centro 波; (b) Taft 波; (c) 人工波

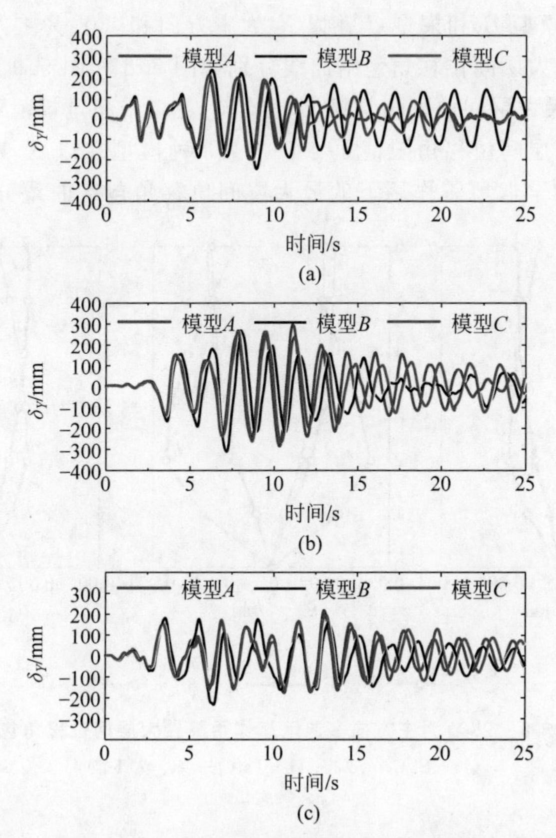

图 5.7　以 Y 为主方向罕遇地震作用下结构顶层位移响应

(a) El Centro 波；(b) Taft 波；(c) 人工波

表 5.9　罕遇地震作用下结构顶点位移最值

模型	El Centro 波		Taft 波		人工波	
	X 向/mm	Y 向/mm	X 向/mm	Y 向/mm	X 向/mm	Y 向/mm
模型 A	+223.1	+199.9	+296.1	+293.0	+178.3	+215.9
	−196.8	−199.5	−292.7	−286.2	−185.4	−178.0
模型 B	+243.6	+234.7	+333.9	+269.5	+205.0	+182.4
	−281.7	−244.5	−314.3	−310.2	−222.8	−232.5
模型 C	+216.9	+207.7	+313.5	+265.5	+190.4	+193.9
	−232.5	−200.9	−317.2	−269.3	−171.0	−167.8

模型 A、模型 B 和模型 C 在以 X 为主方向和以 Y 为主方向的多遇地震作用下的最大层间位移角包络曲线分别如图 5.8 和图 5.9 所示。3 种模型在 X 向的最大层间位移角均略大于 Y 向，且均未超过规范对结构在多遇地震作用下的层间位移角限值 1/250[75]。3 种模型在以 X 为主方向和以 Y 为主方向的罕遇地震作用下的最大层间位移角包络曲线分别如图 5.10

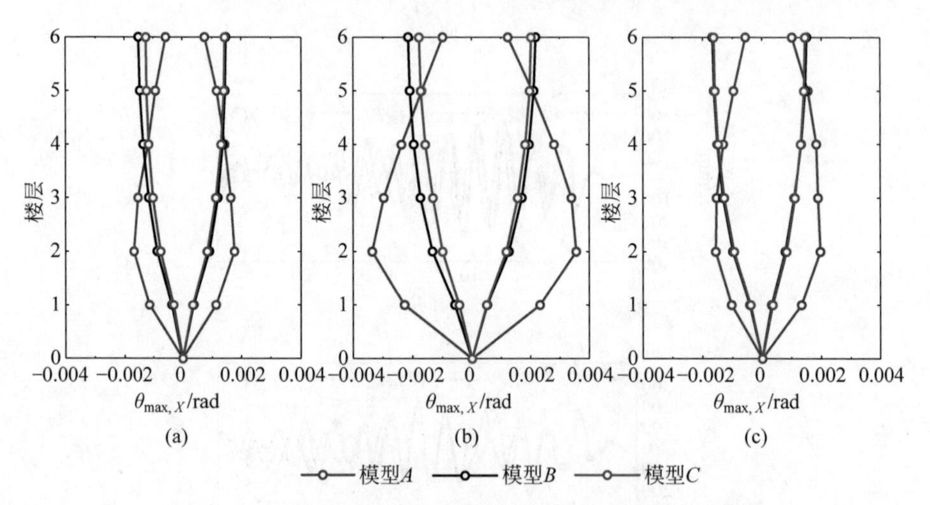

图 5.8　以 X 为主方向多遇地震作用下最大层间位移角包络

(a) El Centro 波；(b) Taft 波；(c) 人工波

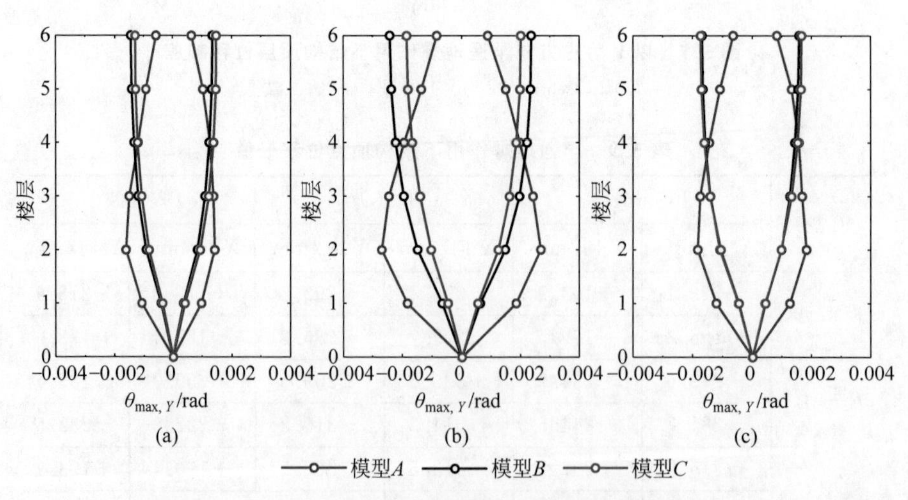

图 5.9　以 Y 为主方向多遇地震作用下最大层间位移角包络

(a) El Centro 波；(b) Taft 波；(c) 人工波

和图 5.11 所示，所有模型的最大层间位移角均未超过规范限值 1/50[75]，说明无论是传统体系还是可分体系在罕遇地震作用下均是安全的，符合“大震不倒”的抗震设防目标。各模型在以 X 为主方向和以 Y 为主方向的地震作用下层间变形比较接近，说明结构两个方向的抗侧力系统布置较为均匀合理。

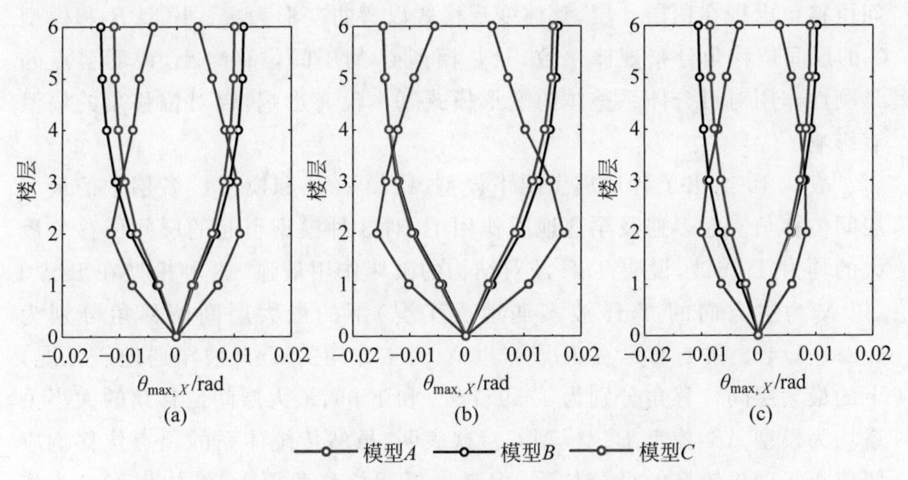

图 5.10　以 X 为主方向罕遇地震作用下最大层间位移角包络

(a) El Centro 波；(b) Taft 波；(c) 人工波

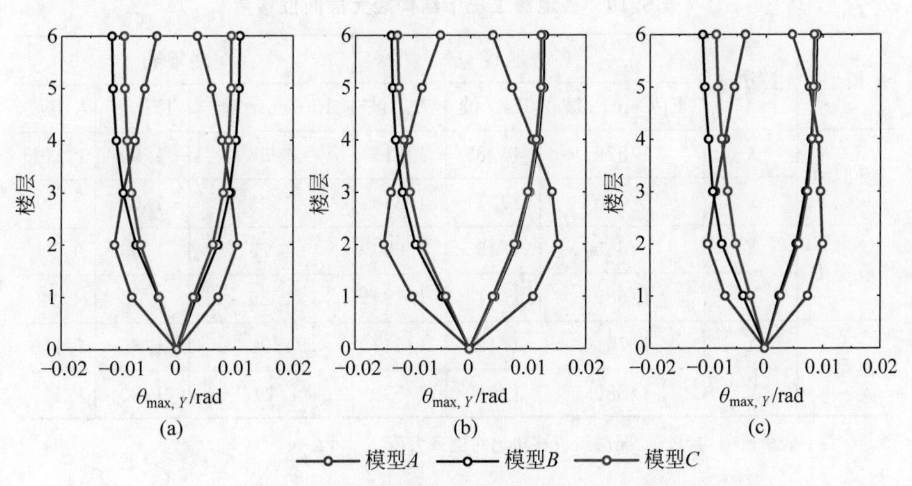

图 5.11　以 Y 为主方向罕遇地震作用下最大层间位移角包络

(a) El Centro 波；(b) Taft 波；(c) 人工波

每种模型在多遇地震和罕遇地震作用下各层层间位移角的分布规律一致。通过对比发现,传统体系和可分体系呈现出完全不同的变形模式,传统体系的层间位移角随楼层的增加先增大后减小,最大层间位移角出现在中间偏下的2层或3层,1层底部由于固接刚度较大,变形较小,整体变形模式以剪切变形为主;可分体系的层间位移角随楼层的增加而增加,最大层间位移角出现在顶层6层,整体变形模式以弯曲变形为主。模型B和模型C的层间位移角分布规律一致,只是模型C的层间位移略小,说明节点的半刚性作用对可分体系整体的变形模式基本没有影响,仅对位移角的幅值有影响。

表5.10给出了各地震工况下模型A、模型B和模型C各层中的最大层间位移角。在多遇及罕遇地震作用下,对3种模型引起的层间位移角最大的均为Taft波,说明Taft波对结构的破坏作用最强。3种模型在工况3(以X为主方向的Taft波多遇地震工况)下的最大层间位移角分别为1/282、1/458和1/495,在工况9(以X为主方向的Taft波罕遇地震工况)下的最大层间位移角分别为1/59、1/63和1/66,最大层间位移角的大小关系均为模型A>模型B>模型C。这表明,虽然传统体系的顶点位移响应幅值小于理想铰接的可分体系,但最大层间位移角更大,结构损伤更为集中,在强震作用下更容易出现薄弱层。

表5.10 各地震工况下结构最大层间位移角

模型	主方向	多遇地震			罕遇地震		
		El Centro 波	Taft 波	人工波	El Centro 波	Taft 波	人工波
模型A	X	1/570	1/282	1/511	1/88	1/59	1/101
	Y	1/610	1/371	1/546	1/93	1/65	1/99
模型B	X	1/665	1/458	1/600	1/75	1/63	1/94
	Y	1/689	1/413	1/594	1/89	1/73	1/92
模型C	X	1/701	1/495	1/611	1/92	1/66	1/110
	Y	1/685	1/500	1/576	1/107	1/80	1/115

注:表中所列均为该工况层间位移角绝对值最大值。

5.5.3 结构塑性铰的发展

3种模型在多遇地震作用下均未出现塑性铰,构件均处于弹性阶段,因此，仅对罕遇地震作用下的结构整体破坏与受力特征进行分析。选取引起结构位移响应最大的工况9（以 X 为主方向的Taft波罕遇地震工况），模型 A、模型 B 和模型 C 在不同时刻的塑性铰分布和发展情况分别如图5.12～图5.14所示。可分体系的主要抗侧力构件为剪力墙，重点关注剪力墙边缘约束构件的塑性铰发展。

在地震波作用过程中，当 $t=3.54\text{s}$ 时，模型 A1层部分梁端最先出现塑性铰，如图5.12(a)所示；此时模型 B 和模型 C 均未出现塑性铰，如图5.13(a)和图5.14(a)所示。当 $t=4.32\text{s}$ 时，模型 B 和模型 C 中的 X 向剪力墙边缘约束构件几乎同时出现塑性铰，如图5.13(b)和图5.14(b)所示；此时模型 A 的1～3层梁端均出现塑性铰，并且1层柱底也大量出现塑性铰，如图5.12(b)所示。当时程分析结束时（$t=25\text{s}$），模型 A 的1～4层梁端均出现塑性铰，1层柱底也基本全部出现塑性铰，如图5.12(c)所示；模型 B 和模型 C 所有剪力墙的边缘约束构件均出现塑性铰，且部分边缘约束构件塑性段长度延伸至接近2层底部，如图5.13(c)和图5.14(c)所示；经比较发现，模型 C 的边缘约束构件塑性段长度整体小于模型 B。综上所述，在罕遇地震作用下，可分体系出现塑性铰晚于传统体系，可以更好地控制结构塑性发展。另外，可分体系中节点的半刚性作用可以控制结构变形，有利于减缓边缘约束构件的塑性发展。

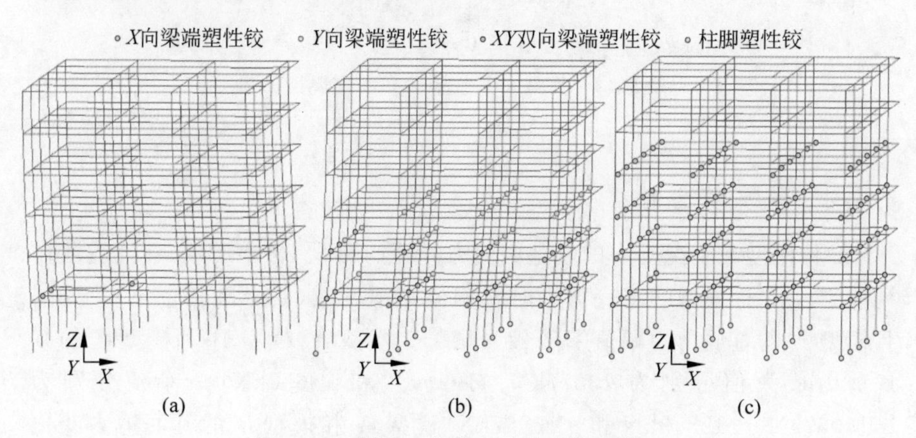

图5.12　模型A塑性铰分布和发展情况

(a) $t=3.54\text{s}$；(b) $t=4.32\text{s}$；(c) $t=25\text{s}$

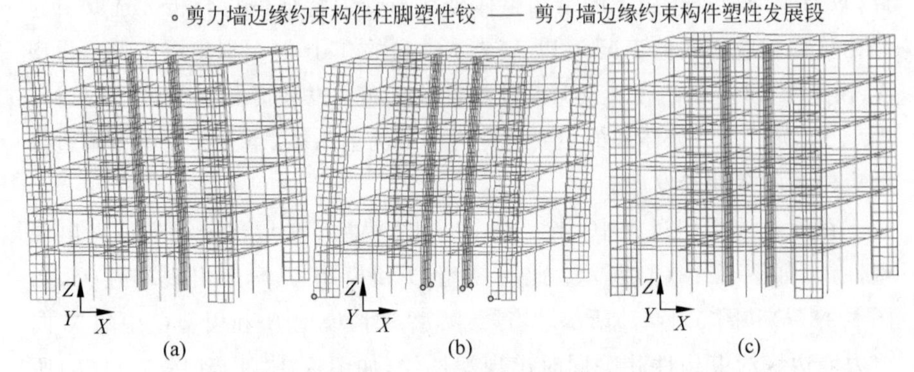

图 5.13　模型 *B* 塑性铰分布和发展情况

(a) $t=3.54$s; (b) $t=4.32$s; (c) $t=25$s

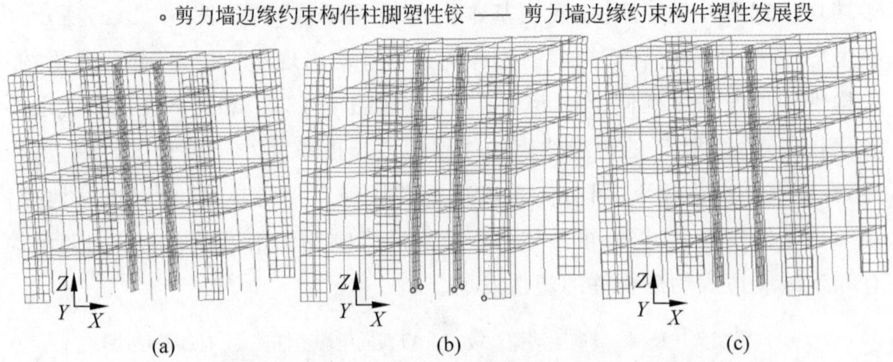

图 5.14　模型 *C* 塑性铰分布和发展情况

(a) $t=3.54$s; (b) $t=4.32$s; (c) $t=25$s

5.5.4　基底剪力时程

3 种模型在工况 9 中的总基底剪力时程如图 5.15(a)所示，在地震波作用前半段，3 种模型的基底剪力时程相位基本一致，后半段相位出现差异，且模型 B 的基底剪力幅值下降最为显著。模型 A、模型 B 和模型 C 的基底剪力最大值分别为 13077kN、11990kN 和 15656kN，最小值分别为 -14067kN、-15859kN 和 -16867kN，模型 A 和模型 B 的基底剪力变化幅值(最大值与最小值之差)十分接近，而模型 C 的基底剪力变化幅值比模型 B 增大约 17%，说明节点的半刚性作用会增大结构的抗侧刚度，从而放大结构在地震动作用下所受的基底剪力。

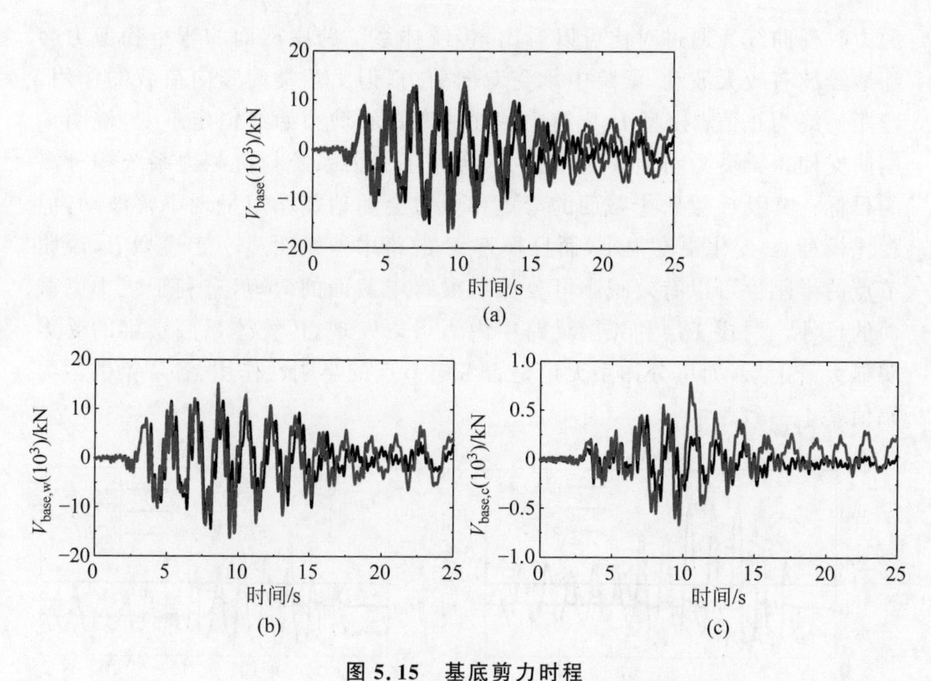

图 5.15　基底剪力时程

(a) 总基底剪力；(b) 剪力墙分担基底剪力；(c) 柱分担基底剪力

模型 B 和模型 C 的抗侧力构件包括剪力墙和柱，图 5.15(b)和(c)分别给出了两种模型剪力墙和柱分担的基底剪力时程。从图中可以看出，无论对于模型 B 还是模型 C，剪力墙都承担了绝大部分基底剪力，柱分担的基底剪力很小；其中，模型 C 中柱分担的基底剪力要大于模型 B。经统计，模型 B 中柱分担的基底剪力变化幅值占总基底剪力变化幅值的 3.6%，模型 C 为 4.5%，说明节点的半刚性作用通过引入梁柱框架变形机制，使柱更多地参与到结构抗侧力机制。

5.5.5　关键构件内力分布

仍以工况 9(X 为主方向的 Taft 波罕遇地震工况)为例，对 3 种模型中的关键构件的受力特征进行分析讨论。

1. 梁跨中截面

选取如图 5.1 和图 5.2 所示的 1 层和 4 层梁跨中 A—A 和 B—B 截面进行内力分析，图 5.16 和图 5.17 分别给出了 3 种模型该截面处的弯矩和剪力时程曲线。通过对比可以看出,传统体系梁跨中截面的弯矩和剪力会随地震波有较大波动,梁跨中承受双向剪力,但由于楼面竖向荷载的作用,弯矩始终为正值;模型 B 梁跨中截面的弯矩和剪力始终恒定不变,说明梁端简支使得梁受力与地震作用无关,实现了重力系统与抗侧力系统相分离的目标;模型 C 梁跨中截面的弯矩和剪力会随地震作用呈现小幅波动,但相比模型 A 变化幅度很小,而且模型 C 的跨中弯矩明显小于模型 B,说明节点的半刚性可以有效减小可分体系梁跨中截面的弯矩,有利于减小梁截面的尺寸。对比 1 层和 4 层梁跨中内力可以发现,传统体系底层梁的受力明显大于上层,而可分体系无论是否考虑节点的半刚性作用,各层梁的内力幅值基本一致。

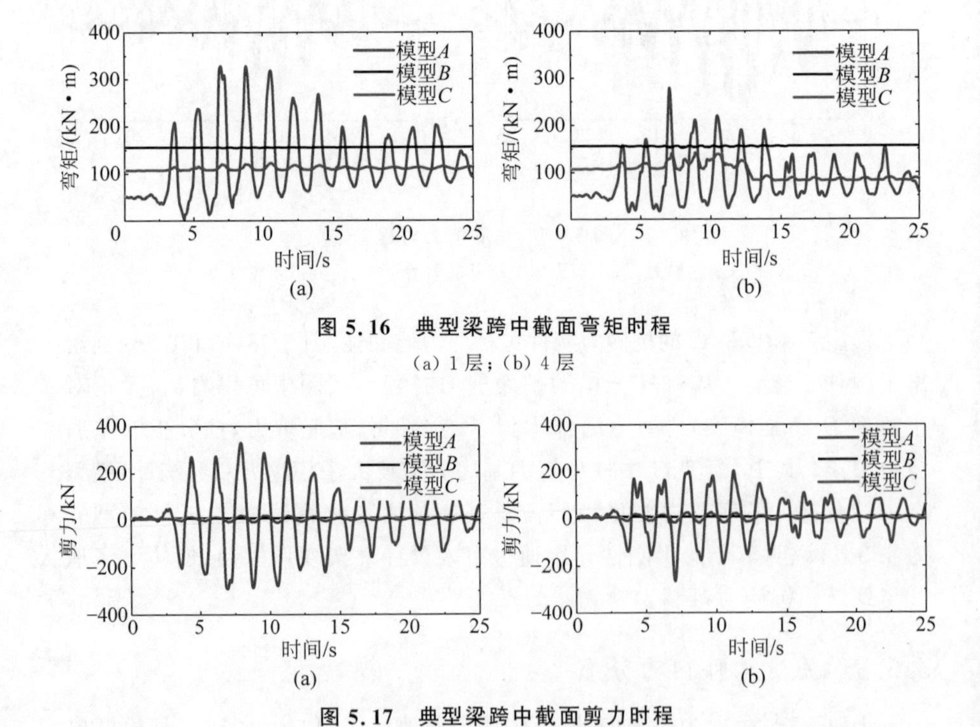

图 5.16　典型梁跨中截面弯矩时程

(a) 1 层;(b) 4 层

图 5.17　典型梁跨中截面剪力时程

(a) 1 层;(b) 4 层

2. 梁端截面

选取如图 5.1 和图 5.2 所示的 1 层和 4 层梁端 C-C 和 D-D 截面进行内力分析,图 5.18 和图 5.19 分别给出了 3 种模型该截面处的弯矩和剪力时程曲线。与梁跨中截面类似,传统体系在地震作用下,梁端弯矩和剪力有较大的波动,由于地震波的往复作用,梁端承受双向弯矩和剪力,且正负方向的弯矩剪力值均较大;模型 B 梁端的内力始终不变,由于梁端铰接,因此弯矩基本为0;模型 C 梁端的内力呈现小幅波动,且由于节点的半刚性,梁端弯矩的基准水平低于模型 B,说明梁端承受一定的负弯矩。同梁跨中内力一样,传统体系底层梁端内力明显大于上层,内力随层数变化明显,可分体系对应的模型 B 和模型 C 梁端内力均不会随层数而变化,说明即使考虑节点的半刚性作用,可分体系中的梁仍然可以实现标准化设计。

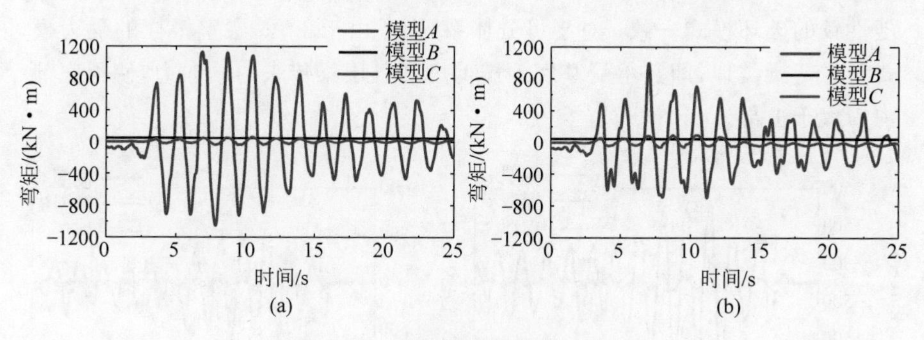

图 5.18 典型梁端截面弯矩时程

(a) 1层;(b) 4层

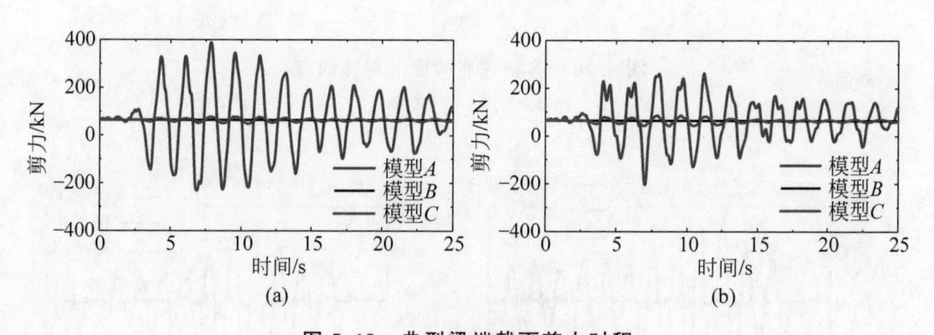

图 5.19 典型梁端截面剪力时程

(a) 1层;(b) 4层

3. 柱底截面

选取如图5.1和图5.2所示的1层和4层柱底 $E—E$ 和 $F—F$ 截面进行分析,图5.20和图5.21分别给出了3种模型该截面处的弯矩和剪力时程曲线。经对比发现,模型 A 柱底的弯矩和剪力有较大波动,且柱承受双向弯矩和剪力,内力值较大;模型 B 柱底的弯矩和剪力也有所变化,但变化幅度很小,整体内力水平远小于模型 A;模型 C 柱底内力的变化幅度略高于模型 B,但仍远小于模型 A。这说明可分体系中柱虽然参与结构抗侧,但是发挥的作用有限;若考虑节点的半刚性作用,柱在地震作用下的内力会小幅增加,但相较而言,柱承担的地震作用仍很小,这也与图 5.15 反映的可分体系中墙和柱的基底剪力分配规律相符。另外,3 种模型中 1 层柱底弯矩和剪力值均大于 4 层,对于传统体系,这与图 5.12 反映的底层柱脚出现塑性铰的破坏模式一致;对于可分体系,则是由于 1～6 层整根柱的受力模式与悬臂梁类似,即其承受基底地震剪力和各层梁传来的轴向力,使得底部内力大于上部。

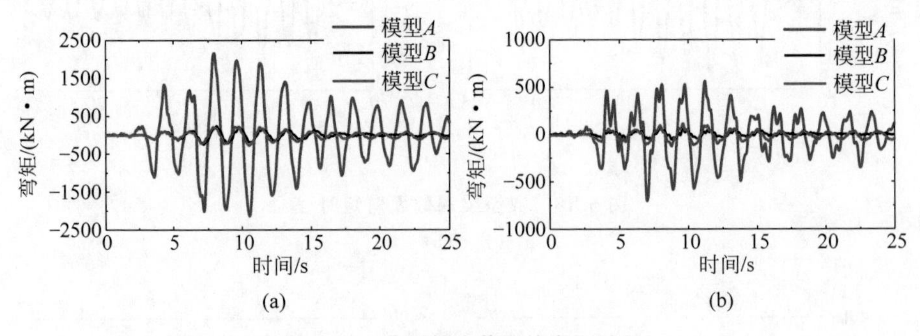

图 5.20　典型柱底截面的弯矩时程

(a) 1 层; (b) 4 层

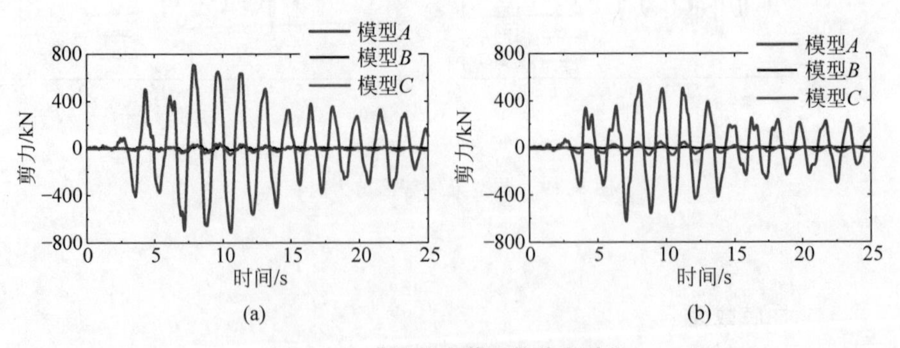

图 5.21　典型柱底截面的剪力时程

(a) 1 层; (b) 4 层

4. 剪力墙

图 5.22 为当模型 B 顶层位移响应最大时($t=7.99$s)，结构中 6 片剪力墙钢板层和混凝土层的应力、应变分布情况，图 5.23 为模型 C 顶层位移响应最大时($t=10.49$s)结构中 6 片剪力墙钢板层和混凝土层的应力、应变分布情况。经对比可以看出，模型 B 和模型 C 中的剪力墙破坏模式和损伤分布情况十分类似。外包钢板受力均主要集中在底部，且受拉侧的应力最大，两种模型的最大应力水平均为 387MPa 左右；剪力墙内部的混凝土开裂应变同样是在底部受拉侧最大，模型 B 和模型 C 的开裂应变最大值分别为 3.73×10^{-3} 和 4.76×10^{-3}，已远超混凝土的开裂应变，说明两种模型剪力墙内部混凝土在罕遇地震作用下均已开裂，且模型 C 的基底剪力更

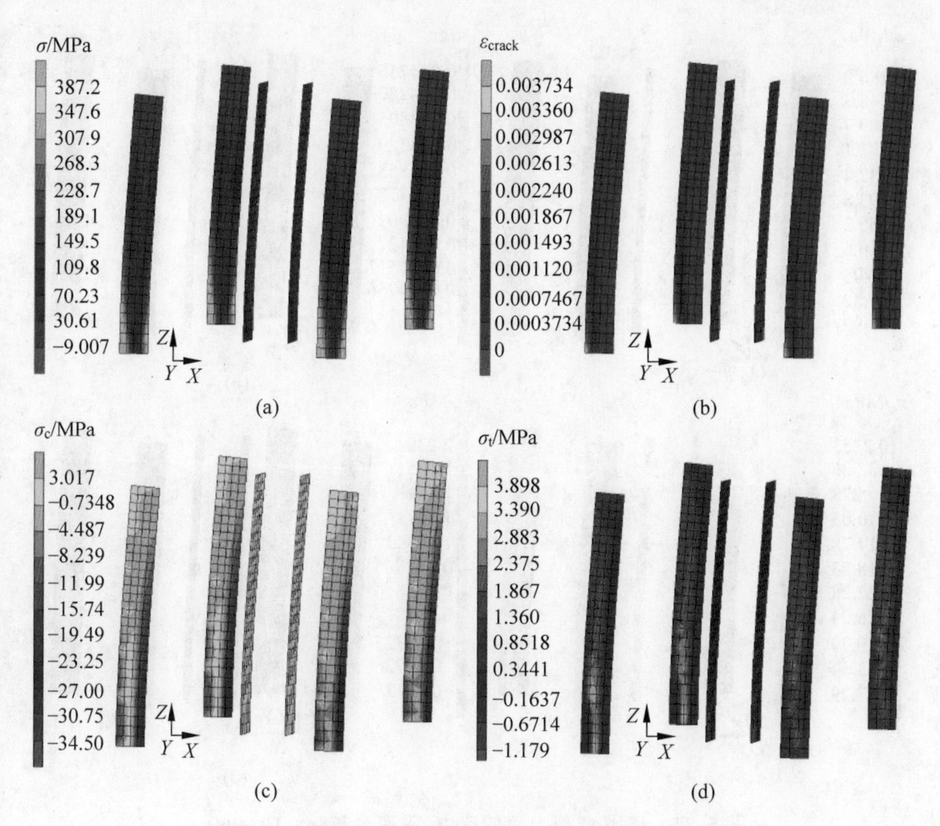

图 5.22　模型 B 剪力墙的应力、应变分布($t=7.99$s)

(a) 剪力墙钢板的等效冯·米塞斯应力；(b) 剪力墙混凝土的等效开裂应变；
(c) 剪力墙混凝土的主压应力；(d) 剪力墙混凝土的主拉应力

大，剪力墙混凝土的开裂程度更严重；剪力墙内部混凝土的最大主压应力集中在剪力墙底部受压侧，模型 B 和模型 C 的混凝土压应力的最大值分布为 34.5MPa 和 37.3MPa，模型 C 的混凝土压应力水平更高；剪力墙内部混凝土的最大主拉应力集中在剪力墙接近中间的条带，模型 B 和模型 C 的最大值分别为 3.9MPa 和 2.2MPa，模型 C 的拉应力水平更低是由于剪力墙受拉侧混凝土开裂更严重。综上所述，无论是否考虑节点的半刚性作用，可分体系中剪力墙的受力模式均类似于悬臂梁，每片剪力墙呈现独立受弯特征，同一方向各片剪力墙的应力、应变分布基本相同，表现为弯曲主导的损伤模式。节点的半刚性作用会增大剪力墙承受的基底剪力，从而增大剪力墙内部混凝土的损伤程度，因此，在剪力墙设计时须考虑节点半刚性带来的影响。

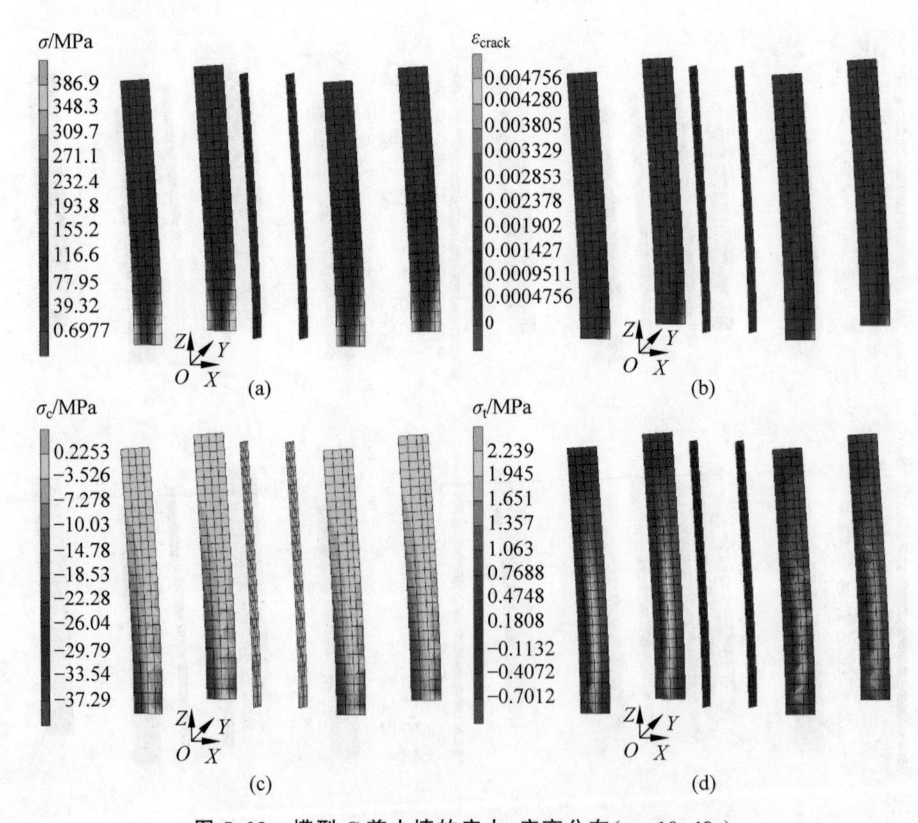

图 5.23 模型 C 剪力墙的应力、应变分布($t=10.49$s)

(a) 剪力墙钢板的等效冯·米塞斯应力；(b) 剪力墙混凝土的等效开裂应变；

(c) 剪力墙混凝土的主压应力；(d) 剪力墙混凝土的主拉应力

第6章 重力-侧力系统可分组合结构体系抗震损伤评估

6.1 概述

前述研究表明,重力-侧力系统可分组合结构体系在地震作用下的力学机理和损伤行为完全不同于传统刚接组合框架结构体系,需要对该新型结构体系进行损伤评估,从而建立对其抗震性能的客观认识,为体系的优化设计和工程应用提供参考。对可分体系开展损伤评估需要对其进行大量时程分析以获取结构力学响应数据,第4章开发的COMPONA-FIBER半刚性节点扩展版程序可以较好地模拟和预测可分体系的非线性行为,为研究结构关键参数对整体抗震性能和损伤发展的影响机制提供了强有力的数值工具。但是,目前仍缺乏针对可分体系在地震作用下破坏特征的损伤评估方法的相关研究,难以对其损伤情况进行定量评价。因此,本章拟对可分体系开展抗震损伤评估,主要开展的工作包括以下几个方面。

(1) 针对可分体系在地震作用下的损伤特征,提出适用于该体系的损伤评估指标,建立组合剪力墙的截面分析方法,确定不同阶段的损伤临界状态及对应的评估指标限值。

(2) 对组合剪力墙损伤评估指标影响因素开展研究,分析组合剪力墙损伤临界状态对应的评估指标限值的变化规律。

(3) 基于提出的损伤评估方法,对可分体系的抗震性能和损伤行为开展分析,探究结构关键参数对体系在地震作用下损伤发展的影响机制,为可分体系的优化设计和工程应用提供参考。

本章开展抗震损伤评估的基础模型采用了第2章试验设计时的结构整体布局和构件设计结果,是对第2章试验研究的回归和呼应;第3章精细数值模型分析结果初步展现了可分体系的损伤特征;第4章开发的高效数值模型为本章损伤评估提供了强大的分析工具;第5章抗震机理分析进一步揭示了可分体系的传力机制和破坏模式,为本章损伤评估方法的建立提供了重要参考。

6.2 组合剪力墙损伤评估指标

基于前文的试验和数值分析结果，剪力墙作为可分体系的主要抗侧力系统，在地震作用下表现出明显的损伤行为。因此，对于可分体系结构损伤评估的关键在于对其中剪力墙的损伤评价。本节将总结常见的剪力墙损伤评价指标，结合可分体系中剪力墙的损伤特征确定适合的评价指标，建立组合剪力墙的截面分析模型，确定关键损伤临界状态。

6.2.1 常见剪力墙损伤评价指标

常见的剪力墙损伤评价指标可以分为材料层次、构件层次和体系层次3类。

第一类损伤指标是根据剪力墙组成材料的损伤情况对剪力墙的损伤情况进行评估，最为常见的是材料应变指标。剪力墙不同材料的应变可以通过精细数值模型或试验量测得到。我国《建筑结构抗倒塌设计标准》(T/CECS 392—2021)[230]给出了压弯破坏的钢筋混凝土结构构件基于应变的地震损坏等级判别标准，其中将结构构件的损坏等级分为无损坏、轻微损坏、轻度损坏、中度损坏、比较严重损坏和严重损坏共6个等级，给出了每个等级的混凝土和钢筋应变的判别标准，这一判别标准可以用于评估钢筋混凝土剪力墙的损伤情况。另外，Yang 等[231]在对一栋42层的高层建筑开展的损伤评估研究中采用材料的压应变来评估剪力墙边缘约束构件的损伤状态。采用材料层次的损伤评价指标是评价剪力墙损伤的一种简单、直接的方法，材料的应变发展可以清晰地反映材料的损伤情况。然而，对于结构体系而言，开展试验研究或精细有限元计算均耗时费力，而且剪力墙各个部位材料的应变发展情况均不相同，根据应变确定具体楼层的损伤状态并不容易，统计也较为困难。

第二类损伤指标是根据构件层次的性能参数来评定剪力墙损伤情况。美国 ASCE 41[232]推荐了两个构件层次的指标用于剪力墙的损伤评估，分别是需求能力比(demandto capacity ratio,DCR)和塑性铰转角。需求能力比的定义为构件的需求强度与实际强度之比，Yang 等[231]采用剪力需求能力比作为指标来评估42层建筑中剪力墙的损伤情况。Birely[233]在对4栋高层建筑的性能评价中也利用剪力、弯矩和轴力的需求能力比来评估结构的破坏状态。然而，需求能力比一般是根据线性静力分析（linear static procedure，LSP）或线性动力分析（linear dynamic procedure，LDP）得到的结构需求参数计算出来的，无法考虑剪力墙的非线性行为。ASCE 41[232]另外也推荐了塑性铰转角作为构件层次的损伤评估指标，规定了剪力墙底部塑性铰转角的计算方法和破坏极限，但不能考虑剪力墙上部的破坏。需要注意的是，由于高层建筑的高阶振动模式贡献较大，数值模拟中经常观察到位于高层建筑上部的破坏[226]，因此塑性铰转角不适用于评估高阶振动模式占比较大的结构损伤。

第三类损伤指标根据体系层次的性能参数来评定结构损伤情况，这类宏观指标计算简单，被广泛地应用于建筑地震损伤评价。最常用的体系层次指标是层间位移角，我国《建筑抗震设计规范》(GB 50011—2010)[75]给出了各类结构体系在多遇地震作用下的弹性层间位移角限值，其中对于钢筋混凝土框架-抗震墙及框架-核心筒结构体系的弹性层间位移角限值是1/800。层间位移角可用于衡量以剪切变形模式为主的多层建筑的层间破坏，但是不适用于高层建筑或以弯曲变形模式为主结构的损伤评估，因为这些结构上部楼层的层间位移角有很大一部分是由刚体转动引起的。为了解决这个问题，有害层间位移角的概念被引入来评估结构损伤情况[234]，其计算方法如图6.1所示。

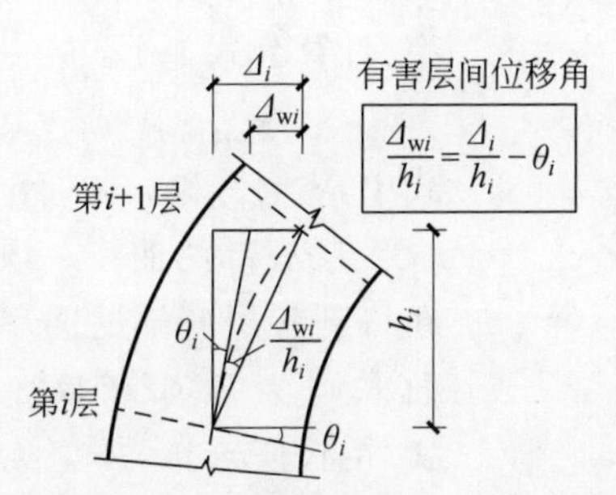

图6.1　有害层间位移角示意图(引自文献[235])

类似地，另外一个比较有代表性的指标是Ji等[229]提出的层间净转角(inter-story pure translation ratio，ISPT)，其计算方法如下：

$$\mathrm{ISPT}=\frac{1}{H_n}\left\{\frac{\mathrm{d}x_n-H_n\sin\theta_1}{\cos\theta_1}+\left[\mathrm{d}y_n-H_n(1-\cos\theta_1)-(\mathrm{d}x_n-H_n\sin\theta_1)\tan\theta_1\right]\sin\theta_1\right\} \tag{6-1}$$

式中，H_n 是第 n 层的层高；dx_n 和 dy_n 分别是水平层间位移和竖向层间位移；θ_1 是第 n 层底部的转角。层间净转角可以有效消除掉层间位移角的刚体转动成分，适合于剪力墙体系的损伤评价，Alwaeli 等[236]也曾采用层间净转角指标来评估高层剪力墙结构的地震损伤情况。

在 FEMA P-58[237]提出的地震损伤评估方法中，有效位移角（effective drift ratio）被用来作为细长混凝土剪力墙的损伤评价指标。有效位移角是有效高度处水平位移与有效高度的比值，其中剪力墙的有效高度可以由剪力墙底部弯矩除以基底剪力计算得到。FEMA P-58[237]的易损性数据库也给出了细长剪力墙的易损性数据，通过以上方法和数据可以对剪力墙开展易损性分析，对其损伤情况做出可靠评估。

Xiong 等[238]提出以楼层曲率作为钢筋混凝土剪力墙结构的工程需求参数，并基于截面分析方法确定了剪力墙不同损伤状态的曲率限值。第 i 层的平均楼层曲率可以按下式计算：

$$\kappa_{i,\text{mean}} = (\theta_i - \theta_{i-1})/h \tag{6-2}$$

式中，θ_i 和 θ_{i-1} 分别是第 i 层和第 $i-1$ 层顶部转角，当 $i=1$ 时，$\theta_{i-1}=0$；h 是结构层高。如图 6.2 所示，平均楼层曲率为该层层高中点处的曲率，而一层的曲率最大值一般在楼层顶部或底部取到，通过线性插值的方法可以由各层平均楼层曲率计算得到各层底部曲率，计算公式如下：

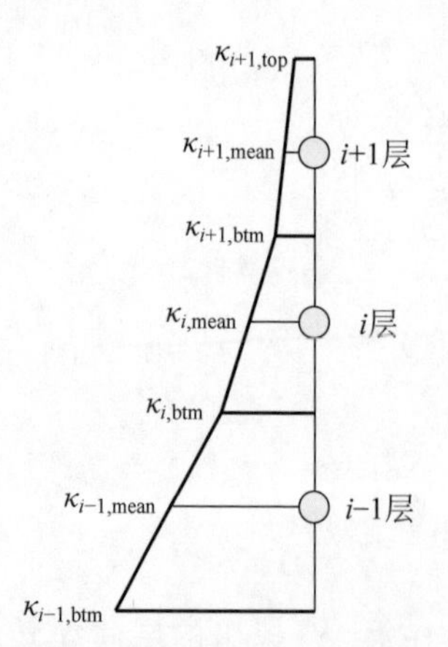

图 6.2　楼层曲率分布示意图

$$\kappa_{i,\text{btm}} = 2\kappa_{i,\text{mean}} - \kappa_{i+1,\text{btm}} \tag{6-3}$$

式中，$\kappa_{i,\text{btm}}$ 和 $\kappa_{i+1,\text{btm}}$ 分别为第 i 层和第 $i+1$ 层底部的曲率；顶层的顶部曲率为 0。在得到各层底部的曲率之后，各层最大楼层曲率则为顶部和底部曲率的最大值，如式(6-4)所示：

$$\kappa_i = \max[\kappa_{i,\text{btm}}, \kappa_{i+1,\text{btm}}] \tag{6-4}$$

综上所述，评估剪力墙结构的损伤指标有很多种类，每类都有其适用范围，需要根据研究的结构体系变形损伤特征选择合适的损伤评价指标。材料和构件层次的损伤评价指标计算起来较为复杂，不适合作为工程设计的评价控制指标，因此体系层次的宏观指标应用更多。对于本书研究的可分体系而言，剪力墙呈现明显的弯曲变形和破坏模式，结构顶部的层间位移角很大一部分是由刚体转动引起的，而楼层曲率可以很好地规避这一问题,并且巧妙地将结构变形的宏观指标与反映剪力墙截面微观应变分布的曲率联系起来,实现了体系变形分布与构件损伤判定的统一,便于不同阶段损伤限值的确定。因此,在后续对可分体系的抗震性能研究中采用楼层曲率指标来评价结构的损伤程度。

6.2.2 基于截面的组合剪力墙分析方法

本研究提出的可分体系中采用双钢板-混凝土组合剪力墙,根据截面的应变分布,将剪力墙截面进行纤维离散,如图 6.3 所示,剪力墙的钢板和混凝土划分为多个条带,按照平截面假设,可以确定各个条带的应变分布情况(剪力墙形心应变为 ε_{wc},截面曲率为 ϕ,受压侧最外缘的纤维应变为 ε_{com},受拉侧最外缘的纤维应变为 ε_{ten}),并根据钢材和混凝土的本构关系确定各条带的应力情况,从而对各条带的应力进行求和与积分,得到剪力墙的轴力和弯矩。

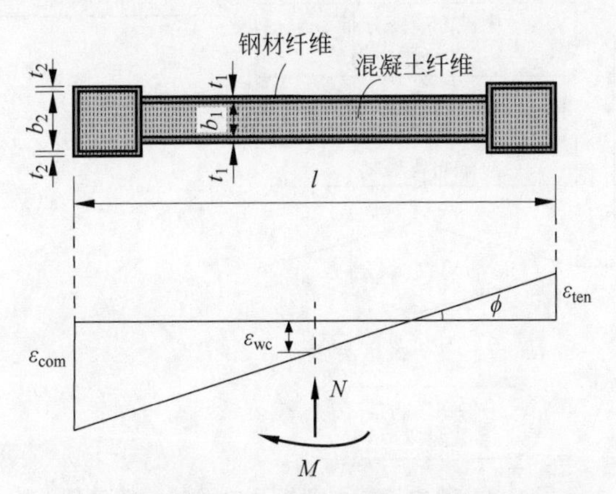

图 6.3　双钢板-混凝土组合剪力墙截面纤维离散

通过上述基于截面的分析方法计算组合剪力墙内力,需要满足以下基本假设:①剪力墙在整个受力过程中,截面各处的应变分布始终满足平截面假设;②剪力墙中的钢板和混凝土可以协同工作,不考虑钢板和混凝土之间的滑移效应;③剪力墙的受力以压弯为主,不考虑剪切变形对压弯性能的影响;④不考虑剪力墙钢板屈曲和焊缝断裂的影响。

在分析剪力墙损伤的过程中,一般需要明确轴力或轴压比,其截面损伤的临界状态往往可以表达为特定纤维条带达到损伤临界状态,进而表达为达到目标应变。针对给定轴力和特定纤维损伤临界状态(应变),计算截面弯矩和曲率的计算流程如图 6.4 所示。

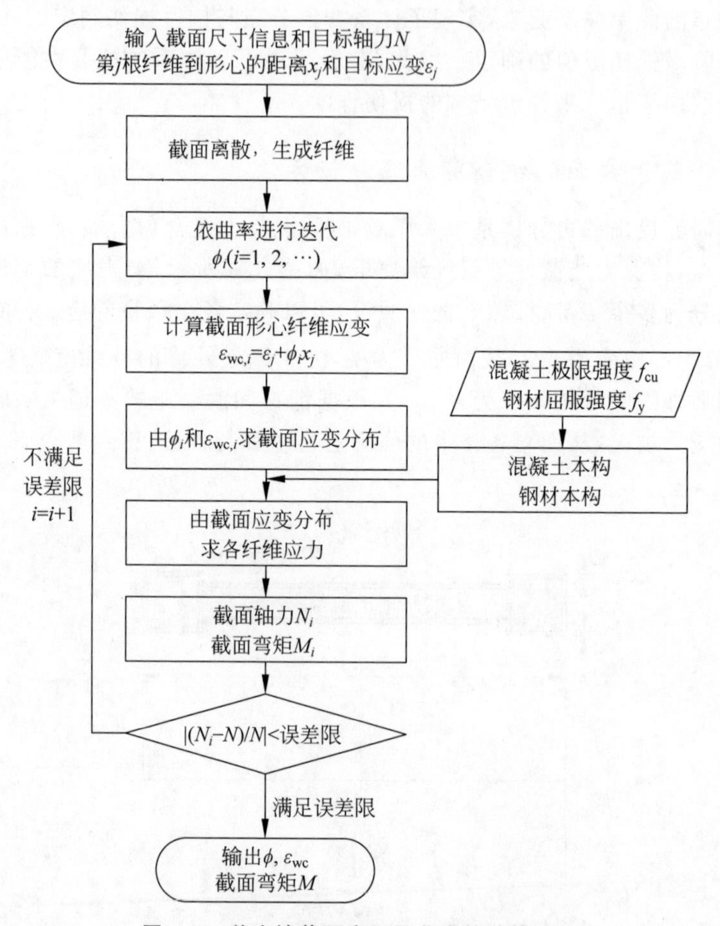

图 6.4　剪力墙截面弯矩及曲率的计算流程

双钢板-混凝土组合剪力墙的钢板采用理想弹塑性本构，弹性模量取 $2.06\times10^5\,N/mm^2$，屈服强度取 Q345 级钢材对应的标准屈服强度 345MPa。

双钢板-混凝土组合剪力墙的混凝土分为两部分，其中墙肢中的混凝土按普通混凝土考虑，两端边缘约束构件中的混凝土受钢管约束作用较强，按约束混凝土考虑。普通混凝土的本构关系如图 4.7 所示，其表达式和相关参数可参考 4.3.1 节。方钢管约束混凝土单轴受压和受拉骨架线如图 6.5 所示，在单轴受压时上升段的应力-应变关系表达式与普通混凝土相同，如式(4-1)所示。其中，方钢管约束混凝土的峰值压应变 ε_0 和峰值压应力 σ_0

分别按下列公式计算[239]。

$$\varepsilon_0 = (1300 + 12.5 f'_c) + [1330 + 760(f'_c/24 - 1)]\xi^{0.2} \tag{6-5}$$

$$\sigma_0 = [1 + (-0.0135\xi^2 + 0.1\xi)(24/f'_c)^{0.45}] f'_c \tag{6-6}$$

式中，f'_c为混凝土圆柱体强度，按式(4-2)计算；ξ 为约束效应系数，按下式计算。

$$\xi = \frac{A_s}{A_c} \cdot \frac{f_y}{f_{ck}} \tag{6-7}$$

式中，A_s 为钢管混凝土中钢管面积；A_c 为混凝土面积；f_y 为钢管混凝土中钢管的屈服强度；f_{ck} 为混凝土轴心抗压强度标准值，按下式计算[71,240]。

$$f_{ck} = \begin{cases} 0.67 f_{cu}, & f_{cu} \leqslant 50 \\ (0.63 + 0.0008 f_{cu}) f_{cu}, & f_{cu} > 50 \end{cases} \tag{6-8}$$

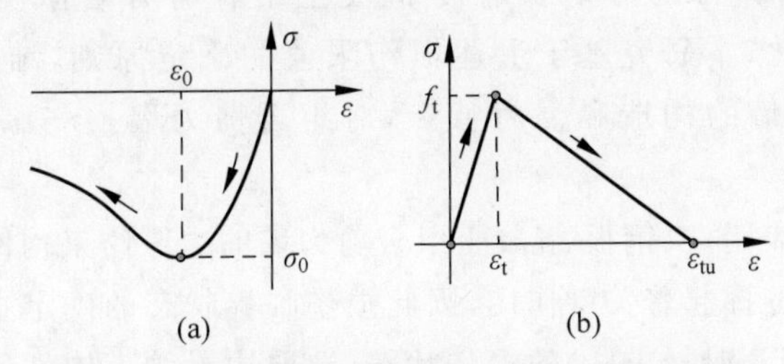

图 6.5　方钢管约束混凝土单轴应力-应变骨架线

(a) 约束混凝土受压；(b) 受拉软化

对于方钢管约束混凝土，当压应变超过峰值压应变 ε_0 后，混凝土表现出应变软化现象，如图 6.5(a)所示，其应变表达式如下[239]：

$$\sigma = \sigma_0 \frac{\varepsilon/\varepsilon_0}{\beta(\varepsilon/\varepsilon_0 - 1)^\eta + \varepsilon/\varepsilon_0} \tag{6-9}$$

式中，相关参数 η 和 β 分别按式(6-10)和式(6-11)计算：

$$\eta = 1.6 + \frac{1.5}{\varepsilon/\varepsilon_0} \tag{6-10}$$

$$\beta = \begin{cases} \dfrac{(f'_c)^{0.1}}{1.35\sqrt{1+\xi}}, & \xi \leqslant 3.0 \\ \dfrac{(f'_c)^{0.1}}{1.35\sqrt{1+\xi\cdot(\xi-2)^2}}, & \xi > 3.0 \end{cases} \tag{6-11}$$

方钢管约束混凝土的极限压应变 ε_{cu} 与普通混凝土一样，取 4000$\mu\varepsilon$，即认为达到极限压应变后混凝土压溃。

方钢管约束混凝土的单轴受拉曲线如图 6.5(b)所示，相关参数的取值与非约束混凝土一样，详见 4.3.1 节。

6.2.3 组合剪力墙的损伤临界状态

结构的破坏程度可以通过定义不同的损伤状态进行识别，ASCE 41[232]提出了结构的 3 种破坏水平，即临时使用(immediate occupancy, IO)、保障生命安全(life safety, LS)和预防倒塌(collapse prevention, CP)。HAZUS[241]给出了 5 种结构损伤状态水平，包括无破坏、轻微破坏、中等破坏、严重破坏和完全破坏。Xiong 等[238]在对钢筋混凝土剪力墙的损伤评价研究中根据钢筋或混凝土的受力状态提出了剪力墙不同损伤限值的计算方法。然而，目前对于双钢板-混凝土组合剪力墙损伤评价的相关研究很少，因此，本研究基于上述损伤限值的确定原则，结合双钢板-混凝土组合剪力墙的构造和受力特点，对组合剪力墙损伤临界状态进行讨论。

以往研究表明，双钢板-混凝土组合剪力墙的边缘约束构件对剪力墙承载能力的充分发挥起着关键作用，因此损伤临界状态的确定主要依据边缘约束构件(方钢管混凝土柱)的损伤状态，选取边缘约束构件最外侧和最内侧的钢材和混凝土的关键状态作为判定条件，确定了 8 个可能的损伤临界状态点以供讨论。

(1) 边缘约束构件最外侧混凝土受拉开裂(状态 A)。

(2) 边缘约束构件最内侧混凝土受拉开裂(状态 A')。

(3) 边缘约束构件最外侧钢材受拉屈服(状态 B)。

(4) 边缘约束构件最内侧钢材受拉屈服(状态 B')。

(5) 边缘约束构件最外侧钢材受压屈服(状态 C)。

(6) 边缘约束构件最内侧钢材受压屈服(状态 C')。

(7) 边缘约束构件最外侧混凝土压溃(状态 D)。

(8) 边缘约束构件最内侧混凝土压溃(状态 D')。

下面以某一具体的剪力墙截面尺寸为例，对上述 8 种状态进行讨论。取 $l=2300$mm，$b_1=230$mm，$b_2=360$mm，$t_1=10$mm，$t_2=20$mm，钢材牌号为 Q345，混凝土强度等级为 C40，记为截面 X。采用 6.2.2 节介绍的基于截面的分析方法，可以得到截面 X 的剪力墙上述8种状态对应的 N-M 曲线，如图6.6所示，剪力墙轴力 N 以受压为正，曲线横纵坐标均作了归一化处理。其中，N_0 是剪力墙在纯轴压状态下的最大轴力承载力，M_0 是剪力墙在纯弯状态下的最大弯矩承载力。从图中可以看到，各损伤临界状态对应的 N-M 曲线各不相同，对于每一条 N-M 曲线而言，随着剪力墙轴压比的增加，剪力墙弯矩呈现先增大后减小的发展趋势，弯矩变化的分界点 (M_b, N_b) 即受拉和受压破坏的分界点，当 $N \leqslant N_b$ 时为大偏心受压，当 $N > N_b$ 时为小偏心受压。各损伤临界状态对应的 N-M 曲线互有交叉，说明对于不同轴压比 (N/N_0) 下的双钢板-混凝土组合剪力墙而言，随弯矩的增大，达到各损伤临界状态的先后顺序有所不同，因此剪力墙损伤的发展情况是一个十分复杂的问题，与轴压比、剪力墙截面尺寸等均有关系。

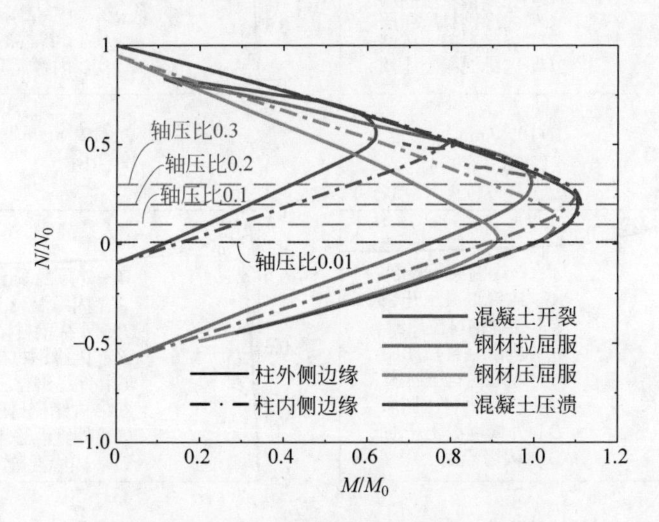

图6.6 剪力墙各临界损伤状态 N-M 曲线

绘出轴压比分别为0.05、0.1、0.2和0.3时剪力墙的 M-ϕ 曲线，如图6.7所示。其中，纵坐标弯矩作了归一化处理。通过对比可以看出，随轴压比的增加，剪力墙的 M-ϕ 曲线在达到峰值承载力后的下降段呈现越来越陡的趋势，说明轴压比的增加使得剪力墙延性下降，但即使在轴压比为0.3的情况下，剪力墙在曲率为 4×10^{-5} 时的弯矩承载力也高于峰值承载力的85%。图中分别用蓝色圆圈和红色圆圈标记了剪力墙边缘约束构件最外侧和最内侧钢材或混凝土达到各损伤临界状态的点。对于小轴压比(0.05和

0.1)的情况，剪力墙边缘约束构件内外侧的损伤状态依次为混凝土开裂(A或A')、钢材受拉屈服(B或B')、钢材受压屈服(C或C')、混凝土压溃(D或D')；当轴压比增大(0.2和0.3)，钢材受压屈服(C或C')先于钢材受拉屈服(B或B')发生；甚至当轴压比较大(0.3)时，边缘约束构件内侧的混凝土压溃(D')也先于内侧钢材受拉屈服(B')发生，说明轴压比增大会使钢材和混凝土受压破坏主导的损伤状态先于受拉破坏主导的损伤状态发生。

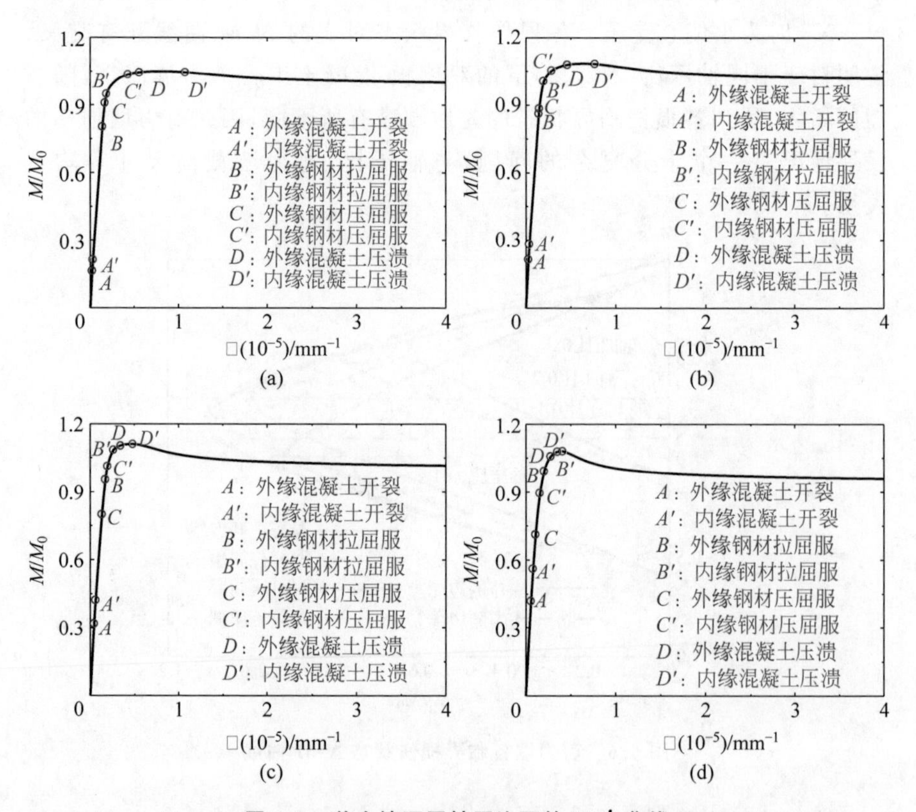

图 6.7 剪力墙不同轴压比下的 M-ϕ 曲线

(a) 轴压比为 0.05；(b) 轴压比为 0.1；(c) 轴压比为 0.2；(d) 轴压比为 0.3

表 6.1 给出了剪力墙在不同轴压比下各损伤状态对应的截面曲率。对于同一轴压比，剪力墙边缘约束构件的内缘达到某一损伤状态对应的曲率大于外缘达到该状态时的曲率。随轴压比的增加，受拉破坏主导的损伤临界状态(A/A'和B/B')对应的曲率增大，受压破坏主导的损伤临界状态

(C/C'和 D/D')对应的曲率减小,因此,图 6.7 中各损伤临界状态点之间的曲率间隔随轴压比的增加而减小。这一现象从另一角度说明,轴压比增加会使剪力墙从一个损伤状态迅速发展到下一个损伤状态,导致结构的冗余度降低,延性变差。

表 6.1　剪力墙不同轴压比下的损伤临界状态曲率　mm^{-1}

轴压比	位置	混凝土开裂 (A/A')	钢材受拉屈服 (B/B')	钢材受压屈服 (C/C')	混凝土压溃 (D/D')
0.05	外缘	2.12×10^{-7}	1.36×10^{-6}	1.65×10^{-6}	5.64×10^{-6}
	内缘	2.89×10^{-7}	1.84×10^{-6}	4.35×10^{-6}	1.08×10^{-5}
0.1	外缘	2.80×10^{-7}	1.45×10^{-6}	1.50×10^{-6}	4.66×10^{-6}
	内缘	3.85×10^{-7}	2.00×10^{-6}	2.90×10^{-6}	7.72×10^{-6}
0.2	外缘	4.23×10^{-7}	1.66×10^{-6}	1.28×10^{-6}	3.41×10^{-6}
	内缘	5.86×10^{-7}	2.57×10^{-6}	1.90×10^{-6}	4.83×10^{-6}
0.3	外缘	5.72×10^{-7}	2.04×10^{-6}	1.08×10^{-6}	2.78×10^{-6}
	内缘	8.02×10^{-7}	4.12×10^{-6}	1.56×10^{-6}	3.54×10^{-6}

从上述分析来看,无论以双钢板-混凝土组合剪力墙边缘约束构件的最外侧纤维还是最内侧纤维,各损伤临界状态的分布和发展规律是相似的。并且,在不同轴压比作用下,剪力墙弯矩均是边缘约束构件最内侧纤维达到最后一个损伤状态之后才开始下降的,而且下降幅度并不大,说明墙肢也对剪力墙整体的承载力发挥了重要作用。因此,为了保证结构安全,同时避免损伤评价指标过于保守,本研究选择剪力墙边缘约束构件最内侧的钢材和混凝土损伤临界状态作为评估剪力墙损伤状态的判断依据。参考 Xiong 等[238]对钢筋混凝土剪力墙的损伤状态定义,将边缘约束构件最内侧混凝土开裂对应的截面曲率设为 ϕ_1,将边缘约束构件最内侧钢材受拉和受压屈服对应的截面曲率中的较小值设为 ϕ_2,将边缘约束构件最内侧混凝土压溃对应的截面曲率设为 ϕ_3。当剪力墙截面曲率 $\phi<\phi_1$ 时,定义损伤状态为 DS0;当 $\phi_1\leqslant\phi<\phi_2$ 时,定义损伤状态为 DS1;当 $\phi_2\leqslant\phi<\phi_3$ 时,定义损伤状态为 DS2;当 $\phi\geqslant\phi_3$ 时,定义损伤状态为 DS3。

为验证本书所提的楼层曲率法判断剪力墙损伤状态的准确性,建立有限元模型对 3 个临界曲率 ϕ_1、ϕ_2 和 ϕ_3 对应的状态点进行比较。以本节剪力墙截面 X 为例,在通用有限元计算程序 MSC. MARC 建立 6 层高的剪力墙结构,每层层高为3.5m,总高度为21m,建模方式与4.5.2节相同。在剪力墙顶部分别按照轴压比0.05、0.1、0.2和0.3施加竖向均布荷载,同时在顶点施加水平推覆力,提取推覆过程中各楼层处的转角,按照式(6-2)～式(6-4)计算1层底部曲率,找出推覆曲线中对应各临界曲率ϕ_1、ϕ_2和ϕ_3的状态点,如图6.8中蓝色标记点所示。另外,从有限元计算结果中提取1层剪力墙边缘约束构件内侧底部混凝土和钢材的应力应变数据,分别找出对应于混凝土受拉开裂、钢材受压或受拉屈服(取首先发生的损伤状态)和混凝土压溃的状态点,如图6.8中红色标记点所示。经过对比发现,在不同轴压比的作用下,两种方法得到的对应于同一临界状态的标记点均较为接近,说明本书所提的楼层曲率法可以较为准确地预测组合剪力墙的损伤状态的发展。

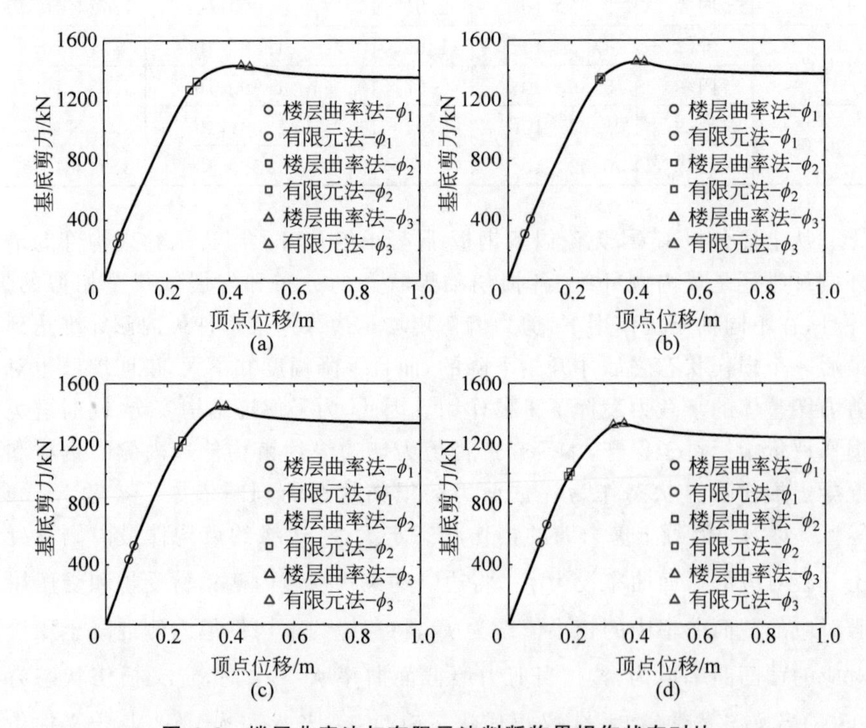

图6.8 楼层曲率法与有限元法判断临界损伤状态对比

(a) 轴压比为0.05;(b) 轴压比为0.1;(c) 轴压比为0.2;(d) 轴压比为0.3

6.3 组合剪力墙损伤评估指标影响因素研究

为研究双钢板-混凝土组合剪力墙损伤临界状态对应的曲率的变化规律，以剪力墙截面 X 为基础，对可能影响剪力墙受力性能的主要因素(剪力墙墙肢钢板厚度 t_1、剪力墙边缘约束构件钢板厚度 t_2、剪力墙总宽度 l、钢材屈服强度 f_y、混凝土立方体抗压强度 f_{cu})逐一讨论。另外，剪力墙轴压比对其抗弯性能和破坏行为有明显影响，因此，对各参数进行分析时分别给出当轴压比为 0.05、0.1、0.2 和 0.3 时临界曲率的变化规律。

6.3.1 剪力墙墙肢钢板厚度

3 个临界曲率 ϕ_1、ϕ_2 和 ϕ_3 随剪力墙墙肢钢板厚度 t_1 的变化曲线如图 6.9 所示。混凝土开裂对应的曲率 ϕ_1 和钢板受拉或受压屈服对应的曲率 ϕ_2 基本不随墙肢钢板厚度变化而变化，而混凝土压溃对应的曲率 ϕ_3 则会随墙肢钢板厚度的增加而减小，并且这一趋势在轴压比较小时尤为明显。这是因为，当轴压比较小时，剪力墙的受力更接近纯弯状态，此时，当墙肢钢板厚度(剪力墙含钢率)增加时，由于钢材具有拉压对称性，截面中和轴由靠近受压侧向中点移动，截面曲率减小。

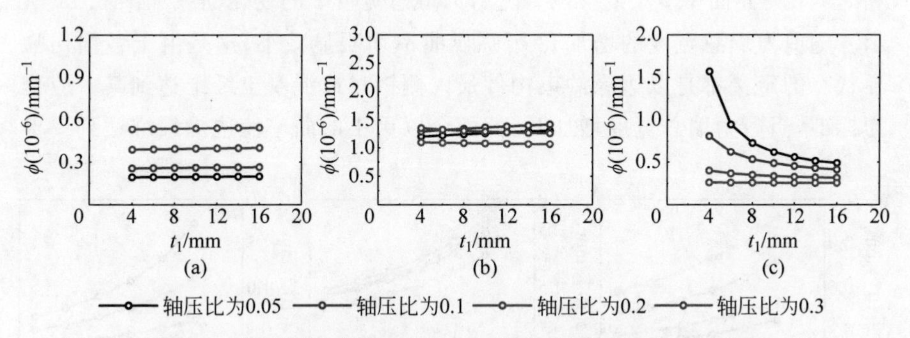

图 6.9　剪力墙墙肢钢板厚度 t_1 对损伤临界状态曲率的影响

(a) ϕ_1；(b) ϕ_2；(c) ϕ_3

6.3.2 剪力墙边缘约束构件钢板厚度

3 个临界曲率 ϕ_1、ϕ_2 和 ϕ_3 随剪力墙边缘约束构件钢板厚度 t_2 的变化曲线如图 6.10 所示。从图中可以发现，剪力墙边缘约束构件钢板厚度变化对3个临界曲率的影响均不明显，这与ϕ_3随墙肢钢板厚度的变化规律不同。经分析，其原因可能是边缘约束构件钢板厚度的增加会使具有拉压对称性的钢材占比增加，但同时会增强边缘约束构件内混凝土的约束效应，使得混凝土的拉压不对称性更为显著，二者相抵消使临界曲率随边缘约束构件钢板厚度无显著变化。

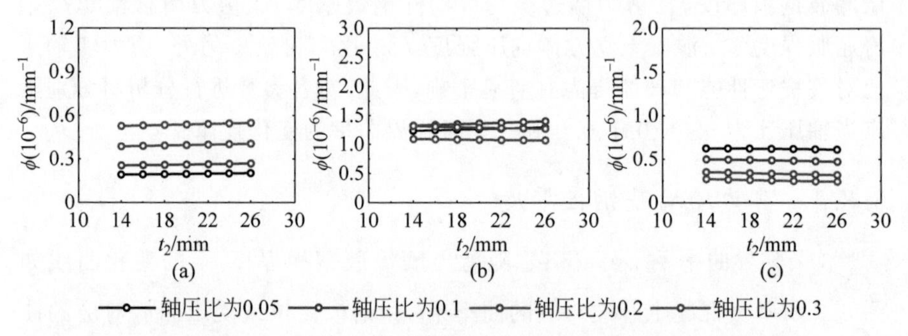

图 6.10　剪力墙边缘约束构件钢板厚度 t_2 对损伤临界状态曲率的影响

(a) ϕ_1；(b) ϕ_2；(c) ϕ_3

6.3.3　剪力墙总宽度

3个临界曲率ϕ_1、ϕ_2和ϕ_3随剪力墙总宽度l的变化曲线如图6.11所示。随剪力墙总宽度的增加，3个临界曲率均明显减小，这是由于各损伤临界状态的定义都是以边缘约束构件最内侧钢材或混凝土纤维达到某一应变为标准，当剪力墙总宽度增加时，截面会以更小的曲率使边缘纤维达到要求

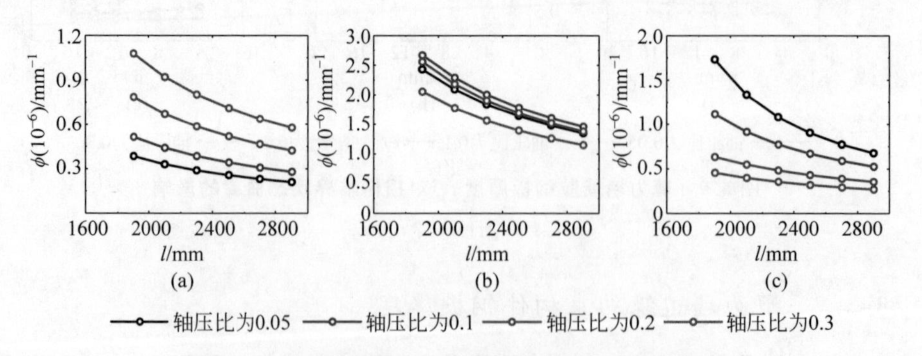

图 6.11　剪力墙总宽度 l 对损伤临界状态曲率的影响

(a) ϕ_1；(b) ϕ_2；(c) ϕ_3

的应变。另外，对比不同轴压比的曲线可以发现，混凝土开裂对应的临界曲率 ϕ_1 随轴压比的增加而增加，钢板受拉或受压屈服对应的临界曲率 ϕ_2 和混凝土压溃对应的临界曲率 ϕ_3 随轴压比的增加而减小，说明轴压比的增加会延缓受拉主导的破坏行为的发生，但会加速受压主导的破坏行为的发生。

6.3.4　钢材屈服强度

3 个临界曲率 ϕ_1、ϕ_2 和 ϕ_3 随钢材屈服强度 f_y 的变化曲线如图 6.12 所示，选取了工程中常用的 Q235、Q345、Q390 和 Q420 钢材的屈服强度进行分析。经对比可以发现，钢材受拉或受压屈服对应的临界曲率 ϕ_2 对钢材屈服强度的变化最为敏感，曲率随钢材屈服强度的增加而增大。混凝土开裂对应的临界曲率 ϕ_2 随钢材屈服强度的增加而小幅增加，这是由于在轴压比保持不变的情况下，钢材屈服强度增加，轴力增加，中和轴向受拉侧移动，在受拉侧混凝土应变不变的情况下，曲率增大。而混凝土压溃对应的临界曲率 ϕ_3 随钢材屈服强度的增加而小幅减小，说明在该情况下，钢材拉压对称性的影响大于边缘约束构件内混凝土约束效应的影响。

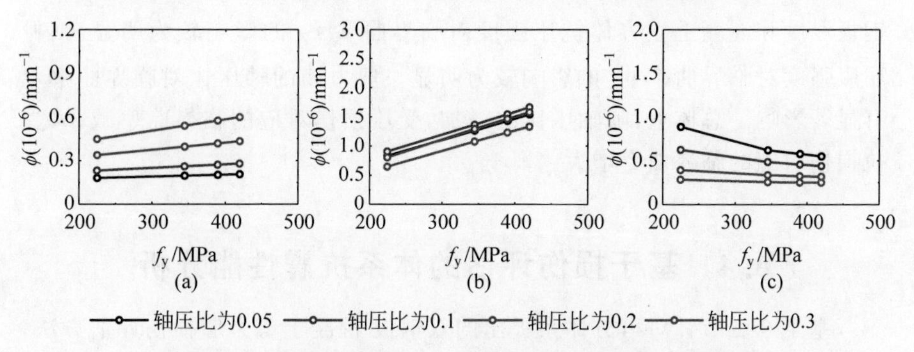

图 6.12　钢材屈服强度 f_y 对损伤临界状态曲率的影响

(a) ϕ_1；(b) ϕ_2；(c) ϕ_3

6.3.5　混凝土抗压强度

3 个临界曲率 ϕ_1、ϕ_2 和 ϕ_3 随混凝土立方体抗压强度 f_{cu} 的变化曲线如图 6.13 所示，选取了工程中常用的 C20～C70 混凝土强度等级进行分析。随混凝土抗压强度的增加，临界曲率 ϕ_1 和 ϕ_2 的变化很小，混凝土压

溃对应的临界曲率 ϕ_3 显著增大，且在轴压比较小时增大得更快。这是由于混凝土抗压强度的增加使得截面中和轴向受压侧移动，在受压侧边缘约束构件内边缘应变保持压溃应变不变的情况下，截面曲率增大。

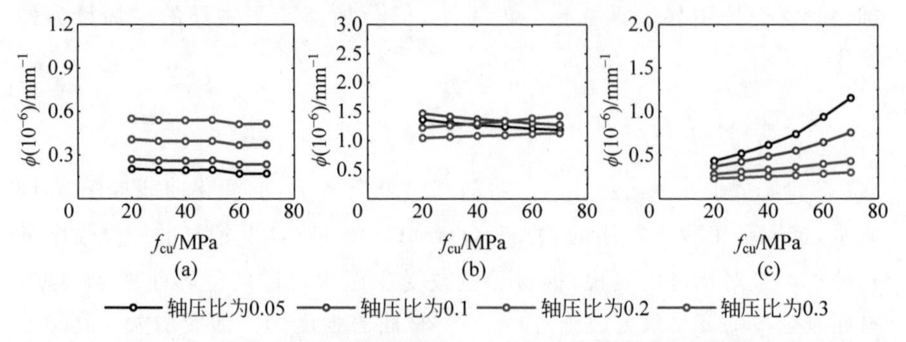

图 6.13　混凝土立方体抗压强度 f_{cu} 对损伤临界状态曲率的影响

(a) ϕ_1；(b) ϕ_2；(c) ϕ_3

综上所述，剪力墙墙肢钢板厚度、剪力墙总宽度、钢材屈服强度和混凝土立方体抗压强度对剪力墙损伤临界状态曲率有较为明显的影响。其中，剪力墙总宽度对各状态临界曲率 ϕ_1、ϕ_2 和 ϕ_3 均有显著影响，剪力墙墙肢钢板厚度和混凝土立方体抗压强度对临界曲率 ϕ_3 的影响较为明显，钢材屈服强度对临界曲率 ϕ_2 的影响较为明显。剪力墙的轴压比对临界曲率也有显著影响。总体上，随轴压比的增加，受压损伤对应的临界曲率减小，受拉损伤对应的临界曲率增大。

6.4　基于损伤评估的体系抗震性能分析

基于 6.2 节针对可分体系提出的双钢板-混凝土剪力墙损伤评估方法，借助第 4 章开发的高效数值模型，可以对可分体系的抗震性能开展进一步分析，研究具有不同剪力墙宽度、剪力墙厚度、剪力墙含钢率和楼层数的结构在地震作用下的动力响应和损伤情况，分析各关键因素对可分体系抗震性能的影响，为可分体系的优化设计提供参考。

以第 2 章试验设计时的原型结构为基础，梁端设为铰接，在结构两侧沿 X 向每间隔 1 榀布置 1 片双钢板-混凝土组合剪力墙形成可分体系的基础模型，记为模型 $A0$，如图 6.14 所示，将其作为本节开展弹塑性时程分析的

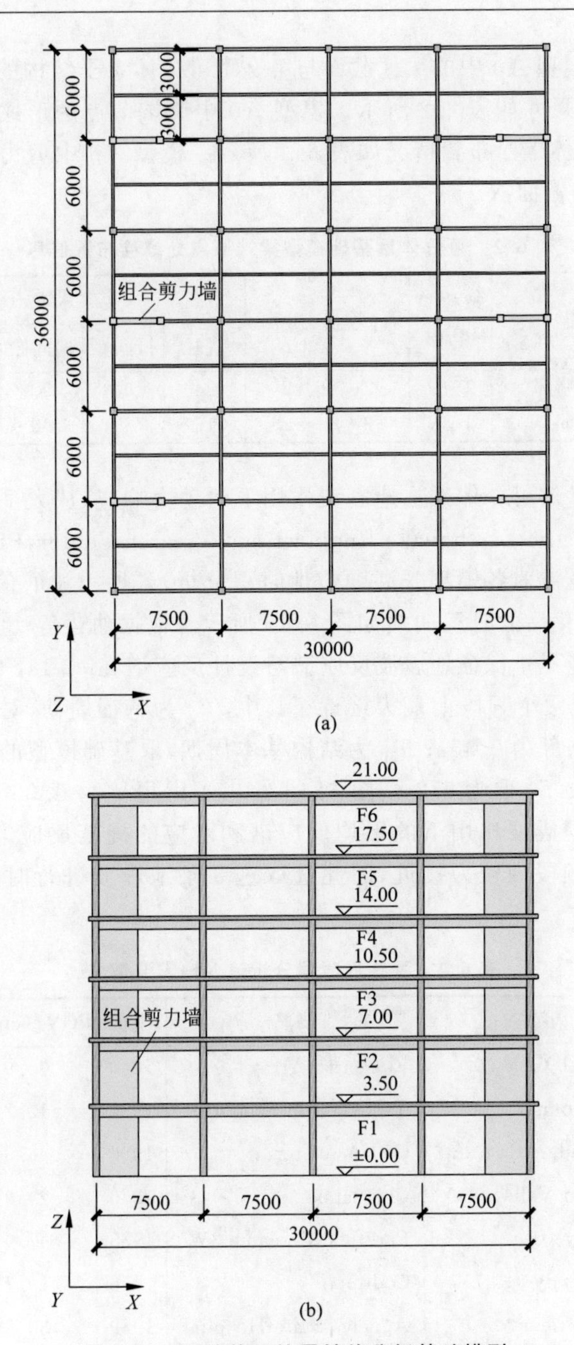

图 6.14　可分体系抗震性能分析基础模型

(a) 平面图；(b) 立面图

单位：mm

基础模型。模型 A0 中的梁柱截面与第 2 章可分体系子结构的设计结果保持一致，具体尺寸如表 2.2 所示。模型 A0 中梁端节点的形式与试验设计保持一致，具体螺栓布置情况如表 6.2 所示。模型 A0 中剪力墙截面采用 6.2 节采用的截面 X。

表 6.2　可分体系基础模型梁端节点处螺栓布置信息

节点位置	螺栓等级/级	行数	列数	布置尺寸/mm				
				直径	行间距	列间距	边距	端距
X/Y 向主梁端部	10.9	2	2	24	90	90	40	60
X 向次梁端部	10.9	2	2	16	60	60	30	40

为充分了解可分体系在地震波作用下的动力响应，从太平洋地震工程研究中心(Pacific Earthquake Engineering Research Center，PEER)数据库选取 8 条地震波对各模型开展弹塑性时程分析，各地震波的信息如表 6.3 所示，其归一化后的时程曲线如图 6.15 所示。根据曲哲等[242]的研究，选取地震波时应尽量保证地震波反应谱与设计反应谱在[0.1s，T_g]和[$T_1-\Delta T_1$，$2.0T_1$]两个频段上最为接近。其中，T_g 为特征周期，对于本节研究的结构设计条件为 0.45s；T_1 为结构基本周期，取基础模型的第一阶自振周期 1.03s；ΔT_1 取为 0.2s。图 6.16 给出了阻尼比为 0.05 的单自由度体系在各条地震波作用下的平均反应谱和对应的规范反应谱，两条曲线在上述两个频段内较为接近，因此选取这 8 条地震波进行时程分析是较为合理的。

表 6.3　弹塑性时程分析输入地震波信息

编号	事件	测站	年份	PGV/(cm/s)	PGA/g
EQ1	Imperial Valley-02	El Centro Array＃9	1940	30.9	0.281
EQ2	Kern County	Taft Lincoln School	1952	15.2	0.159
EQ3	Northridge-01	Carson-Water St	1994	6.3	0.091
EQ4	Imperial Valley-06	Chihuahua	1979	24.9	0.270
EQ5	Coalinga-01	Parkfield-Cholame 3W	1983	7.9	0.098
EQ6	Friuli，Italy-01	Codroipo	1976	10.7	0.062
EQ7	Loma Prieta	Agnews State Hospital	1989	33.5	0.170
EQ8	Superstition Hills-02	Westmorland Fire Sta	1987	23.5	0.172

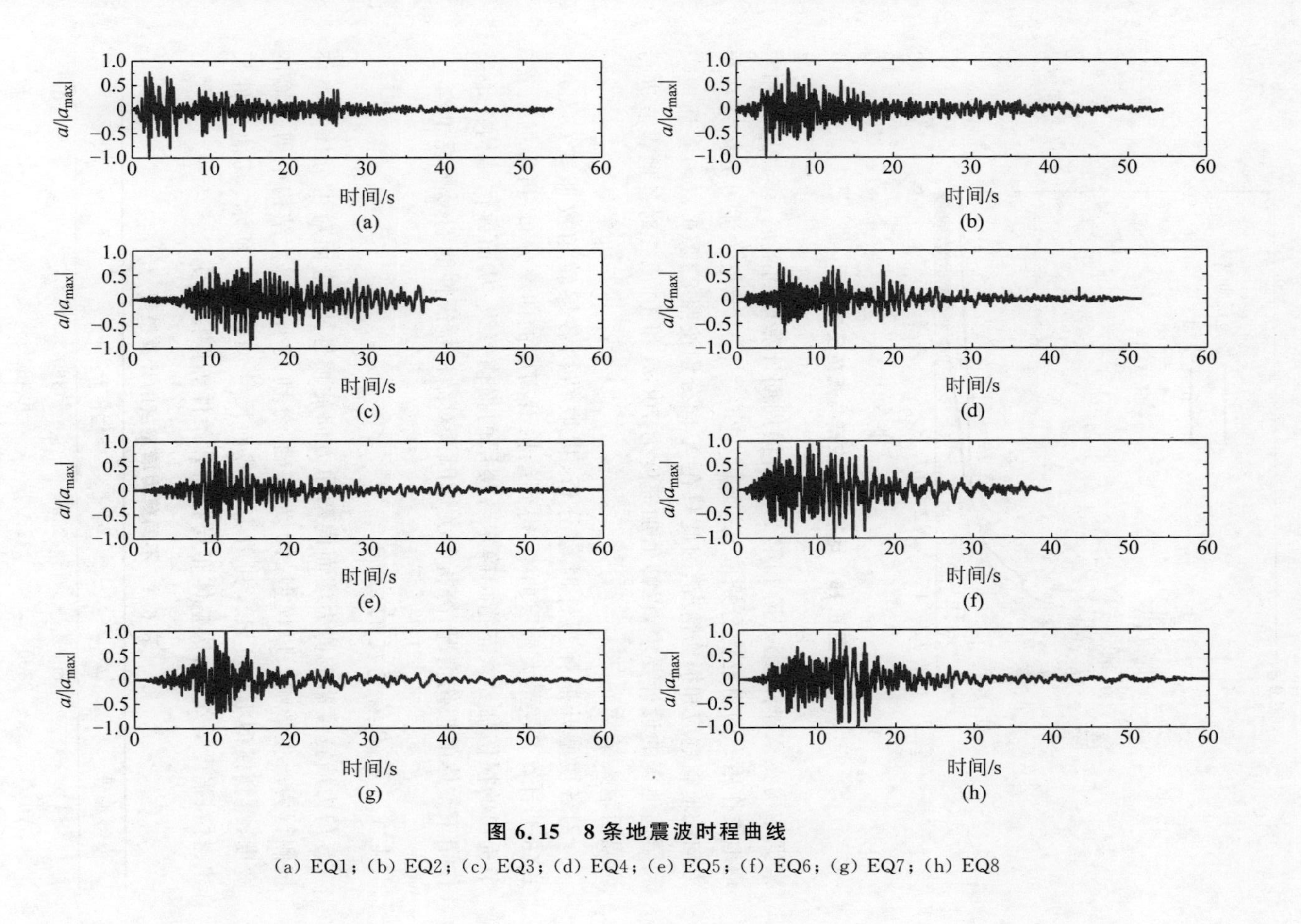

图 6.15　8 条地震波时程曲线

(a) EQ1；(b) EQ2；(c) EQ3；(d) EQ4；(e) EQ5；(f) EQ6；(g) EQ7；(h) EQ8

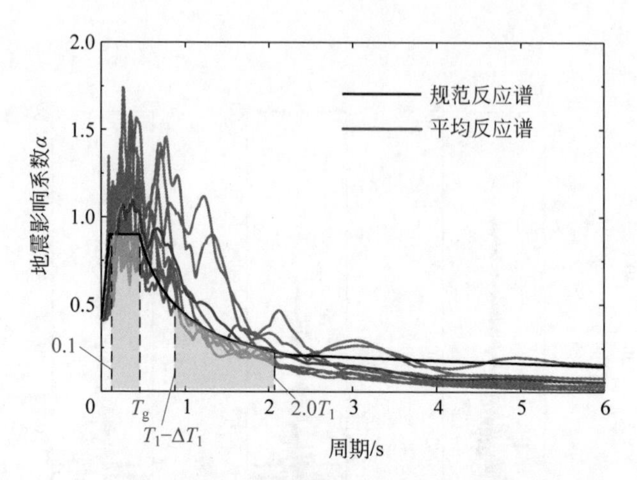

图 6.16　地震波反应谱与规范反应谱

根据结构在 X 向的第 1 阶和第 2 阶自振周期计算瑞利阻尼，多遇地震和罕遇地震作用下的阻尼比分别取 0.04 和 0.05[75]。本节仅关注可分体系在单方向的地震响应和损伤情况，因此只在 X 向分别按照 8 度(0.20g)多遇地震和罕遇地震的设计要求，以峰值加速度为 70Gal 和 400Gal 对各地震波进行调幅后输入结构底部。

对各模型开展弹塑性时程分析，提取结构各层转角按照式(6-2)～式(6-4)计算各层最大楼层曲率，得到结构沿高度的曲率分布，再根据 6.2.3 节提出的损伤临界状态指标确定各楼层的损伤等级，从而评估结构在地震作用下整体的损伤情况，分析各关键因素对结构抗震性能的影响规律。

6.4.1　剪力墙宽度的影响

剪力墙宽度影响剪力墙面内弯曲方向的惯性矩，进而对可分体系整体抗侧行为产生影响。以模型 $A0$ 为基础，分别减小和增大结构中剪力墙的宽度，得到模型 $B1$ 和 $B2$，其剪力墙截面尺寸如表 6.4 所示，其他构件尺寸、材料强度等级、结构整体布局和荷载条件等保持不变。

表 6.4　不同剪力墙宽度的计算模型　　mm

模型编号	l	b_1	b_2	t_1	t_2
$B1$	1800	230	360	10	20
$A0$	2300	230	360	10	20
$B2$	3050	230	360	10	20

在多遇地震下,3 个模型在不同地震波作用下各层的最大楼层曲率包络曲线如图 6.17 所示。各模型在不同地震波作用下表现的曲率分布规律较为一致,最大楼层曲率均出现在 1 层,说明结构整体呈现弯曲变形模式,底部损伤最大。结构在各地震波作用下的楼层曲率沿楼层数的变化趋势比较均匀,由底层向顶层逐渐减小,说明结构在多遇地震作用下整体还处于弹性状态,未出现较大的塑性变形。各模型在地震波 EQ6 和 EQ8 作用下的楼层曲率最大,说明这两条地震波对结构造成的损伤最严重。

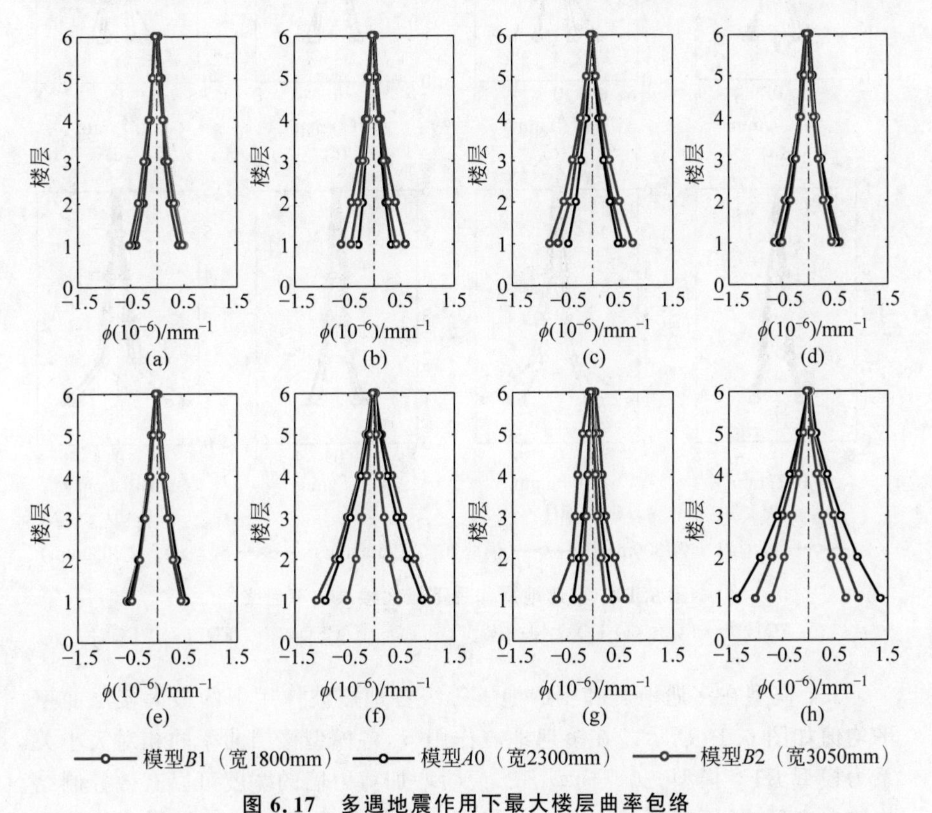

图 6.17 多遇地震作用下最大楼层曲率包络

(a) EQ1；(b) EQ2；(c) EQ3；(d) EQ4；(e) EQ5；(f) EQ6；(g) EQ7；(h) EQ8

在罕遇地震下,3 个模型在不同地震波作用下各层的最大楼层曲率包络曲线如图 6.18 所示。与多遇地震作用下结构表现出的楼层曲率分布规律不同的是,各模型在罕遇地震作用下的 1 层曲率相比于其他层均表现出不同程度的陡然增大的趋势,这一情况在 EQ6 和 EQ8 两条地震波作用下表现得尤为突出。这说明,结构在罕遇地震作用下已经进入塑性变形阶段。在弯曲破坏模式主导的条件下,1 层塑性变形的发展最为严重,楼层曲率发生突变,形成薄弱层。

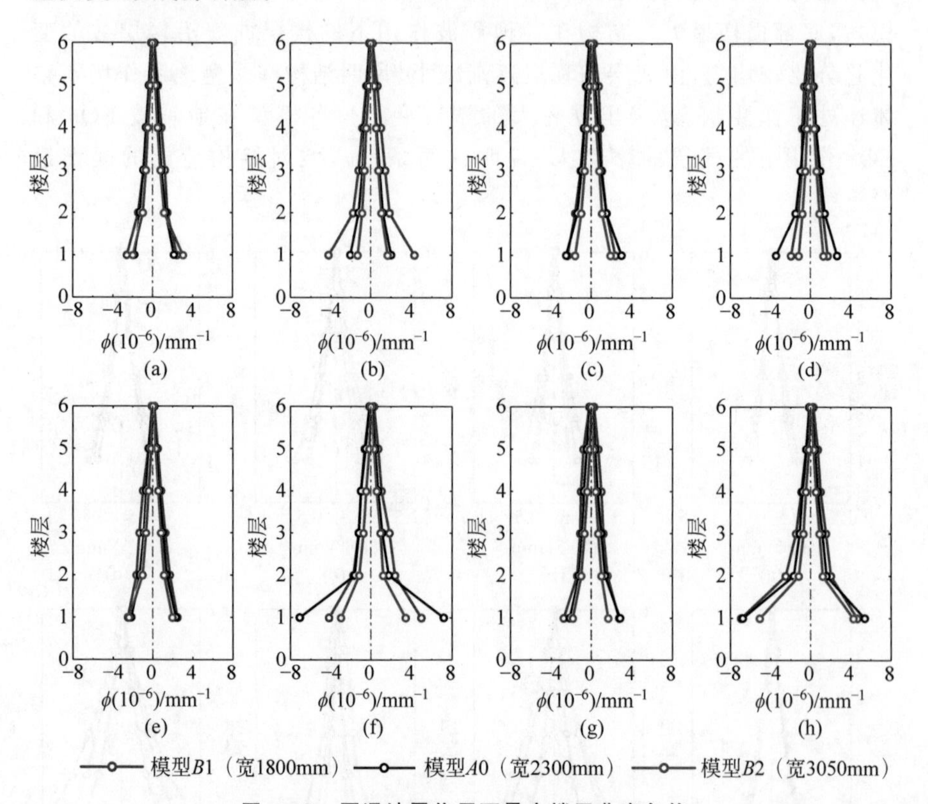

图 6.18 罕遇地震作用下最大楼层曲率包络

(a) EQ1; (b) EQ2; (c) EQ3; (d) EQ4; (e) EQ5; (f) EQ6; (g) EQ7; (h) EQ8

3 个模型在多遇地震和罕遇地震等级各地震波作用下的最大楼层曲率平均值如图 6.19 所示。在多遇地震作用下,各模型楼层曲率的相对大小关系为模型 $B1$>模型 $A0$>模型 $B2$,说明增加剪力墙的宽度可以有效控制结构侧向变形,从而减缓楼层曲率的发展。各模型在罕遇地震作用下的楼层曲率大小关系与多遇地震作用下表现的规律基本一致。但是,模型 $A0$ 在 1 层的曲率较大,接近甚至超过剪力墙宽度最小的模型 $B1$,其原因可能是模型 $A0$ 所在的频谱区间正好与选取的地震波相符,地震响应比其他模型更大,因此在罕遇地震作用下的塑性发展程度也更深。

从各计算模型中提取各楼层剪力墙轴力,根据 6.2 节提出的损伤临界

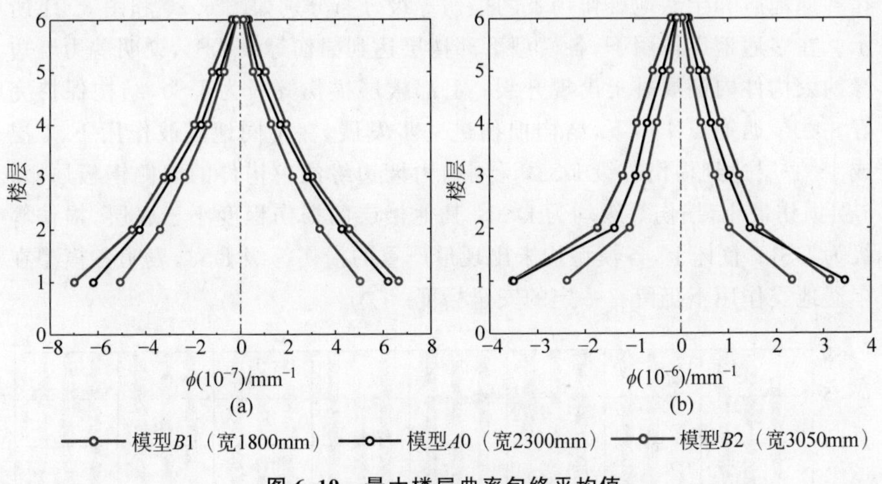

图 6.19　最大楼层曲率包络平均值

(a) 多遇地震；(b) 罕遇地震

状态确定方法可以计算得到 3 个模型各楼层的临界曲率 ϕ_1、ϕ_2 和 ϕ_3，如表 6.5 所示。对于每个模型而言，临界曲率 ϕ_1 和 ϕ_2 由于受拉破坏控制，随楼层的增加，轴压力减小，临界曲率缓慢减小；临界曲率 ϕ_3 为受压破坏控制，曲率随楼层增加而增大。3 个模型的临界曲率随剪力墙宽度的增加呈现明显减小趋势，其中，模型 $B2$ 一层的临界曲率 ϕ_1、ϕ_2 和 ϕ_3 仅分别为模型 $B1$ 的 46.4%、48.2%和 27.6%，其原因已经在 6.3.3 节进行了详细分析。

表 6.5　各模型损伤临界状态曲率　　10^{-7}/mm^{-1}

楼层	模型 $B1$			模型 $A0$			模型 $B2$		
	ϕ_1	ϕ_2	ϕ_3	ϕ_1	ϕ_2	ϕ_3	ϕ_1	ϕ_2	ϕ_3
1	3.51	25.3	265	2.41	17.7	136	1.63	12.2	73.2
2	3.39	25.2	285	2.33	17.6	139	1.58	12.1	75.1
3	3.28	25.0	313	2.26	17.5	144	1.53	12.1	77.0
4	3.16	24.8	341	2.18	17.4	153	1.48	12.0	78.8
5	3.04	24.6	366	2.10	17.3	161	1.44	12.0	80.6
6	2.93	24.5	398	2.03	17.2	169	1.39	11.9	82.4

根据表 6.5 列出的损伤临界状态曲率，采用 6.2.3 节提出的损伤状态判断标准，可以得到 3 个模型在不同地震波作用下的各楼层损伤等级，结构

在多遇地震和罕遇地震作用下的损伤等级分布分别如图 6.20 和图 6.21 所示。在多遇地震作用下，各模型下部楼层达到损伤等级 DS1，说明剪力墙边缘约束构件内侧混凝土出现开裂；上部楼层损伤等级为 DS0，结构保持完好。在罕遇地震作用下，结构损伤进一步发展，在不同地震波作用下，1 层或 1～2 层达到损伤等级 DS2，说明剪力墙边缘约束构件的内侧钢板屈服；6 层损伤最小，损伤等级均为 DS0；其他楼层的损伤程度小于底层，损伤等级为 DS1；整体上，各模型均未出现最严重的损伤等级 DS3，表明各模型在罕遇地震作用下仍留有一定的安全裕度。

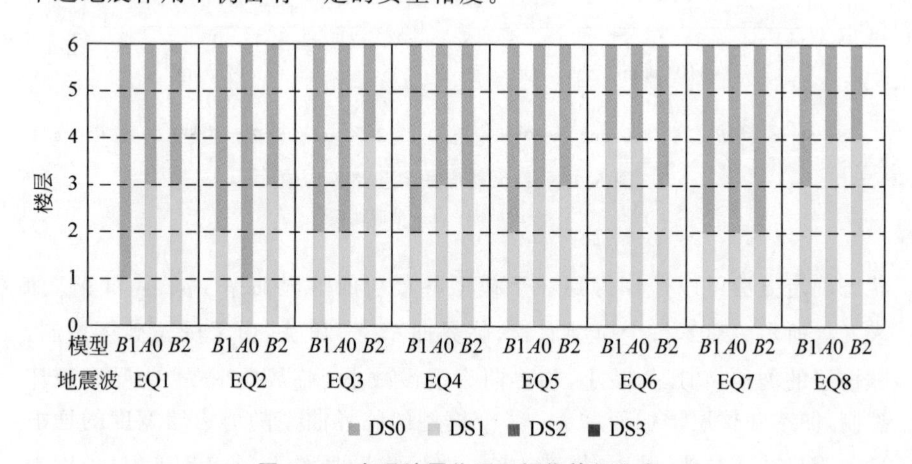

图 6.20 多遇地震作用下损伤等级分布

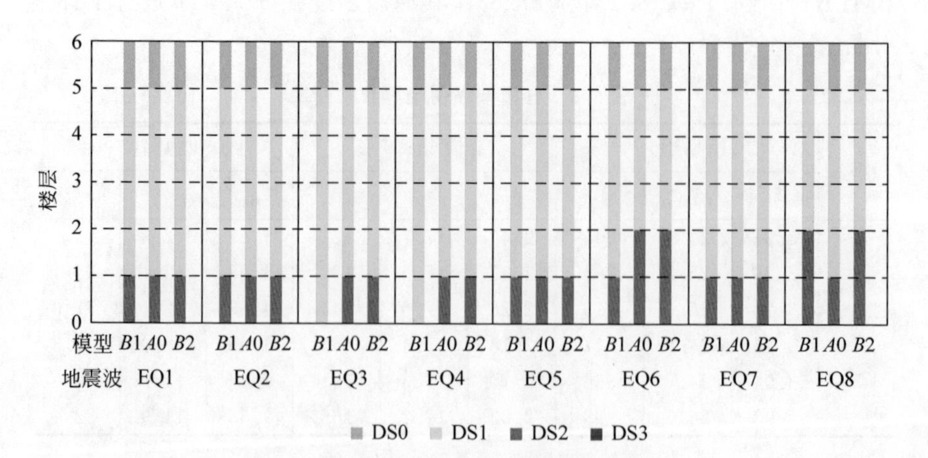

图 6.21 罕遇地震作用下损伤等级分布

对比各模型的损伤等级可以发现，模型 $B2$ 在很多地震波作用下的损伤程度反而比模型 $B1$ 和 $A0$ 严重，这是由于虽然剪力墙宽度的增加有助于降低楼层曲率，但会导致损伤临界状态曲率大幅降低，即损伤状态的判断标准更为严格。因此，剪力墙宽度较大的模型 $B2$ 的一些楼层的损伤等级高于其他模型。这一结论对可分体系的设计具有启示意义，一味增加剪力墙宽度以期控制楼层曲率发展不一定能降低结构的损伤程度，选择合适的剪力墙宽度使楼层曲率和损伤临界状态曲率达到平衡对结构抗震性能更为有利。

6.4.2　剪力墙厚度的影响

剪力墙厚度同样会影响剪力墙面内弯曲方向的惯性矩，进而对可分体系的整体抗侧行为产生影响。考虑到模型 $A0$ 中剪力墙墙肢的总厚度仅为 250mm，从构造和加工角度不宜再减小厚度。因此，在模型 $A0$ 的基础上，增大结构中剪力墙的厚度，使墙肢的总厚度分别为 300mm 和 350mm，并保证剪力墙墙肢混凝土与钢板厚度之比 b_1/t_1、边缘约束构件混凝土与钢板厚度之比 b_2/t_2，以及墙肢总厚度与边缘约束构件总厚度之比 $(b_1+2t_1)/(b_2+2t_2)$ 不变，得到模型 $C1$ 和模型 $C2$，其剪力墙截面尺寸见表 6.6，其他构件尺寸、材料强度等级、结构整体布局和荷载条件等保持不变。

表 6.6　不同剪力墙厚度的计算模型　mm

模型编号	l	b_1	b_2	t_1	t_2
$A0$	2300	230	360	10	20
$C1$	2300	276	432	12	24
$C2$	2300	322	504	14	28

在多遇地震下，3 个模型在不同地震波作用下各层的最大楼层曲率包络曲线如图 6.22 所示。各模型的楼层曲率随楼层的增加而逐渐减小，符合结构的弯曲变形模式，且曲率沿楼层高度基本呈线性分布，表明结构尚在弹性阶段。3 个模型在地震波 EQ6 和 EQ8 作用下的楼层曲率最大，但相对大小的规律却不太一样。在地震波 EQ6 的作用下，3 个模型的楼层曲率十分接近；在地震波 EQ8 作用下，模型 $A0$ 的楼层曲率最大，模型 $C1$ 次之，模型 $C2$ 最小，体现了地震波的随机性。因此，有必要对结构在不同地震波作

用下的表现进行分析并进行整体统计以掌握其内在规律。

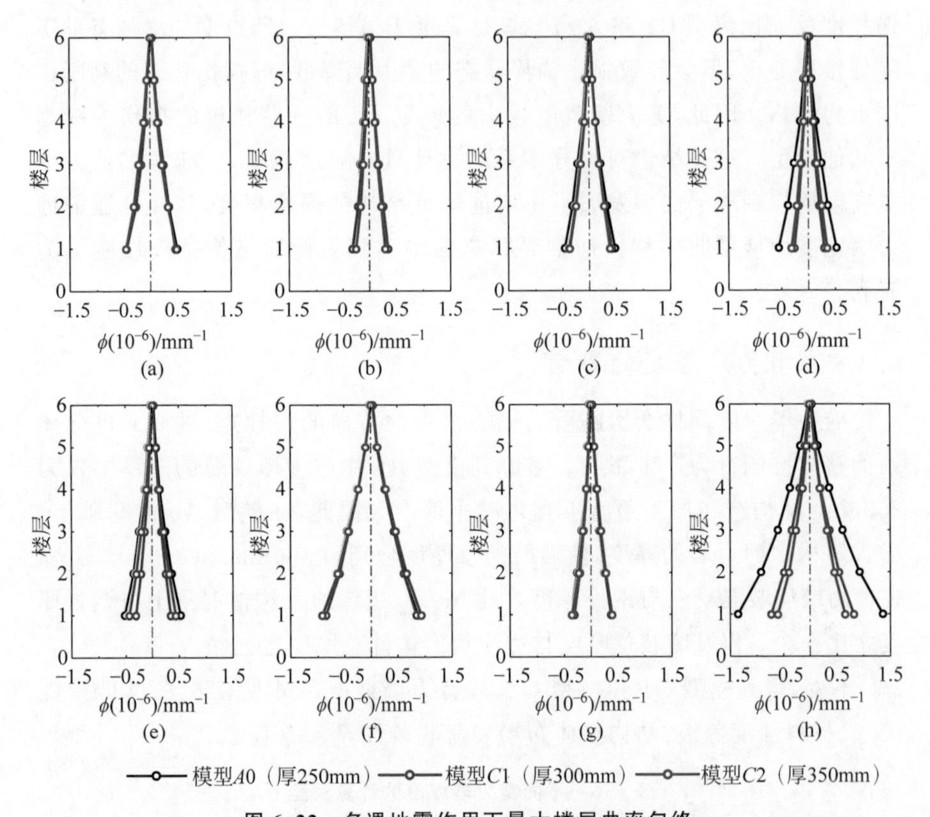

图 6.22 多遇地震作用下最大楼层曲率包络

(a) EQ1；(b) EQ2；(c) EQ3；(d) EQ4；(e) EQ5；(f) EQ6；(g) EQ7；(h) EQ8

在罕遇地震下，3 个模型在不同地震波作用下各层的最大楼层曲率包络曲线如图 6.23 所示。在罕遇地震作用下，结构塑性发展，损伤程度更严重，在一些地震波的作用下，1 层楼层曲率出现陡增情况。与多遇地震类似，各模型在地震波 EQ6 和 EQ8 作用下的底部楼层曲率发展最快，1 层曲率远大于其他楼层。值得注意的是，3 个模型在多遇地震等级的 EQ6 作用下楼层曲率无明显差别，但是在罕遇地震等级的 EQ6 作用下，剪力墙厚度最小的模型 A0 1 层曲率远大于其他模型，说明结构在不同强度等级的地震作用下表现出的规律不一定相同。

3 个模型在多遇地震和罕遇地震等级各地震波作用下的最大楼层曲率平均值如图 6.24 所示。在多遇地震作用下，各模型楼层曲率的相对大小关

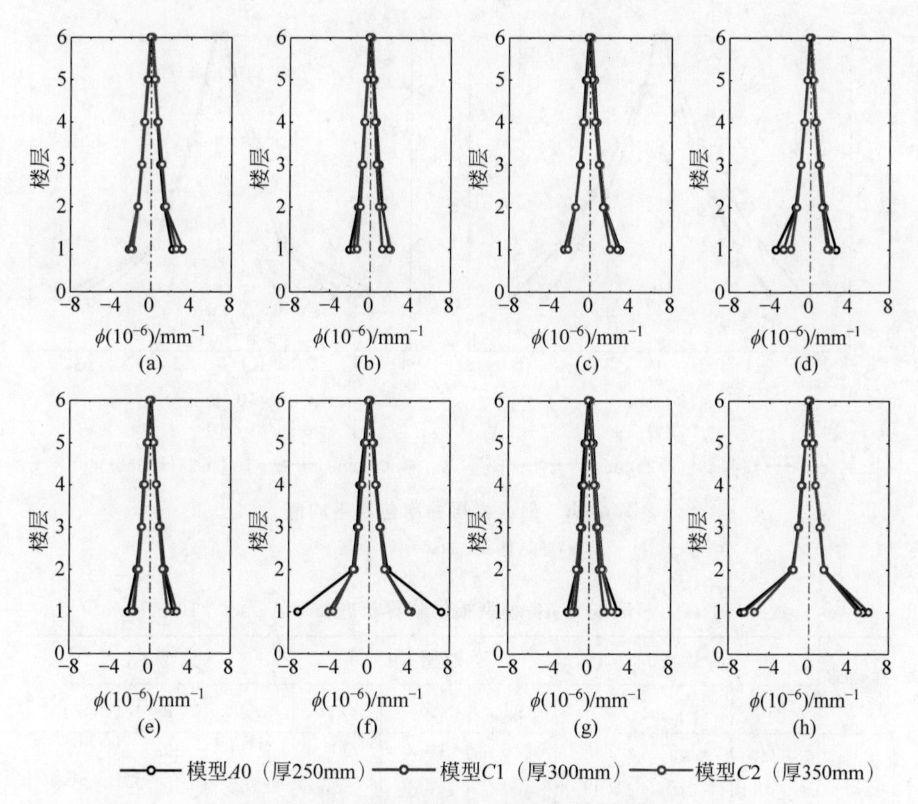

图 6.23　罕遇地震作用下最大楼层曲率包络

(a) EQ1；(b) EQ2；(c) EQ3；(d) EQ4；(e) EQ5；(f) EQ6；(g) EQ7；(h) EQ8

系为模型 $A0$>模型 $C1$≈模型 $C2$，说明适当增加剪力墙的厚度可以在一定程度上控制结构侧向变形，减缓楼层曲率发展，但当厚度达到一定程度后，其控制楼层曲率的效率便会降低。在罕遇地震作用下，各模型 2～6 层的曲率较为接近，但 1 层曲率有明显差别，大小关系为模型 $A0$>模型 $C1$>模型 $C2$，说明增加剪力墙的厚度有利于控制结构塑性发展，避免薄弱层过早出现。

3 个模型各楼层的临界曲率 ϕ_1、ϕ_2 和 ϕ_3 如表 6.7 所示。随剪力墙厚度的增加，模型的 3 个临界曲率呈现逐渐增大的趋势，尤其是临界曲率 ϕ_3 的增幅最快，这主要是由于剪力墙边缘约束构件的尺寸随剪力墙厚度等比例增加，所以损伤临界状态对应的曲率也随之增大。

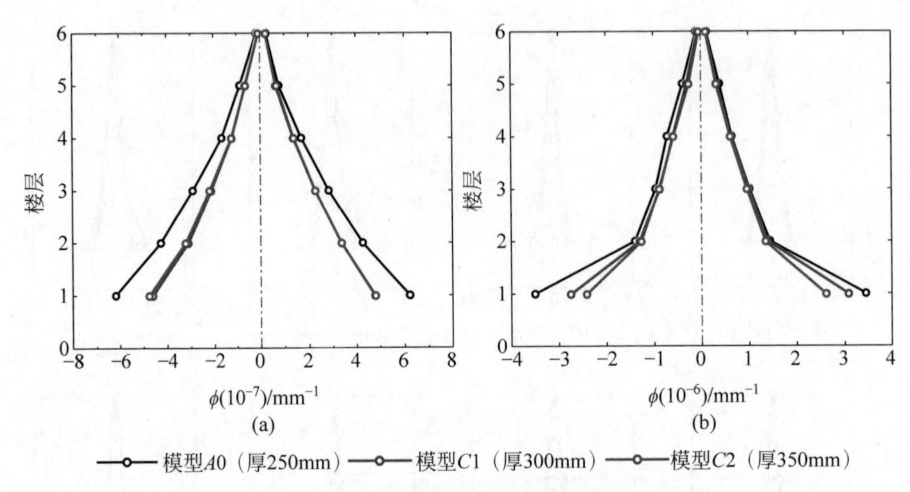

图 6.24　最大楼层曲率包络平均值

(a)多遇地震；(b) 罕遇地震

表 6.7　各模型损伤临界状态曲率　　10^{-7}/mm^{-1}

楼层	模型 $A0$			模型 $C1$			模型 $C2$		
	ϕ_1	ϕ_2	ϕ_3	ϕ_1	ϕ_2	ϕ_3	ϕ_1	ϕ_2	ϕ_3
1	2.41	17.7	136	2.53	19.0	201	2.71	20.6	305
2	2.33	17.6	139	2.47	18.9	215	2.65	20.5	324
3	2.26	17.5	144	2.40	18.8	225	2.59	20.4	343
4	2.18	17.4	153	2.33	18.7	235	2.52	20.3	364
5	2.10	17.3	161	2.26	18.6	246	2.46	20.2	403
6	2.03	17.2	169	2.19	18.5	256	2.39	20.1	483

模型 $A0$、$B1$ 和 $B2$ 在多遇地震和罕遇地震作用下的损伤等级分布分别如图 6.25 和图 6.26 所示。在多遇地震作用下，各模型下部楼层达到损伤等级 DS1，说明剪力墙端柱内侧混凝土出现开裂；上部楼层达到损伤等级 DS0，结构保持完好。在罕遇地震作用下，大部分模型底层达到损伤等级 DS2，表明剪力墙边缘约束构件内侧钢板屈服，但也有个别模型底层的损伤程度较小，仍处于损伤等级 DS1；结构中间楼层处于损伤等级 DS1；顶部楼层处于损伤等级 DS0。

对比模型 $A0$、模型 $B1$ 和模型 $B2$ 的损伤等级可以发现，对于大部分地震波而言，增加剪力墙的厚度可以减轻结构的损伤程度，这一方面是由于楼

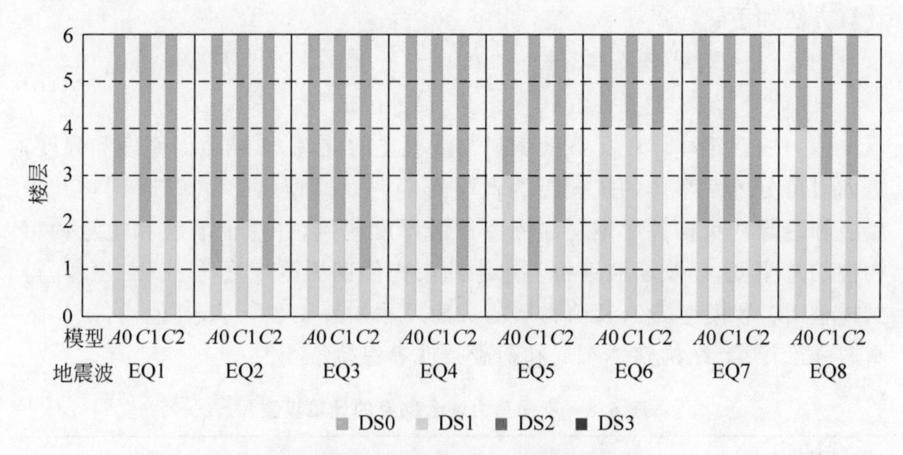

图 6.25　多遇地震作用下损伤等级分布

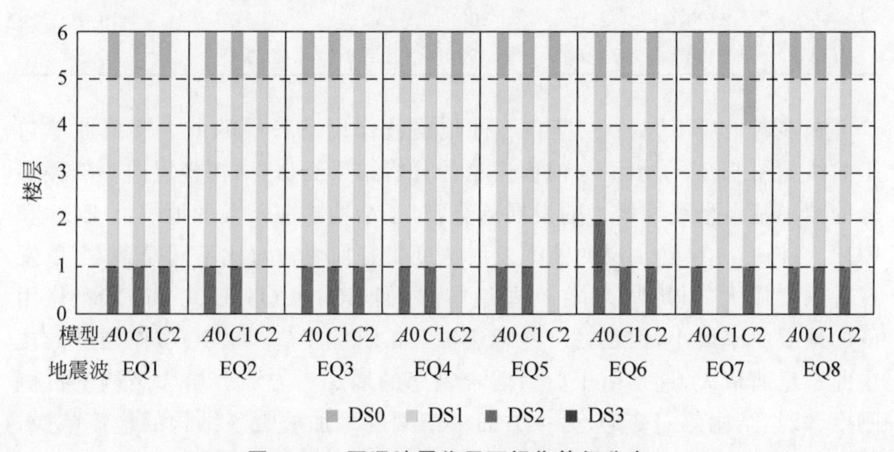

图 6.26　罕遇地震作用下损伤等级分布

层曲率的降低,另一方面要归功于损伤临界状态曲率的增大。可见,在可分体系设计时,在不影响建筑使用要求的情况下,适当增加剪力墙墙肢厚度,以及增加与其成比例的边缘约束构件的厚度有助于控制结构在地震作用下的损伤发展,避免薄弱层的出现。

6.4.3　剪力墙含钢率的影响

剪力墙含钢率 ρ 的定义为剪力墙中钢材截面面积占总截面面积的百分比,对于本书研究的双钢板-混凝土组合剪力墙截面形式,剪力墙含钢率的计算方法如下：

$$\rho=\frac{A_s}{A_w}=\frac{2[l-2(b_2+2t_2)]t_1+2[(b_2+2t_2)^2-b_2^2]}{[l-2(b_2+2t_2)](b_1+2t_1)+(b_2+2t_2)^2} \tag{6-12}$$

剪力墙含钢率体现了截面钢材与混凝土的比例，影响截面刚度和强度，进而对可分体系整体的抗侧行为产生影响。以模型 $A0$ 为基础，调整其中墙肢和边缘约束构件中钢材和混凝土的厚度比例，并保证墙肢和边缘约束构件的总厚度，以及墙肢钢板与边缘约束构件钢板厚度之比 t_1/t_2 不变，得到模型 $D1$ 和模型 $D2$，其剪力墙的截面尺寸如表 6.8 所示，其他构件尺寸、材料强度等级、结构整体布局和荷载条件等保持不变。

表 6.8 不同剪力墙含钢率的计算模型

模型编号	l/mm	b_1/mm	b_2/mm	t_1/mm	t_2/mm	含钢率 ρ/%
$D1$	2300	234	368	8	16	10.5
$A0$	2300	230	360	10	20	13.1
$D2$	2300	226	352	12	24	15.6

在多遇地震下，3 个模型在不同地震波作用下各层的最大楼层曲率包络曲线如图 6.27 所示。与前面模型的分析结果类似，结构楼层曲率随楼层号的减小基本呈线性增大的发展趋势，对于结构响应较大的地震波 EQ6 和 EQ8，结构在 3 层到 1 层的曲率发展速度略有加快。对比不同模型，可以发现含钢率最大的模型 $D2$ 在有些地震波（如 EQ1、EQ5、EQ6 和 EQ8）作用下的楼层曲率最小，但在另一些地震波（如 EQ3、EQ4 和 EQ7）作用下的楼层曲率反而最大，这是由于剪力墙含钢率的增加一方面会增大结构的抗侧刚度、减小结构侧向变形，另一方面由于刚度增加放大了结构的地震响应。因此，剪力墙含钢率对可分体系抗震性能的影响是复杂的，在不同地震波作用下的表现也不尽相同。

在罕遇地震下，3 个模型在不同地震波作用下各层的最大楼层曲率包络曲线如图 6.28 所示。在地震波 EQ6 和 EQ8 的作用下，各模型 1 层的曲率远大于上部楼层，表明 1 层的塑性发展较为严重，这也符合可分体系的弯曲破坏模式。

3 个模型在多遇地震和罕遇地震等级各地震波作用下的最大楼层曲率平均值如图 6.29 所示。在多遇地震作用下，各模型楼层的曲率均较为接近，这表明在结构整体处于弹性阶段时，增加剪力墙的含钢率会增大结构整体的刚度，放大地震响应，对控制结构侧向变形没有明显效果。在罕遇地震

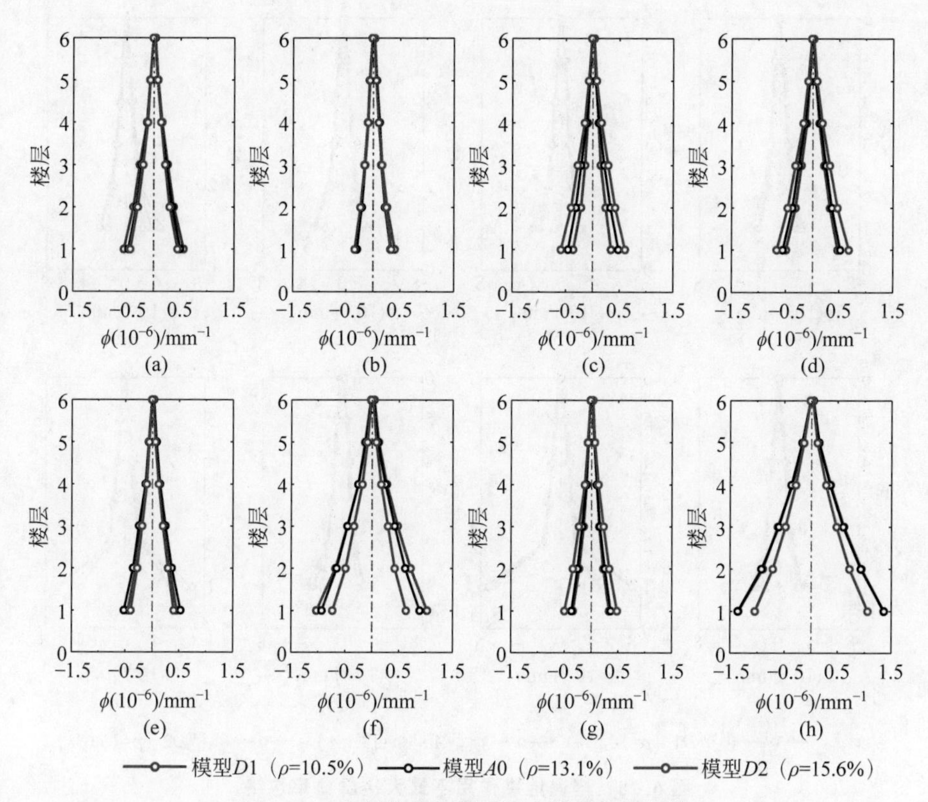

图 6.27　多遇地震作用下最大楼层曲率包络

(a) EQ1；(b) EQ2；(c) EQ3；(d) EQ4；(e) EQ5；(f) EQ6；(g) EQ7；(h) EQ8

作用下，各模型在变形和损伤较小的 2～6 层的曲率无明显差别，但 1 层曲率的大小关系为模型 $A0$>模型 $D1$>模型 $D2$，说明当结构进入塑性变形阶段时，含钢率增加可增大截面强度，从而控制塑性的进一步发展，有助于控制结构变形和减缓软弱层的出现。

3 个模型各楼层的临界曲率 ϕ_1、ϕ_2 和 ϕ_3 如表 6.9 所示。从表中可以看出，随剪力墙含钢率的增加，临界曲率 ϕ_1 和 ϕ_2 的变化幅度很小，而对应于混凝土压溃状态的临界曲率 ϕ_3 则呈显著减小趋势，其原因和 6.3.1 节分析的剪力墙墙肢钢板厚度对临界曲率 ϕ_3 的影响机制类似，在小轴压比的情况下，含钢率的增加会使混凝土压溃临界状态下的剪力墙截面中和轴由靠近受压侧向中点移动，从而使临界曲率 ϕ_3 减小。

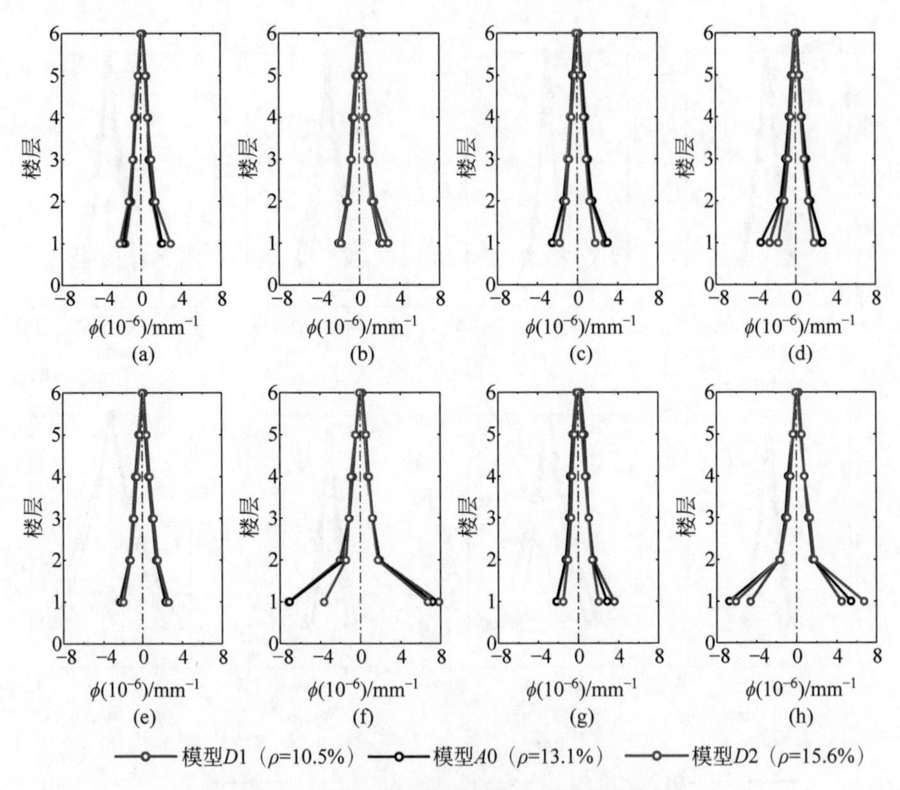

图 6.28　罕遇地震作用下最大楼层曲率包络

(a) EQ1；(b) EQ2；(c) EQ3；(d) EQ4；(e) EQ5；(f) EQ6；(g) EQ7；(h) EQ8

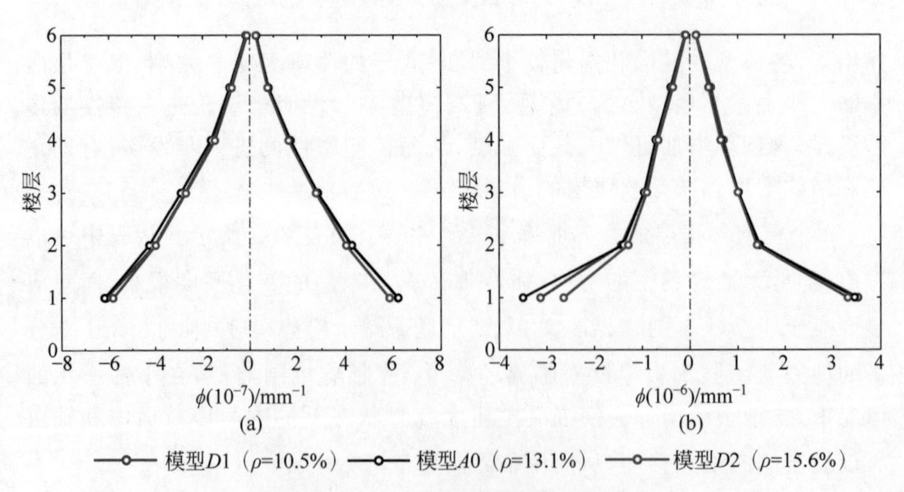

图 6.29　最大楼层曲率包络平均值

(a)多遇地震；(b) 罕遇地震

表 6.9　各模型损伤临界状态曲率　$10^{-7}/mm^{-1}$

楼层	模型 $D1$			模型 $A0$			模型 $D2$		
	ϕ_1	ϕ_2	ϕ_3	ϕ_1	ϕ_2	ϕ_3	ϕ_1	ϕ_2	ϕ_3
1	2.41	17.2	184	2.41	17.7	136	2.42	18.1	111
2	2.33	17.1	193	2.33	17.6	139	2.35	18.0	116
3	2.25	17.0	201	2.26	17.5	144	2.28	17.9	120
4	2.17	16.9	212	2.18	17.4	153	2.21	17.8	125
5	2.08	16.8	223	2.10	17.3	161	2.14	17.7	128
6	2.00	16.7	234	2.03	17.2	169	2.06	17.6	132

模型 $D1$、模型 $A0$ 和模型 $D2$ 在多遇地震和罕遇地震作用下的损伤等级分布分别如图 6.30 和图 6.31 所示。在多遇地震作用下，各模型下部楼层的剪力墙边缘约束构件内侧混凝土出现开裂，损伤等级为 DS1；上部楼层保持完好，损伤等级为 DS0。在罕遇地震作用下，绝大部分模型的 1 层均发生钢板屈服，损伤等级上升至 DS2；6 层损伤等级仍为 DS0；中间楼层损伤等级为 DS1。值得注意的是，虽然剪力墙含钢率的增加会使临界曲率 ϕ_3 减小，但各模型在罕遇地震作用下的最大楼层曲率均未达到 ϕ_3，结构未出现最高损伤等级 DS3。

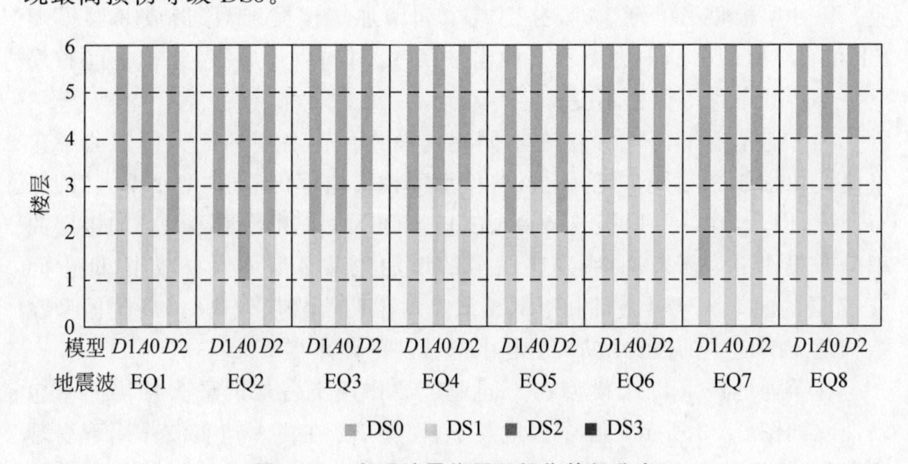

图 6.30　多遇地震作用下损伤等级分布

对比各模型的损伤等级可以发现，在多遇地震下，随着剪力墙含钢率的变化，结构在各条地震波作用下损伤等级的分布无明显统一的变化规律；在罕遇地震下，增加剪力墙含钢率则会降低一些地震波（EQ4、EQ6 和

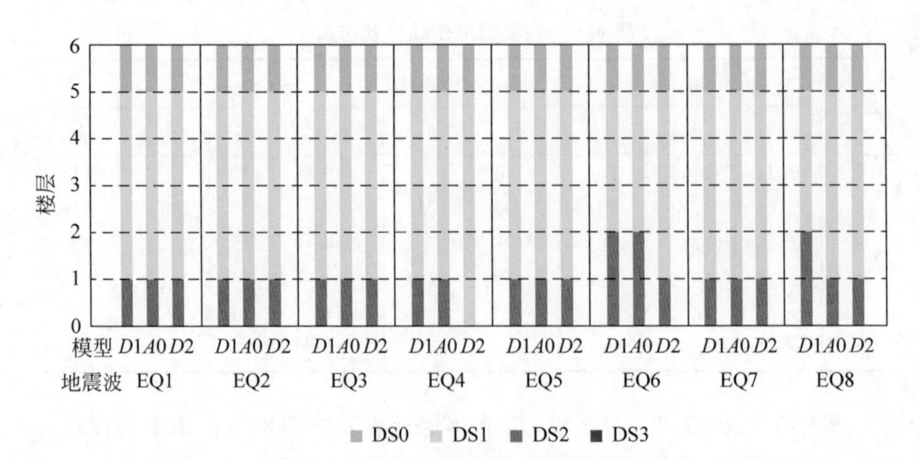

图 6.31 罕遇地震作用下损伤等级分布

EQ8)作用下结构 1～2 层的损伤等级,结构底部塑性发展程度较深,剪力墙截面强度的增加对控制结构损伤起主导作用。

6.4.4 楼层数的影响

楼层数直接影响结构整体高度,进而影响结构在地震作用下的力学响应。以 6 层模型 $A0$ 为基础,分别减少和增加结构楼层数,形成 3 层模型 $E1$ 和 9 层模型 $E2$,剪力墙和其他构件尺寸、材料强度等级、结构平面布局及每层荷载条件等保持不变。

在多遇地震下,3 个模型在不同地震波作用下各层的最大楼层曲率包络曲线如图 6.32 所示。整体上,各模型的楼层曲率仍呈现"上小下大"的分布规律,但是,在一些地震波(EQ2、EQ5、EQ8)的作用下,模型 $E2$ 的楼层曲率分布规律更为复杂,曲率随楼层号的增加先减小后增大再减小,即中间 5～7 层的曲率大于其上部和下部楼层。这说明当楼层较高时,高阶振型在结构地震响应中的占比增加,引起中部楼层的曲率增大。

在罕遇地震下,3 个模型在不同地震波作用下各层的最大楼层曲率包络曲线如图 6.33 所示。在罕遇地震下,模型 $E2$ 在更多地震波作用下表现出了上述"中间楼层曲率增加"的分布规律,说明地震强度的增加使得结构更容易表现出高阶振型,这一结论在 Xiong 等[238]的研究中也得到印证。另一方面,模型 $E2$ 变形模式的改变也减小了结构底层的曲率,在地震波 EQ6 和 EQ8 作用下,模型 $A0$ 1 层的曲率陡然增大,而模型 $E2$ 1 层的曲率增大幅度相对较小。

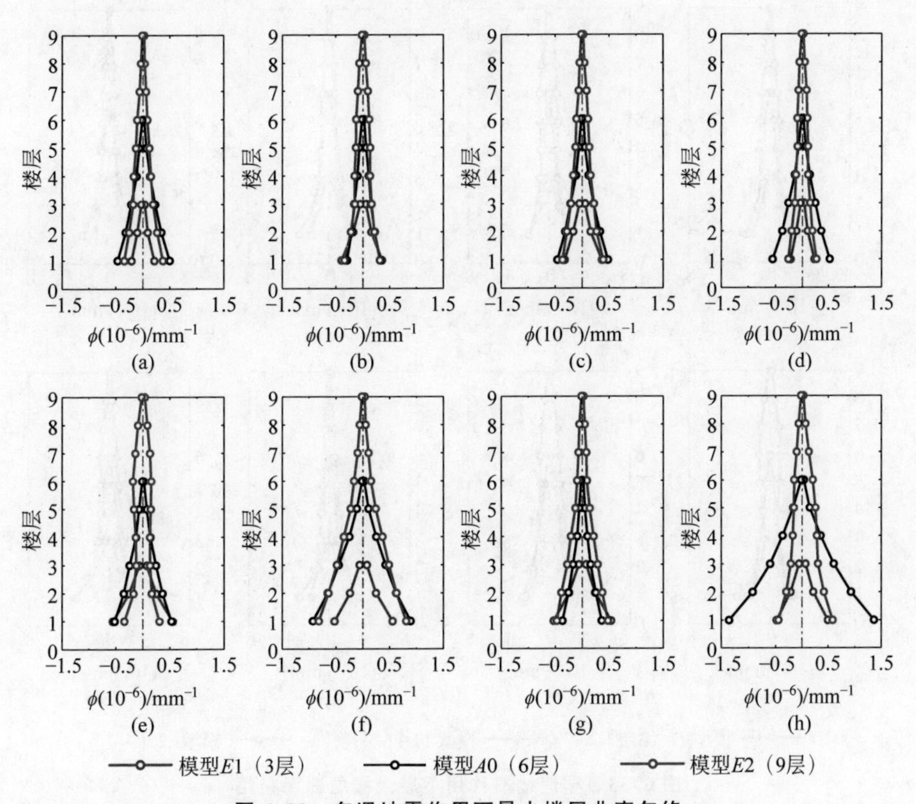

图 6.32　多遇地震作用下最大楼层曲率包络

(a) EQ1；(b) EQ2；(c) EQ3；(d) EQ4；(e) EQ5；(f) EQ6；(g) EQ7；(h) EQ8

3 个模型在多遇地震和罕遇地震等级各地震波作用下的最大楼层曲率平均值如图 6.34 所示。在多遇地震作用下，模型 $E1$ 和模型 $A0$ 的楼层曲率随楼层号的变化速率较为接近，但模型 $E2$ 的变化速率明显小于其他两个模型，模型 $E2$ 的 1 层曲率与模型 $E1$ 接近，远小于模型 $A0$，模型 $E2$ 的 5 层及以上曲率又大于模型 $A0$，说明较高的结构在地震作用下各楼层曲率之间的差异较小。在罕遇地震作用下，3 个模型的楼层曲率分布规律与多遇地震大体相似，不同的是，模型 $A0$ 的 1 层曲率相比其他层显著增大，而模型 $E1$ 和 $E2$ 的 1 层曲率的增加幅度略小，且曲率值也明显小于模型 $A0$，说明结构楼层数对整体变形模式、损伤发展情况和软弱层的形成影响显著。

3 个模型各楼层的临界曲率 ϕ_1、ϕ_2 和 ϕ_3 如表 6.10 所示。对于各模型的同一楼层而言，临界曲率 ϕ_1 和 ϕ_2 随结构总楼层数的增加而增大，而临界

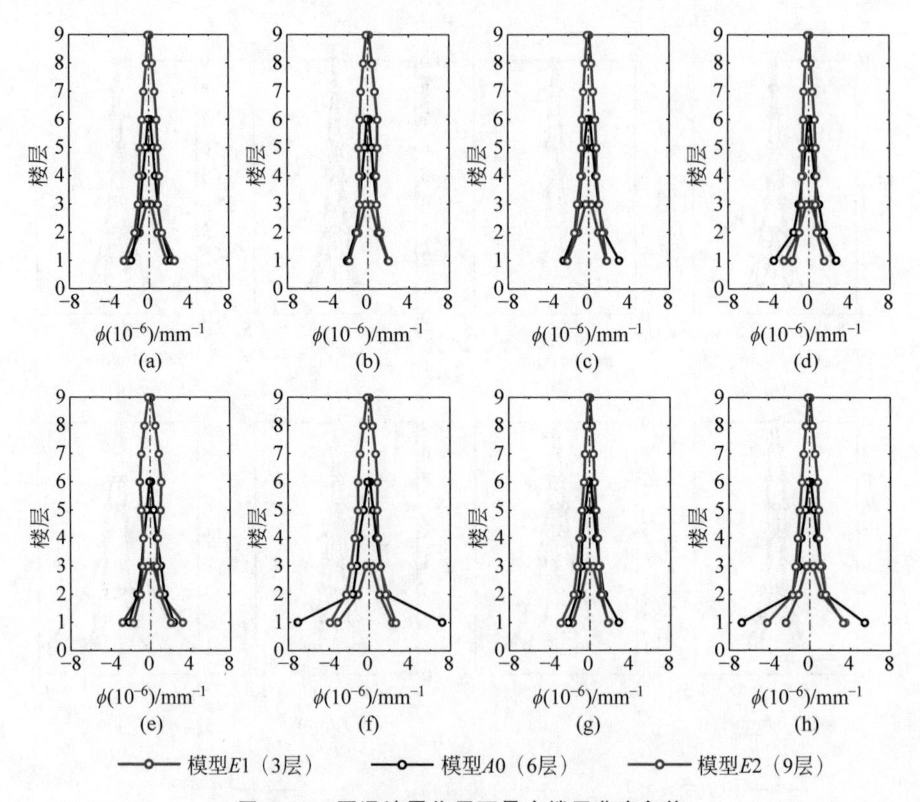

图 6.33　罕遇地震作用下最大楼层曲率包络

(a) EQ1；(b) EQ2；(c) EQ3；(d) EQ4；(e) EQ5；(f) EQ6；(g) EQ7；(h) EQ8

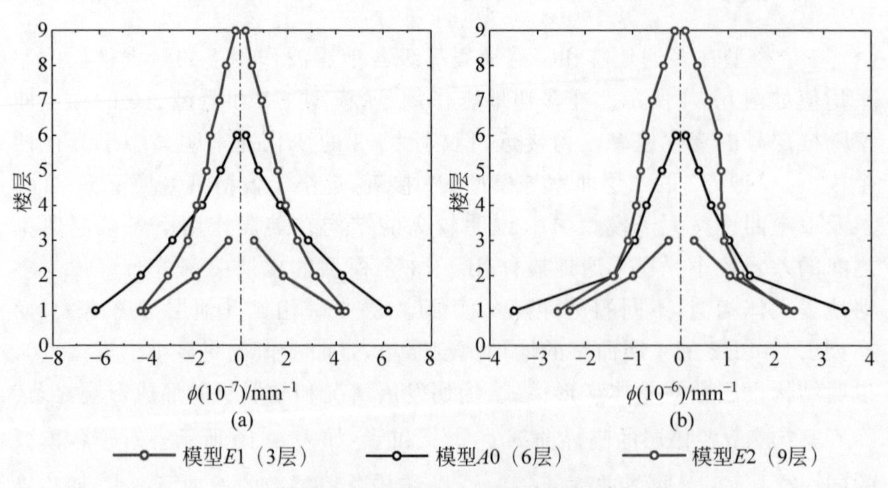

图 6.34　最大楼层曲率包络平均值

(a) 多遇地震；(b) 罕遇地震

曲率 ϕ_3 则随结构总楼层数的增加而减小，这是由于对每个模型而言，临界曲率 ϕ_1 和 ϕ_2 是由受拉破坏控制，临界曲率 ϕ_3 则是由受压破坏控制，总楼层数增加，结构上层传下来的竖向荷载增加，剪力墙轴压力增大，使受拉破坏对应的临界曲率增大，受压破坏对应的临界曲率减小。

表 6.10 各模型损伤临界状态曲率 $10^{-7}/\mathrm{mm}^{-1}$

楼层	模型 $E1$			模型 $A0$			模型 $E2$		
	ϕ_1	ϕ_2	ϕ_3	ϕ_1	ϕ_2	ϕ_3	ϕ_1	ϕ_2	ϕ_3
1	2.18	17.4	153	2.41	17.7	136	2.65	18.0	122
2	2.10	17.3	161	2.33	17.6	139	2.57	17.9	127
3	2.03	17.2	169	2.26	17.5	144	2.49	17.8	131
4	—	—	—	2.18	17.4	153	2.42	17.7	135
5	—	—	—	2.10	17.3	161	2.34	17.6	139
6	—	—	—	2.03	17.2	169	2.26	17.5	144
7	—	—	—	—	—	—	2.18	17.4	144
8	—	—	—	—	—	—	2.11	17.3	172
9	—	—	—	—	—	—	2.03	17.2	169

模型 $E1$、模型 $A0$ 和模型 $E2$ 在多遇地震和罕遇地震作用下的损伤等级分布分别如图 6.35 和图 6.36 所示。在多遇地震作用下，绝大多数模型下部楼层的剪力墙边缘约束构件内侧混凝土出现开裂，损伤等级为 DS1，上部楼层保持完好，损伤等级为 DS0，但模型 $E1$ 在地震波 EQ1 的作用下全部楼层的损伤等级均为 DS0。在罕遇地震作用下，结构塑性进一步发展，绝大多数模型下部 1 层或 1～2 层出现剪力墙边缘约束构件内侧钢板屈服，损伤等级达到 DS2；模型 $A0$ 和模型 $E2$ 的顶部楼层仍保持完好，损伤等级为 DS0。

对比各模型的损伤等级可以发现，结构总楼层数增加，同一楼层的损伤程度整体上会增大，例如模型 $E1$ 和模型 $A0$ 中的 2 层及模型 $A0$ 和模型 $E2$ 中的 6 层。但是，模型 $E2$ 曲率分布规律的变化又会减缓 1 层曲率的发展速度，从而控制 1 层的损伤发展，这一影响体现在罕遇地震等级的地震波 EQ4 作用下，模型 $E2$ 1 层损伤等级为 DS1，而模型 $E1$ 和模型 $A0$ 的损伤等级则为 DS2。需要说明的一点是，虽然模型 $E2$ 在楼层的曲率分布上表现出中间楼层曲率增大的规律，但其在罕遇地震作用下的曲率尚未达到临界曲率 ϕ_2，因此在损伤等级的分布上未体现中间楼层损伤等级的增加，但

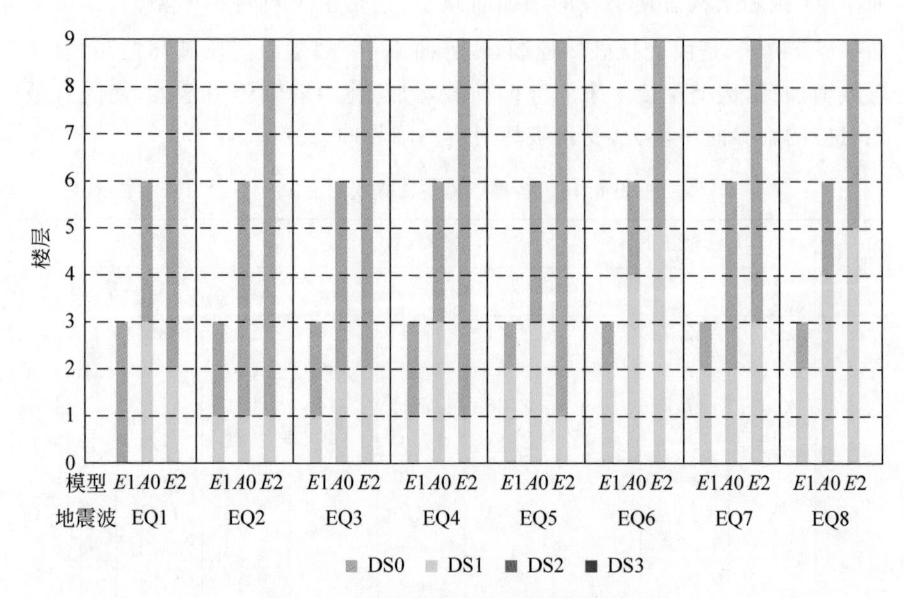

图 6.35 多遇地震作用下损伤等级分布

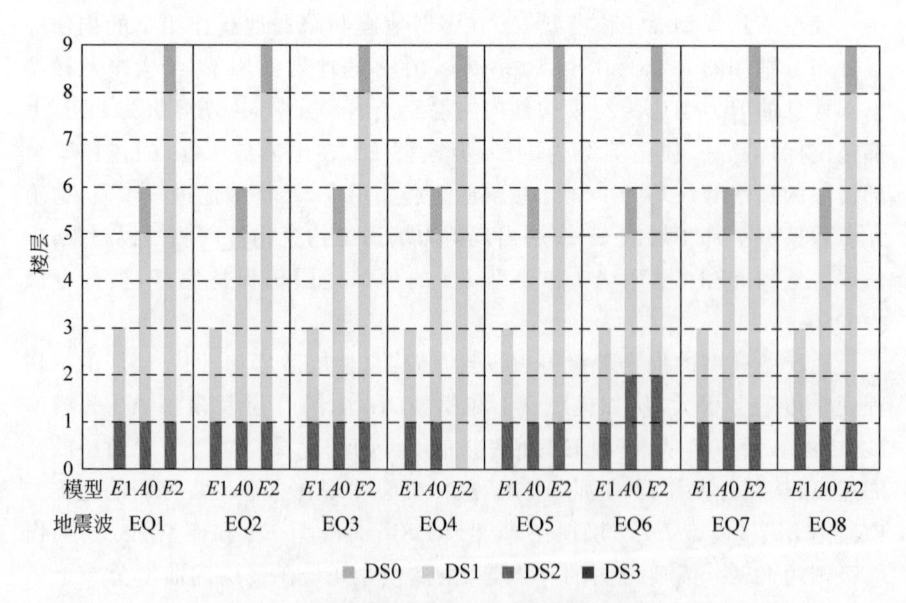

图 6.36 罕遇地震作用下损伤等级分布

随着楼层数进一步增加或剪力墙减弱，中间楼层的曲率势必早于其上下临近楼层达到损伤等级 DS2，这一规律在设计时不可忽略，需要对中间楼层进行适当加强。

综上所述，剪力墙的宽度、厚度、含钢率和楼层数对可分体系的抗震性能均有不同程度的影响，其影响机制较为复杂。增加剪力墙的宽度，一方面有利于减小楼层的曲率，另一方面也会降低用于判断损伤等级的临界曲率，而最终的损伤发展情况要看这两方面因素谁占主导作用。增加剪力墙的厚度，在一定程度上可以控制结构曲率发展，但当厚度继续增加，这一作用便不再明显；对于损伤等级而言，剪力墙厚度的增加有利于减缓结构在地震作用下的损伤发展，避免薄弱层过早出现。增加剪力墙的含钢率，一方面会增加结构抗侧刚度，减小楼层曲率，另一方面会放大地震响应。虽然在多遇地震作用下损伤发展情况与剪力墙含钢率无明显联系，但在罕遇地震作用下结构进入塑性，增加含钢率可以增大剪力墙截面强度，有利于控制结构底部的塑性发展。结构楼层数增加，整体上会增大同一楼层的损伤程度，但当楼层增大到一定程度时，结构侧向变形中高阶振型占比增大，一方面放大了中间楼层的曲率，另一方面有助于减小底部楼层的曲率，控制底层损伤发展。在进行可分体系的设计时，应充分考虑上述影响规律，结合建筑使用需求和施工要求，确定合理的设计方案，以最大限度减缓结构在地震作用下的损伤发展，达到最优抗震性能。

第7章　结论与展望

7.1　主要研究成果

本书根据装配式组合结构的发展需求提出了一种重力-侧力系统可分组合结构体系，对该体系的抗震性能展开研究，重点探讨了可分体系在地震作用下的受力特点、变形特征和破坏模式，开发了数值计算模型，并提出了适用于可分体系的损伤评估方法。

主要研究成果如下。

1. 提出了可分体系的布置方案并对其开展了试验研究

为提升装配式组合结构的标准化程度，通过梁端铰接实现了可分体系的竖向承重系统与水平抗侧力系统的分离，采用组合剪力墙组装成结构的抗侧力系统，采用铰接组合框架组装成结构的竖向承重系统。

根据可分体系的布置方案，设计并完成了3个大比例体系模型试验。按照最大层间位移角相同的原则设计了可分体系和传统体系的2层2跨3榀子结构，并分别对各榀的代表性框架进行竖向堆载和水平滞回加载试验以研究可分体系相比于传统体系的力学性能。根据试验结果对两种体系的抗震性能进行评价，发现可分体系的安全裕度比传统体系高10%左右。另外，在对试验结果的分析中发现，可分体系中节点的半刚性作用对结构在竖向楼面荷载及水平地震荷载作用下的承载力和刚度均有显著影响，在结构分析中不可忽略。

2. 开发和建立了可分体系的精细数值模型和高效数值模型

基于大型通用有限元计算程序 MSC. MARC 建立了针对可分体系的三维实体-壳混合单元精细有限元模型，提出了对于界面行为、节点连接、焊缝断裂、初始缺陷等关键问题的模拟方法，该模型可以较好地预测结构在竖向楼面荷载下的刚度和水平地震作用下的滞回行为。基于精细数值模型，进一步对可分体系中主要构件的受力特征和损伤发展情况进行了探讨，明确了在体系中的关键部位和薄弱部位。

基于组件法提出了适用于可分体系的半刚性节点理论模型，可考虑楼板的组合效应、螺栓剪切和滑移、开孔钢板受力、下翼缘接触等行为。利用大型通用有限元计算程序 MSC. MARC 的截面模型接口进行二次开发，实现了半刚性节点单元，并与组合结构传统纤维梁模型进行整合，形成了 COMPONA-FIBER 半刚性节点的扩展版程序。通过试验数据的验证，该高效数值模型可以较为准确地预测可分体系的滞回行为，并且可以大幅提高建模和计算效率，为可分体系的非线性分析提供了强有力的计算工具。

3. 采用开发的高效数值模型研究了可分体系的抗震机理

将开发的可分体系的高效数值模型应用于实际工程结构的弹塑性时程分析，并与传统体系和不考虑节点半刚性作用的可分体系的在地震波作用下的力学行为进行对比，研究了可分体系在地震作用下的受力机理和节点的半刚性作用对可分体系抗震性能的影响，重点对结构的位移响应、塑性铰发展、破坏模式、基底剪力分配、关键构件内力等进行了分析讨论，总结了可分体系在地震作用下的力学机制和损伤特征。在水平地震作用下，可分体系呈现典型的弯曲变形模式，体系中的剪力墙和柱受力机制类似于悬臂梁，梁受力很小且基本不随楼层变化，罕遇地震作用下的破坏主要集中在剪力墙。

4. 建立了可分体系的抗震损伤评估方法并探讨了关键参数的影响机制

针对可分体系在地震作用下的损伤特征，采用楼层曲率作为结构的损伤评估指标，基于组合剪力墙的截面分析方法确定了 3 个关键损伤临界状态，给出了损伤等级的判定方法，并对组合剪力墙损伤评估指标的影响进行了研究。根据提出的损伤评估方法，对可分体系开展抗震损伤评估，发现剪力墙的宽度、厚度、含钢率和楼层数对可分体系抗震性能和损伤行为均有不同程度的影响，其影响机制较为复杂。

7.2　有待研究的问题

本书提出了一种重力-侧力系统的可分组合结构体系，通过试验研究、数值模型和体系分析等方法对该结构体系抗震性能展开了系列研究，并提出了损伤评估方法。然而,可分体系的实际抗震行为十分复杂,在装配式建筑中的推广应用也对体系的优化改进提出了更高的要求,因此未来还需要从以下几方面开展进一步的研究工作。

(1) 半刚性节点滞回行为的试验研究。本书仅针对可分体系完成了体系层面的试验研究,研究结果表明可分体系中节点的半刚性作用显著,对体系抗震性能的影响不可忽视。虽然试验中在节点处布置了内力和变形的量测装置,但并未对节点的细部组件(如螺栓、连接板等)的行为进行详细观测,节点的构造参数(如螺栓直径、螺栓间距、腹板及节点连接板厚度等)也相对单一。因此,未来有待开展一批半刚性节点的滞回试验,改变节点的主要构造参数,观测细部组件的变形和破坏形态,对本书所提的半刚性节点理论模型的相关参数进行更精准的验证和标定。

(2) 补充完善本书所开发的可分体系的高效数值模型。本书所开发的半刚性节点单元仅针对试验设计中所采用的节点形式,经过第4章关于半刚性节点的文献调研可知,实际工程中所采用的半刚性节点形式多样,每类节点的刚度和承载力均有所不同。为了提高可分体系高效数值模型的适用性,应针对不同形式的半刚性节点开发数值模型,满足工程应用需求。另外,高效数值模型中采用分层壳单元模拟可分体系中的组合剪力墙,虽然相比壳-实体混合单元精细模型计算效率大幅提高,但无法考虑钢板局部屈曲断裂等问题,未来有待开发可考虑该效应的高效壳单元,提升对组合剪力墙的模拟精度。最后,为了提高本书所开发数值模型的易用性,需要完善模型的前处理程序,将半刚性节点的相关参数设置纳入前处理界面,便于用户使用。

(3) 深入研究可分体系抗震设计理论和方法。本书对可分体系在地震作用下的力学性能和损伤发展进行了深入研究,为了进一步推动可分体系在工程的实际应用,需要提出一套系统、可靠的可分体系抗震设计理论和方法,对可分体系的设计验算要求、抗震构造措施、设计计算流程等给出明确规定和建议。本书提出了适用于可分体系的高效计算模型和损伤评估方法,为抗震设计理论和方法的研究奠定了坚实基础。

(4) 采用其他布置方案的可分体系的抗震性能研究。本书基于装配式组合结构的发展需求提出重力-侧力系统可分组合结构体系的概念,并提出采用组合剪力墙组装成结构的水平抗侧力系统,采用铰接组合框架组装成结构的竖向承重系统,针对该结构方案开展了一系列研究。除上述方案之外,可分体系也可以采用其他布置方案。比如,采用斜撑组装成结构的水平抗侧力系统或者内部采用铰接框架结合抗侧力构件、外圈采用加强框架，未来有待开展其他布置方案的可分体系抗震性能的研究，关注其中抗侧力系统和重力框架的协同受力问题，并进行方案必选，根据应用场景确定性能最优的结构布置方案。

（5）采用消能减震构件的可分体系抗震性能研究。近年来，关于消能减震构件和结构体系的研究受到越来越多的关注。在地震作用下通过消能减震构件来吸收或耗散地震输入的能量，可以减小整体结构的地震响应并降低主要构件的损伤程度。未来有待在可分体系中引入消能减震构件（如屈曲约束支撑和阻尼器等），研究带消能减震构件的可分体系的抗震性能，关注各类消能减震构件对可分体系抗震性能的影响，从而提出体系优化建议。

参考文献

[1] 刘文超,曹万林,张克胜,等. 装配式轻钢框架-复合轻墙结构抗震性能试验研究[J]. 建筑结构学报,2020,41(10):20-29.

[2] 王健康. 装配式钢-混凝土组合梁的力学性能研究[D]. 贵阳:贵州大学,2019.

[3] 张爱林,张艳霞. 工业化装配式高层钢结构新体系关键问题研究和展望[J]. 北京建筑大学学报,2016,32(3):21-28.

[4] 国务院办公厅关于大力发展装配式建筑的指导意见[EB/OL].[2020-12-01].

[5] 住房和城乡建设部等部门关于推动智能建造与建筑工业化协同发展的指导意见[EB/OL].[2020-12-01].

[6] 住房和城乡建设部,国家发展改革委,教育部工业和信息化部,等. 关于印发绿色建筑创建行动方案的通知[EB/OL].[2020-12-01].

[7] 住房和城乡建设部,国家发展改革委,教育部工业和信息化部,等. 关于加快新型建筑工业化发展的若干意见[EB/OL].[2020-12-01].

[8] GOGGINS J M, BRODERICK B M, ELGHAZOULI A Y, et al. Experimental cyclic response of cold-formed hollow steel bracing members[J]. Engineering Structures, 2005, 27(7): 977-989.

[9] POURABDOLLAH O, FARAHBOD F, ROFOOEI F R. The seismic performance of K-braced cold-formed steel shear panels with improved connections[J]. Journal of Constructional Steel Research, 2017, 135: 56-68.

[10] 贾穗子,曹万林,任乐乐. 装配式轻钢框架-带暗支撑轻墙体组合结构抗震性能试验研究[J]. 建筑结构学报,2018,39(11):48-57.

[11] 胡书领,王伟. 基于摇摆核心提升分层装配式钢框架结构抗震性能的设计方法[J]. 建筑结构学报,2020,41(7):74-80.

[12] ANNAN C D, YOUSSEF M A, NAGGAR M H E. Seismic vulnerability assessment of modular steel buildings[J]. Journal of Earthquake Engineering, 2009, 13(8): 1065-1088.

[13] ANNAN C D, YOUSSEF M A, EL NAGGAR M H. Experimental evaluation of the seismic performance of modular steel-braced frames[J]. Engineering Structures, 2009, 31(7): 1435-1446.

[14] FENG S, LIU Z, ZHOU X, et al. Seismic performance of curved haunched connections in modularized prefabricated steel structures[J]. Journal of Constructional Steel Research, 2020, 172: 106188.

[15] NAKAKI S D, STANTON J F, SRITHARAN S. An overview of the PRESSS five-story precast test building[J]. PCI journal, 1999, 44(2): 26-39.

[16] PRIESTLEY M J N, SRITHARAN S, CONLEY J R, et al. Preliminary results and conclusions from the PRESSS five-story precast concrete test building[J]. PCI Journal, 1999, 44(6): 42-67.

[17] SRITHARAN S. Performance of four jointed precast frame systems under simulated seismic loading[C]//Proceedings of the Seventh National Conference on Earthquake Engineering, 2002.

[18] RAHMAN M A, SRITHARAN S. Performance-based seismic evaluation of two five-story precast concrete hybrid frame buildings[J]. Journal of Structural Engineering, 2007, 133(11): 1489-1500.

[19] TAGAWA Y, KATO B, AOKI H. Behavior of composite beams in steel frame under hysteretic loading[J]. Journal of Structural Engineering, 1989, 115(8): 2029-2045.

[20] LI T Q, MOORE D B, NETHERCOT D A, et al. The experimental behaviour of a full-scale, semi-rigidly connected composite frame: Overall considerations[J]. Journal of Constructional Steel Research, 1996, 39(3): 167-191.

[21] LI T Q, MOORE D B, NETHERCOT D A, et al. The experimental behaviour of a full-scale, semi-rigidly connected composite frame: Detailed appraisal [J]. Journal of Constructional Steel Research, 1996, 39(3): 193-220.

[22] LEON R T, HAJJAR J F, GUSTAFSON M A. Seismic response of composite moment-resisting connections. I: Performance [J]. Journal of Structural Engineering, 1998, 124(8): 868-876.

[23] HAJJAR J F, LEON R T, GUSTAFSON M A, et al. Seismic response of composite moment-resisting connections. II: Behavior[J]. Journal of Structural Engineering, 1998, 124(8): 877-885.

[24] 聂建国，陈戈. 钢-混凝土组合楼盖空间作用的试验研究[J]. 清华大学学报：自然科学版，2005(6): 749-752.

[25] 聂建国，陶慕轩，黄远，等. 钢-混凝土组合结构体系研究新进展[J]. 建筑结构学报，2010，31(6): 71-80.

[26] LANDOLFO R, FIORINO L, CORTE G D. Seismic behavior of sheathed cold-formed structures: Physical tests[J]. Journal of Structural Engineering, 2006, 132(4): 570-581.

[27] CORTE G D, FIORINO L, LANDOLFO R. Seismic behavior of sheathed cold-formed structures: Numerical study[J]. Journal of Structural Engineering, 2006, 132(4): 558-569.

[28] NAKASHIMA M, MATSUMIYA T, SUITA K, et al. Full-scale test of composite frame under large cyclic loading[J]. Journal of Structural Engineering,

2007,133(2): 297-304.

[29] ZHOU F, MOSALAM K M, NAKASHIMA M. Finite-element analysis of a composite frame under large lateral cyclic loading[J]. Journal of Structural Engineering,2007,133(7): 1018-1026.

[30] SHI G,YIN H,HU F. Experimental study on seismic behavior of full-scale fully prefabricated steel frame: Global response and composite action[J]. Engineering Structures,2018,169: 256-275.

[31] SHI G,YIN H,HU F,et al. Experimental study on seismic behavior of full-scale fully prefabricated steel frame: Members and joints[J]. Engineering Structures, 2018,169: 162-178.

[32] YIN H,SHI G. Finite element analysis on the seismic behavior of fully prefabricated steel frames[J]. Engineering Structures,2018,173: 28-51.

[33] ZHAO H, TAO M X, DING R. Experimental study on seismic behaviour of composite frames with wide floor slabs considering the effect of floor loads[J]. Engineering Structures,2020,220: 111024.

[34] 林东欣,宗周红. 两层钢管混凝土组合框架结构拟动力地震反应试验研究[J]. 福州大学学报: 自然科学版,2000(6): 72-76.

[35] 宗周红,林东欣. 两层钢管混凝土组合框架结构抗震性能试验研究[J]. 建筑结构学报,2002(2): 27-35.

[36] 黄远. 钢-混凝土组合框架的试验及分析模型研究[D]. 北京: 清华大学,2009.

[37] 赵均海,胡壹,张冬芳,等. 装配式复式钢管混凝土柱-钢梁框架抗震性能试验研究[J]. 建筑结构学报,2020,41(8): 88-96.

[38] TSAI K C, LAI J W, CHEN C H, et al. Pseudo dynamic tests of a full scale CFT/BRB composite frame[C/OL]//American Society of Civil Engineers,2004: 1-10. [2020-02-11].

[39] JIA M, LU D, GUO L, et al. Experimental research and cyclic behavior of buckling-restrained braced composite frame[J]. Journal of Constructional Steel Research,2014,95: 90-105.

[40] CASTIGLIONI C A, KANYILMAZ A, CALADO L. Experimental analysis of seismic resistant composite steel frames with dissipative devices[J]. Journal of constructional steel research,2012,76: 1-12.

[41] 许立言. 低屈服点钢剪切型阻尼器的力学性能及理论模型研究[D]. 北京: 清华大学,2017.

[42] 冯世强,杨勇,薛亦聪,等. 预应力自复位装配式混合框架结构抗震性能试验研究[J]. 建筑结构学报,2020: 1-12.

[43] 冯世强,杨勇,薛亦聪,等. 预制装配式混合框架屈曲约束狗骨式节点抗震性能试验研究[J]. 建筑结构学报,2020: 1-11.

[44] 冯世强,杨勇,薛亦聪,等. 自复位装配式钢-混凝土混合框架节点抗震性能试验

研究[J]. 建筑结构学报,2020: 1-11.

[45] DEMONCEAU J-F,JASPART J-P. Experimental test simulating a column loss in a composite frame[J]. Advanced Steel Construction,2010,6(3): 891-913.

[46] GUO L,GAO S,FU F,et al. Experimental study and numerical analysis of progressive collapse resistance of composite frames[J]. Journal of Constructional Steel Research,2013,89: 236-251.

[47] GUO L,GAO S,FU F. Structural performance of semi-rigid composite frame under column loss[J]. Engineering Structures,2015,95: 112-126.

[48] YANG B,TAN K H,XIONG G,et al. Experimental study about composite frames under an internal column-removal scenario[J]. Journal of Constructional Steel Research,2016,121: 341-351.

[49] PENG X,GU Q. Seismic behavior analysis for composite structures of steel frame-reinforced concrete infill wall[J]. The Structural Design of Tall and Special Buildings,2013,22(11): 831-846.

[50] TONG X,HAJJAR J F,SCHULTZ A E,et al. Cyclic behavior of steel frame structures with composite reinforced concrete infill walls and partially-restrained connections[J]. Journal of Constructional Steel Research,2005,61(4): 531-552.

[51] 方有珍. 半刚接钢框架(柱弱轴): 内填 RC 剪力墙结构的滞回性能[D]. 西安: 西安建筑科技大学,2006.

[52] 赵均海,胡壹,张冬芳. 装配式复式钢管混凝土框架: 梁端螺栓连接钢筋混凝土剪力墙抗震性能试验研究[J]. 建筑结构学报,2020: 1-12.

[53] GUO L,LI R,RONG Q,et al. Cyclic behavior of SPSW and CSPSW in composite frame[J]. Thin-Walled Structures,2012,51: 39-52.

[54] YU J,YU H,FENG X,et al. Behaviour of steel plate shear walls with different types of partially-encased H-section columns[J]. Journal of Constructional Steel Research,2020,170: 106123.

[55] 郝际平,孙晓岭,薛强,等. 绿色装配式钢结构建筑体系研究与应用[J]. 工程力学,2017,34(1): 1-13.

[56] 葛明兰,郝际平,于金光,等. 半刚性框架-屈曲约束钢板剪力墙结构振动台试验研究[J]. 建筑结构学报,2018,39(5): 10-17.

[57] 葛明兰,郝际平,房晨. 半刚性框架-屈曲约束钢板剪力墙结构弹塑性层剪力分布研究[J]. 建筑结构学报,2020,41(4): 32-41.

[58] ZHAO Q,ASTANEH-ASL A. Cyclic Behavior of traditional and innovative composite shear walls[J]. Journal of Structural Engineering,2004,130(2): 271-284.

[59] ZHANG X,QIN Y,CHEN Z. Experimental seismic behavior of innovative composite shear walls[J]. Journal of Constructional Steel Research,2016,116: 218-232.

[60] ZHANG X,QIN Y,CHEN Z,et al. Experimental behavior of innovative T-shaped composite shear walls under in-plane cyclic loading[J]. Journal of Constructional Steel Research,2016,120: 143-159.

[61] 曹晟. 钢管束组合墙—梁翼缘加强型节点抗震性能研究与分析[D]. 天津: 天津大学,2017.

[62] QIN Y,SHU G P,ZHANG H K,et al. Experimental cyclic behavior of connection to double-skin composite wall with truss connector[J]. Journal of Constructional Steel Research,2019,162: 105759.

[63] QIN Y, SHU G P, ZHOU G G, et al. Compressive behavior of double skin composite wall with different plate thicknesses[J]. Journal of Constructional Steel Research,2019,157: 297-313.

[64] 张会凯. 桁架式多腔体钢板组合剪力墙-H型钢梁节点抗震性能研究[D]. 南京: 东南大学,2019.

[65] AISC. Seismic provisions for structural steel buildings AISC 341-16[M]. Chicago: American Institute of Steel Construction,2016.

[66] FLORES F X,CHARNEY F A,LOPEZ-GARCIA D. Influence of the gravity framing system on the collapse performance of special steel moment frames[J]. Journal of Constructional Steel Research,2014,101: 351-362.

[67] ELKADY A,LIGNOS D G. Effect of gravity framing on the overstrength and collapse capacity of steel frame buildings with perimeter special moment frames [J]. Earthquake Engineering & Structural Dynamics,2015,44(8): 1289-1307.

[68] MAIKOL DEL CARPIO R, MOSQUEDA G, LIGNOS D G. Experimental investigation of steel building gravity framing systems under strong earthquake shaking[J]. Soil Dynamics and Earthquake Engineering,2019,116: 230-241.

[69] MALAKOUTIAN M. Seismic response evaluation of the linked column frame system[D/OL]. Washington D. C.: University of Washington,2013.

[70] 张爱林,林海鹏,张艳霞,等. 重力-抗侧力可分钢框架体系受力性能分析[J]. 建筑钢结构进展,2020,22(3): 37-47.

[71] 陶慕轩. 钢-混凝土组合框架结构体系的楼板空间组合效应[D]. 北京: 清华大学,2012.

[72] WANG J-J,TAO M-X,FAN J-S,et al. Seismic behavior of steel plate reinforced concrete composite shear walls under tension-bending-shear combined cyclic load [J]. Journal of Structural Engineering,2018,144(7): 04018075.

[73] NIE X, WANG J J, TAO M X, et al. Experimental study of flexural critical reinforced concrete filled composite plate shear walls[J]. Engineering Structures, 2019,197: 109439.

[74] 中华人民共和国住房和城乡建设部. 建筑结构荷载规范: GB 50009—2012[S]. 北京: 中国建筑工业出版社,2012.

[75] 中华人民共和国住房和城乡建设部.建筑抗震设计规范：GB 50011—2010[S].北京：中国建筑工业出版社,2010.
[76] 中华人民共和国住房和城乡建设部.钢结构设计标准：GB 50017—2017[S].北京：中国建筑工业出版社,2017.
[77] 中华人民共和国住房和城乡建设部.组合结构设计规范：GB JGJ 138—2016[S].北京：中国建筑工业出版社,2016.
[78] 卜凡民.双钢板-混凝土组合剪力墙受力性能研究[D].北京：清华大学,2011.
[79] 中华人民共和国住房和城乡建设部.钢板剪力墙技术规程：JGJT 380—2015[S].北京：中国建筑工业出版社,2015.
[80] NIE J G,HUANG Y,YI W J,et al. Seismic behavior of CFRSTC composite frames considering slab effects[J]. Journal of Constructional Steel Research,2012,68(1)：165-175.
[81] NIE J,QIN K,CAI C S. Seismic behavior of connections composed of CFSSTCs and steel-concrete composite beams：Experimental study[J]. Journal of Constructional Steel Research,2008,64(10)：1178-1191.
[82] 中国钢铁工业协会.钢及钢产品力学性能试验取样位置及试样制备：GB/T 2975—2018[S].北京：中国标准出版社,2018.
[83] 中国钢铁工业协会.金属材料拉伸试验：GB/T 228—2002[S].北京：中国标准出版社,2002.
[84] 中国机械工业联合会.钢结构用高强度大六角头螺栓、大六角螺母、垫圈技术条件：GB/T 1231—2006[S].北京：中国标准出版社,1991.
[85] 中国机械工业联合会.电弧螺柱焊用圆柱头焊钉：GB/T 10433—2002[S].北京：中国标准出版社,2002.
[86] 中华人民共和国住房和城乡建设部.建筑抗震试验规程：JGJ 101—2015[S].北京：中国建筑工业出版社,2015.
[87] 陶慕轩,聂建国.材料单轴滞回准则对组合构件非线性分析的影响[J].建筑结构学报,2014,35(3)：24-32.
[88] SRIKANTH B,RAMESH V. Comparative study of seismic response for seismic coefficient and response spectrum methods[J]. International Journal of engineering research & applications,2013,3(5)：1919-1924.
[89] PATIL M N,SONAWANE Y N. Seismic analysis of multistoried building[J]. International Journal of Engineering and Innovative Technology,2015,2(2).
[90] CHOPRA A K,GOEL R K. A modal pushover analysis procedure for estimating seismic demands for buildings[J]. Earthquake Engineering & Structural Dynamics,2002,31(3)：561-582.
[91] CHOPRA A K,GOEL R K. A modal pushover analysis procedure to estimate seismic demands for unsymmetric-plan buildings[J]. Earthquake Engineering & Structural Dynamics,2004,33(8)：903-927.

[92] KILAR V,FAJFAR P. Simple push-over analysis of asymmetric buildings[J]. Earthquake Engineering & Structural Dynamics,1997,26(2):233-249.

[93] GUPTA B,KUNNATH S K. Adaptive spectra-based pushover procedure for seismic evaluation of structures[J]. Earthquake Spectra,2000,16(2):367-391.

[94] KRAWINKLER H,SENEVIRATNA G D P K. Pros and cons of a pushover analysis of seismic performance evaluation[J]. Engineering Structures,1998,20(4):452-464.

[95] COUNCIL A T. Seismic evaluation and retrofit of concrete buildings:ACT-40 [S]. Redwood City:Applied Technology Council,1996.

[96] FAJFAR P,DOLSEK M. IN2-a simple alternative for IDA[C]//Proceedings of the 13th World conference on Earthquake Engineering. 2004.

[97] CONSTRUCAO A P D. Design of structures for earthquake resistance. Part 1: General rules, seismic actions and rules for buildings [M]. Brussels: British Standards Institution,1998.

[98] GÃ F. Seismic performances and behaviour factor of wide-beam and deep-beam RC frames[J]. Engineering Structures,2016(125):107-123.

[99] 王国周,瞿履谦. 钢结构:原理与设计[M]. 北京:清华大学出版社,1993.

[100] RÜSCH H. Researches toward a general flexural theory for structural concrete [J]. Journal of the American Concrete Institute,1960,57(1):1-28.

[101] 陶慕轩,聂建国. 预应力钢-混凝土连续组合梁的非线性有限元分析[J]. 土木工程学报,2011,44(2):8-14,16-20.

[102] BAŽANT Z P,OH B H. Crack band theory for fracture of concrete[J]. Matériaux et construction,1983,16(3):155-177.

[103] COMITÉ EURO-INTERNATIONAL DU BÉTON-FÉDÉRATION INTERNATIONAL DE LA PRÉCONTRAINTE (CEB-FIP). CEB-FIP model code 2010, design code[M]. London: Thomas Telford,2010.

[104] 中华人民共和国住房和城乡建设部. 混凝土结构设计规范:GB 50010—2010 [S]. 北京:中国建筑工业出版社,2010.

[105] 中华人民共和国住房和城乡建设部. 钢结构焊接规范:GB 50661—2011[S]. 北京:中国建筑工业出版社,2011.

[106] 黄楠. 高强度螺栓连接抗剪非线性简化模型[D]. 合肥:合肥工业大学,2019.

[107] OLLGAARD J G,SLUTTER R G,FISHER J W. Shear strength of stud connectors in lightweight and normal-weight concrete[J]. AISC Engineering Journal,1971,8(2):55-64.

[108] 黄羽立,陆新征,叶列平,等. 基于多点位移控制的推覆分析算法[J]. 工程力学,2011,28(2):18-23.

[109] 陆新征,缪志伟,江见鲸,等. 静力和动力荷载作用下混凝土高层结构的倒塌模拟[J]. 山西地震,2006(2):7-11,18.

[110] 汪训流. 配置高强钢绞线无黏结筋混凝土柱复位性能的研究[D]. 北京：清华大学,2007.

[111] 周新炜,李志山,李云贵. 基于 ABAQUS 纤维梁元的混凝土单轴滞回本构模型的开发与应用[C]//第十四届全国工程设计计算机应用学术会议论文集,2008：9.

[112] EUROPEAN COMMITTEE for STANDARDIZATION. Eurocode 3：Design of steel structures—Part 1-8：Design of joints[M]. S. L.：British Standards Institution,2005.

[113] 陈惠发. 钢框架稳定设计[S]. 周绥平,译. 上海：世界图书出版公司,1999.

[114] EUROPEAN COMMITTEE for STANDARDIZATION. Eurocode 4：Design of composite steel and concrete structures—Part 1. 1：General rules and rules for buildings[S]. S. L.：British Standards Institution,2005.

[115] 施刚. 钢框架半刚性端板连接的静力和抗震性能研究[D]. 北京：清华大学,2005.

[116] 张一舟. 半刚性多层钢框架受力性能和设计方法研究[D]. 北京：清华大学,2006.

[117] 严杰. 循环荷载下半刚性梁柱节点组件法模型研究[D]. 武汉：华中科技大学,2018.

[118] WILLARD A C,WILSON W M,MOORE H F,et al. Tests to determine the rigidity of riveted joints of steel structures[M]. University of Illinois,1917.

[119] COMMITTEE S S R,OTHERS. First report,department of scientific and industrial research[R]. HMSO,London,1931.

[120] BATHO C,ROWAN H C. Investigations on beam and stanchion connecitons [J]. Second Report of the Steel Structures Research Committee London,1934.

[121] COMMITTEE S S R,OTHERS. Final report,department of scientific and industrial research[R]. HMSO,London,1934.

[122] YOUNG C R,JACKSON K. The relative rigidity of welded and riveted connections[J]. Canadian Journal of Research,1934,11(1)：62-100.

[123] RATHBUN J C. Elastic properties of riveted connections[J]. American Society of Civil Engineers Transactions,1936.

[124] BENDIXSEN A. Die methode der Alpha-Gleichungen zur berechnung von rahmenkonstruktionen[M]. Berlin：Springer,1914.

[125] CROSS H. Analysis of continuous frames by distributing fixed-end moments [J]. American Society of Civil Engineers Transactions,1932.

[126] JOHNSTON B. Analysis of building frames with semi-rigid connections[J]. Transactions,ASCE,1942,107.

[127] STEWART R W. Analysis of frames with elastic joints[J]. Transactions of the American Society of Civil Engineers,1947,114(1)：17-24.

[128] SOUROCHNIKOFF B. Wind stresses in semi-rigid connections of steel framework[J]. Transactions of the American Society of Civil Engineers, 1950, 115(1): 382-393.

[129] MONFORTON G R, WU T S. Matrix analysis of semi-rigidly connected frames [J]. Journal of the Structural Division, 1963, 89(6): 13-42.

[130] LIVESLEY R. Matrix methods of structural analysis[M]. 1st ed. Oxford: Pergamon Press, 1964.

[131] GERE J M, WEAVER W. Analysis of framed structures[M]. New York: Van Nostrand Reinhold, 1965.

[132] LI T Q, CHOO B S, NETHERCOT D A. Connection element method for the analysis of semi-rigid frames [J]. Journal of Constructional Steel Research, 1995, 32(2): 143-171.

[133] LIONBERGER S R, WEAVER JR W. Dynamic response of frames with nonrigid connections[J]. Journal of the Engineering Mechanics Division, 1969, 95(1): 95-114.

[134] SUKO M, ADAMS P F. Dynamic analysis of multibay multistory frames[J]. Journal of the Structural Division, 1971, 97(10): 2519-2533.

[135] EUROPEAN CONVENTION for CONSTRUCTIONAL STEELWORK. European recommendations for steel construction[M]. [S. L. : s. n.], 1978.

[136] MONCARZ P D, GERSTLE K H. Steel frames with nonlinear connections[J]. Journal of the Structural Division, 1981, 107(8): 1427-1441.

[137] COMMISSION OF THE EUROPEAN COMMUNITIES. Eurocode 3: Common unified rules for steel structures[M]. Directorate General for Internal Market and Industrial Affairs, 1984.

[138] JONES S W, KIRBY P, NETHERCORT D. The analysis of frames with semi-rigid connections: a state-of-the-art report[J]. Journal of Constructional Steel Research, 1983, 3(2): 2-13.

[139] NETHERCOT D. The behaviour of steel frame structures allowing for semi-rigid joint action [J]. Steel structures. Recent research advances and their application to design. Elsevier Applied Science Publishers, 1986: 135-52.

[140] LUI E, CHEN W. Steel frame analysis with flexible joints [J]. Journal of Constructional Steel Research, 1987, 8: 161-202.

[141] GOTO Y, CHEN W F. On the computer-based design analysis for the flexibly jointed frames[J]. Journal of Constructional Steel Research, 1987, 8: 203-231.

[142] ECCS-CECM-EKS. TC-10 Structural connections[EB/OL]. [2021-02-13].

[143] EUROPEAN COMMITTEE for STANDARDIZATION. Eurocode 3: Annex J: Joints in building frames[M]. Brusseles: British Standards Institution, 1998.

[144] AMERICAN INSTITUTE of STEEL CONSTRUCTION. Specification for

structural steel buildings[S]. Chicago: American Institute of Steel Construction, 2005.

[145] AMERICAN INSTITUTE of STEEL CONSTRUCTION. Manual of steel construction: load and resistance factor design (LRFD). I, structural members, specifications & codes[S]. Chicago: American Institute of Steel Construction, 2001.

[146] AMERICAN INSTITUTE of STEEL CONSTRUCTION. Steel construction manual[S]. Chicago: American Institute of Steel Construction, 2005.

[147] JASPART J P. Extending of the merchant-rankine formula for the assessment of the ultimate load of frames with semi-rigid joints [J]. Journal of Constructional Steel Research, 1988, 11(4): 283-312.

[148] JASPART J P, MAQUOI R. Guidelines for the design of braced frames with semi-rigid connections[J]. Journal of Constructional Steel Research, 1990, 16 (4): 319-328.

[149] WEYNAND K, JASPART J P, STEENHUIS M. Economy studies of steel building frames with semirigid joints [J]. Journal of Constructional Steel Research, 1998, 46: 85-85.

[150] CHEN W F. Practical analysis for semi-rigid frame design[M]. Singapore: World Scientific, 2000.

[151] BRAHAM M, JASPART J P. Is it safe to design a building structure with simple joints, when they are known to exhibit a semi-rigid behaviour? [J]. Journal of Constructional Steel Research, 2004, 60(3-5): 713-723.

[152] ASHRAF M, NETHERCOT D, AHMED B. Sway of semi-rigid steel frames: Part 1: Regular frames[J]. Engineering Structures, 2004, 26(12): 1809-1819.

[153] ASHRAF M, NETHERCOT D A, AHMED B. Sway of semi-rigid steel frames, part 2: Irregular frames[J]. Engineering Structures, 2007, 29(8): 1854-1863.

[154] CABRERO J, BAYO E. Development of practical design methods for steel structures with semi-rigid connections[J]. Engineering Structures, 2005, 27(8): 1125-1137.

[155] BAYO E, CABRERO J, GIL B. An effective component-based method to model semi-rigid connections for the global analysis of steel and composite structures [J]. Engineering Structures, 2006, 28(1): 97-108.

[156] VELLASCO P D S, DE ANDRADE S, DA SILVA J, et al. A parametric analysis of steel and composite portal frames with semi-rigid connections[J]. Engineering Structures, 2006, 28(4): 543-556.

[157] YANG J, LEE G. Analytical model for the preliminary design of a single-storey multi-bay steel frame under horizontal and vertical loads [J]. Journal of

Constructional Steel Research,2007,63(8): 1091-1101.
[158] FAELLA C,MARTINELLI E,NIGRO E. Analysis of steel-concrete composite PR-frames in partial shear interaction: A numerical model and some applications [J]. Engineering Structures,2008,30(4): 1178-1186.
[159] DA SILVA J, DE LIMA L, VELLASCO P DA S, et al. Nonlinear dynamic analysis of steel portal frames with semi-rigid connections [J]. Engineering Structures,2008,30(9): 2566-2579.
[160] DANIÜNAS A,URBONAS K. Analysis of the steel frames with the semi-rigid beam-to-beam and beam-to-column knee joints under bending and axial forces [J]. Engineering Structures,2008,30(11): 3114-3118.
[161] SEKULOVIC M, NEFOVSKA-DANILOVIC M. Contribution to transient analysis of inelastic steel frames with semi-rigid connections[J]. Engineering Structures,2008,30(4): 976-989.
[162] ALI N B H, SELLAMI M, CUTTING-DECELLE A-F, et al. Multi-stage production cost optimization of semi-rigid steel frames using genetic algorithms [J]. Engineering Structures,2009,31(11): 2766-2778.
[163] IHADDOUDÈNE A,SAIDANI M,CHEMROUK M. Mechanical model for the analysis of steel frames with semi rigid joints[J]. Journal of Constructional Steel Research,2009,65(3): 631-640.
[164] MEHRABIAN A,ALI T,HALDAR A. Nonlinear analysis of a steel frame[J]. Nonlinear Analysis: Theory,Methods & Applications,2009,71(12): 616-623.
[165] ARISTIZABAL-OCHOA J D. Second-order slope-deflection equations for imperfect beam-column structures with semi-rigid connections[J]. Engineering Structures,2010,32(8): 2440-2454.
[166] STYLIANIDIS P M, NETHERCOT D A. Modelling of connection behaviour for progressive collapse analysis[J]. Journal of Constructional Steel Research, 2015,113: 169-184.
[167] YANG B,TAN K H,XIONG G. Behaviour of composite beam-column joints under a middle-column-removal scenario: Component-based modelling [J]. Journal of Constructional Steel Research,2015,104: 137-154.
[168] LIU C, TAN K H, FUNG T C. Component-based steel beam-column connections modelling for dynamic progressive collapse analysis[J]. Journal of Constructional Steel Research,2015,107: 24-36.
[169] DÍAZ C, MARTÍ P, VICTORIA M, et al. Review on the modelling of joint behaviour in steel frames[J]. Journal of Constructional steel Research,2011,67 (5): 741-758.
[170] GOVERDHAN A V. A collection of experimental moment-rotation curves and evaluation of prediction equations for semi-rigid connections [D]. Nashville:

Vanderbilt University,1983.

[171] NETHERCOT D A. Steel beam-to-column connections-A review of test data and its applicability to the evaluation of joint behavior in the performance of steel frames[J]. CIRI A,1985: 23.

[172] NETHERCOT D A. Utilization of experimentally obtained connection data in assessing the performance of steel frames[C]//Connection flexibility and steel frames. ASCE,1985: 13-37.

[173] JONES S,KIRBY P,NETHERCOT D. Effect of semi-rigid connections on steel column strength[J]. Journal of Constructional Steel Research, 1980, 1(1): 38-46.

[174] KISHI N, CHEN W-F. On steel connection data bank at Purdue University [C]//Materials and Member Behavior. ASCE,1987: 89-106.

[175] CHEN W F,KISHI N. Semirigid steel beam-to-column connections: Data base and modeling[J]. Journal of Structural Engineering,1989,115(1): 105-119.

[176] ABDALLA K M, CHEN W-F. Expanded database of semi-rigid steel connections[J]. Computers & Structures,1995,56(4): 553-564.

[177] WEYNAND K,HUTER M,KIRBY P,et al. SERICON-Databank on Joints in Building Frames[C]//Proceedings of the 1st COST C1 Workshop. ASCE, 1992.

[178] CRUZ P J,DA SILVA L S,RODRIGUES D S,et al. Database for the semi-rigid behaviour of beam-to-column connections in seismic regions[J]. Journal of Constructional Steel Research,1998,1(46): 233-234.

[179] FRYE M J, MORRIS G A. Analysis of flexibly connected steel frames[J]. Canadian Journal of Civil Engineering,1975,2(3): 280-291.

[180] KRISHNAMURTHY N. Analytical investigation of bolted stiffened tee stubs [M]//Report No. CE-MBMA-1902. Department of Civil Engineering, Vanderbilt University Nashville,Tennessee,USA,1978.

[181] KRISHNAMURTHY N. A fresh look at bolted end-plate behavior and design [J]. Engineering Journal,1978,15(2).

[182] KUKRETI A,MURRAY T,ABOLMAALI A. End-plate connection moment-rotation relationship[J]. Journal of Constructional Steel Research,1987,8: 137-157.

[183] ATTIOGBE E, MORRIS G. Moment-rotation functions for steel connections [J]. Journal of Structural Engineering,1991,117(6): 1703-1718.

[184] FAELLA C,PILUSO V,RIZZANO G. A new method to design extended end plate connections and semirigid braced frames[J]. Journal of Constructional Steel Research,1997,41(1): 61-91.

[185] KISHI N,CHEN W,MATSUOKA K,et al. Moment-rotation relation of top-

and seat-angle with double web-angle connections [M]. School of Civil Engineering, Purdue University, 1987.

[186] CHEN W, KISHI N, MATSUOKA K, et al. Moment-rotation relation of single double web angle connections. Connections in steel structures: Behaviour, strength and design[M]. London: Elsevier, 1988.

[187] KISHI N, CHEN W F. Moment-rotation relations of semirigid connections with angles[J]. Journal of Structural Engineering, 1990, 116(7): 1813-1834.

[188] YEE Y L, MELCHERS R E. Moment-rotation curves for bolted connections [J]. Journal of Structural Engineering, 1986, 112(3): 615-635.

[189] WALES M W, ROSSOW E C. Coupled moment-axial force behavior in bolted joints[J]. Journal of Structural Engineering, 1983, 109(5): 1250-1266.

[190] KENNEDY D L, HAFEZ M A. A study of end plate connections for steel beams[J]. Canadian Journal of Civil Engineering, 1984, 11(2): 139-149.

[191] CHMIELOWIEC M. Moment rotation curves for partially restrained steel connections[Z/OL]. [2024-01-05].

[192] PUCINOTTI R. Top-and-seat and web angle connections: Prediction via mechanical model[J]. Journal of Constructional Steel Research, 2001, 57(6): 663-696.

[193] DA SILVA L S, COELHO A G. An analytical evaluation of the response of steel joints under bending and axial force[J]. Computers & Structures, 2001, 79(8): 873-881.

[194] CABRERO J, BAYO E. The semi-rigid behaviour of three-dimensional steel beam-to-column joints subjected to proportional loading. Part I. Experimental evaluation[J]. Journal of Constructional Steel Research, 2007, 63(9): 1241-1253.

[195] CABRERO J, BAYO E. The semi-rigid behaviour of three-dimensional steel beam-to-column steel joints subjected to proportional loading. Part II: Theoretical model and validation[J]. Journal of Constructional Steel Research, 2007, 63(9): 1254-1267.

[196] LEMONIS M E, GANTES C J. Mechanical modeling of the nonlinear response of beam-to-column joints[J]. Journal of Constructional Steel Research, 2009, 65(4): 879-890.

[197] DA SILVA L S, SANTIAGO A, REAL P V. A component model for the behaviour of steel joints at elevated temperatures[J]. Journal of Constructional Steel Research, 2001, 57(11): 1169-1195.

[198] ABOLMAALI A, MATTHYS J H, FAROOQI M, et al. Development of moment-rotation model equations for flush end-plate connections[J]. Journal of Constructional Steel Research, 2005, 61(12): 1595-1612.

[199] AL-JABRI K, SEIBI A, KARRECH A. Modelling of unstiffened flush end-plate bolted connections in fire[J]. Journal of Constructional Steel Research, 2006, 62

(1-2): 151-159.

[200] BOSE S, MCNEICE G, SHERBOURNE A. Column webs in steel beam-to-column connexions part I: Formulation and verification[J]. Computers & Structures, 1972, 2(1-2): 253-279.

[201] KRISHNAMURTHY N, GRADDY D E. Correlation between 2-and 3-dimensional finite element analysis of steel bolted end-plate connections[J]. Computers & Structures, 1976, 6(4-5): 381-389.

[202] BURSI O S, JASPART J-P. Benchmarks for finite element modelling of bolted steel connections[J]. Journal of Constructional Steel Research, 1997, 43(1-3): 17-42.

[203] BURSI O S, JASPART J-P. Calibration of a finite element model for isolated bolted end-plate steel connections[J]. Journal of Constructional Steel Research, 1997, 44(3): 225-262.

[204] BURSI O S, JASPART J P. Basic issues in the finite element simulation of extended end plate connections[J]. Computers & structures, 1998, 69(3): 361-382.

[205] BAHAARI M R, SHERBOURNE A N. Behavior of eight-bolt large capacity endplate connections[J]. Computers & Structures, 2000, 77(3): 315-325.

[206] SWANSON J A, KOKAN D S, LEON R T. Advanced finite element modeling of bolted T-stub connection components[J]. Journal of Constructional Steel Research, 2002, 58(5-8): 1015-1031.

[207] JU S H, FAN C Y, WU G H. Three-dimensional finite elements of steel bolted connections[J]. Engineering Structures, 2004, 26(3): 403-413.

[208] XIAO R, PERNETTI F. Numerical analysis of steel and composite steel and concrete connections[J]. Eurosteel, 2005.

[209] PIRMOZ A, DARYAN A S, MAZAHERI A, et al. Behavior of bolted angle connections subjected to combined shear force and moment[J]. Journal of Constructional Steel Research, 2008, 64(4): 436-446.

[210] DÍAZ C, VICTORIA M, MARTÍ P, et al. FE model of beam-to-column extended end-plate joints[J]. Journal of Constructional Steel Research, 2011, 67(10): 1578-1590.

[211] DÍAZ C, VICTORIA M, QUERIN O M, et al. FE model of three-dimensional steel beam-to-column bolted extended end-plate joint[J]. International Journal of Steel Structures, 2018, 18(3): 843-867.

[212] JADID M N, FAIRBAIRN D R. Neural-network applications in predicting moment-curvature parameters from experimental data[J]. Engineering Applications of Artificial Intelligence, 1996, 9(3): 309-319.

[213] ANDERSON D, HINES E L, ARTHUR S J, et al. Application of artificial neural networks to the prediction of minor axis steel connections[J]. Computers

& Structures,1997,63(4): 685-692.

[214] DANG X,TAN Y. An inner product-based dynamic neural network hysteresis model for piezoceramic actuators[J]. Sensors and Actuators A: Physical,2005,121(2): 535-542.

[215] DE LIMA L,VELLASCO P DA S,DE ANDRADE S,et al. Neural networks assessment of beam-to-column joints[J]. Journal of the Brazilian Society of Mechanical Sciences and Engineering,2005,27(3): 314-324.

[216] SALAJEGHEH E,GHOLIZADEH S,PIRMOZ A. Self-organizing parallel back propagation neural networks for predicting the moment-rotation behavior of bolted connections[J]. Asian Journal of Civil Engineering,2008,9(6): 625-640.

[217] CEVIK A. Genetic programming based formulation of rotation capacity of wide flange beams[J]. Journal of Constructional Steel Research, 2007, 63 (7): 884-893.

[218] KIM J H,GHABOUSSI J,ELNASHAI A S. Hysteretic mechanical-informational modeling of bolted steel frame connections[J]. Engineering Structures,2012,45: 1-11.

[219] SHARIATI M, TRUNG N T, WAKIL K, et al. Estimation of moment and rotation of steel rack connections using extreme learning machine[J]. Steel and Composite Structures,2019,31(5): 427-435.

[220] HOGNESTAD E,HANSON N W,MCHENRY D. Concrete stress distribution in ultimate strength design[J]. Journal Proceedings,1955,52(12): 455-480.

[221] ESMAEILY A, XIAO Y. Behavior of reinforced concrete columns under variable axial loads: Analysis[J]. ACI Structural Journal,2005,102(5): 736.

[222] TAO M X, NIE J G. Element mesh, section discretization and material hysteretic laws for fiber beam-column elements of composite structural members[J]. Materials and Structures,2015,48(8): 2521-2544.

[223] REX C O,EASTERLING W S. Behavior and modeling of a bolt bearing on a single plate[J]. Journal of Structural Engineering,2003,129(6): 792-800.

[224] YU H,BURGESS I,DAVISON J,et al. Tying capacity of web cleat connections in fire, Part 2: Development of component-based model[J]. Engineering Structures,2009,31(3): 697-708.

[225] YANG B, TAN K H. Component-based model of bolted-angle connections subjected to catenary action[C]//Proceedings of the 10th International Conference on Advances in Steel Concrete Composite and Hybrid Structures. Singapore,2012: 654-661.

[226] LU X,LU X,GUAN H,et al. Collapse simulation of reinforced concrete high-rise building induced by extreme earthquakes[J]. Earthquake Engineering & Structural Dynamics,2013,42(5): 705-723.

[227] 中华人民共和国住房和城乡建设部. 工程结构可靠性设计统一标准：GB 50153—2008[S]. 北京：中国建筑工业出版社,2010.

[228] 中华人民共和国住房和城乡建设部. 钢管混凝土结构技术规范：GB 50936—2014[S]. 北京：中国建筑工业出版社,2014.

[229] JI J, ELNASHAI A S, KUCHMA D A. Seismic fragility relationships of reinforced concrete high-rise buildings[J]. The Structural Design of Tall and Special Buildings,2009,18(3)：259-277.

[230] 中国工程建设标准化协会. 建筑结构抗倒塌设计标准：T/CECS 392—2021[S]. 北京：中国计划出版社,2014.

[231] YANG T Y,MOEHLE J P,BOZORGNIA Y,et al. Performance assessment of tall concrete core-wall building designed using two alternative approaches[J]. Earthquake Engineering & Structural Dynamics,2012,41(11)：1515-1531.

[232] ASCE. Seismic evaluation and retrofit of existing buildings (ASCE 41-13)[M]. Reston：ASCE,2013.

[233] BIRELY A C. Seismic performance of slender reinforced concrete structural walls[M]. Washington D. C.：University of Washington,2012.

[234] CAI J, BU G, YANG C, et al. Calculation methods for inter-story drifts of building structures [J]. Advances in Structural Engineering, 2014, 17 (5)：735-745.

[235] JI X,LIU D,MOLINA HUTT C. Seismic performance evaluation of a high-rise building with novel hybrid coupled walls[J]. Engineering Structures,2018,169：216-225.

[236] ALWAELI W, MWAFY A, PILAKOUTAS K, et al. A methodology for defining seismic scenario-structure-based limit state criteria for RC high-rise wall buildings using net drift [J]. Earthquake Engineering & Structural Dynamics,2017,46(8)：1325-1344.

[237] FEMA. Seismic performance assessment of buildings：Volume 1-Methodology (FEMA P-58-1) [M]. Washington D. C.：Federal Emergency Management Agency,2012.

[238] XIONG C,LU X Z,LIN X C. Damage assessment of shear wall components for RC frame-shear wall buildings using story curvature as engineering demand parameter[J]. Engineering Structures,2019,189：77-88.

[239] 韩林海. 钢管混凝土结构：理论与实践[M]. 北京：科学出版社,2007.

[240] 陈肇元,朱金铨,吴佩刚. 高强混凝土及其应用[M]. 北京：清华大学出版社,1992.

[241] FEMA. Multi-Hazard loss estimation methodology-earthquake model technical manual (HAZUS-MH 2. 1)[M]. Washington,D. C.：Federal Emergency Management Agency,2012.

[242] 曲哲,叶列平,潘鹏. 建筑结构弹塑性时程分析中地震动记录选取方法的比较研究[J]. 土木工程学报,2011,44(7)：10-21.

致　谢

衷心感谢导师聂建国教授对本人的精心指导。5 年来，导师提供了优越的学习和科研环境，创造了广阔的平台，他一丝不苟的科研精神、对组合结构事业的执着和热爱深深感染了我，他的言传身教将使我终身受益。

衷心感谢樊健生教授对本人的研究工作提出了许多宝贵的建议，并在学习、工作、生活等各方面给予我悉心指导和帮助，樊老师为人谦和、治学严谨，不断追求土木工程领域的创新发展，是我为人为学的楷模。

衷心感谢陶慕轩副教授对本书工作的具体指导，陶老师开发的 COMPONA-FIBER 平台为本书数值模型的开发提供了基础，对本课题提出了很多富有建设性的意见和全方位的支持，陶老师对科研工作的热爱和投入也给我树立了很好的榜样。

衷心感谢聂鑫老师、刘宇飞老师和丁然老师在我读博期间给予的指导和帮助。聂鑫老师在本书研究框架上提供了关键指导，刘宇飞老师在试验量测方案方面提供了重要支持，丁然老师在本书的思路和研究手段方面提供了悉心指导和帮助。感谢莫纳什大学 Yu Bai 教授在我访学期间提供的指导和照顾。

衷心感谢课题组刘晓刚、周萌、李一昕、许立言、陈洪兵、施正捷、潘文豪、刘诚、朱颖杰、汪家继、孙启力、李政圜、韩亮、郭宇韬、邱盛源、苟双科、王哲、朱尧于、王晓强、崔明哲、段林利、庄亮东、王琛、周勐、周琪亮、白浩浩、张子煜、李子昂、姜越鑫、顾奕伟、高劲洋、杨雨浓、段树坤、刘天澍、孔思宇、赵继之、魏晓晨、唐若洋、唐俊跃、李玥一、赵玉栋、陈宏拓、刘入瑞、肖靖林、刘泰、胡晓文、仇华华、张翀、宋凌寒、蒋骋昊、郑明、刘家豪、孙泳滔、周心怡、李易凡、黄达、孔隆昌、仲轩阳、王雨伦、甘释宇、齐玉、高启恩、郭保第等同学在学习、科研和生活中给予的帮助。

感谢清华大学土木工程系结构试验室金同乐、韩源彬、余莹、陈红礼、刘文涛等老师及闫闻、裴子童、刘江等工作人员对于本书试验工作的支持和帮助。

感谢父母对我学业和生活的支持、理解和帮助，感谢刘喆博士对我的支持和陪伴。

本课题承蒙国家自然科学基金重大项目课题、国家重点研发计划资助，特此致谢。

赵　鹤

2024 年 1 月

在学期间完成的相关学术成果

学 术 论 文

[1] ZHAO H，NIE X，ZHU D，et al. Mechanical properties of novel out-of-plane steel beam-concrete wall pinned joints with T-shaped steel connectors under monotonic tension load. Engineering Structures，2019，192：71-85.（SCI 收录，检索号：IF3NP，5 年影响因子 3.775）

[2] ZHAO H，TAO M X，DING R. Experimental study on seismic behaviour of composite frames with wide floor slabs considering the effect of floor loads. Engineering Structures，2020，220：111024.（SCI 收录，检索号：MP6NB，5 年影响因子 3.775）

[3] ZHAO H，TAO M X. Seismic behaviour of structural systems with separated gravity and lateral resisting systems. Journal of Constructional Steel Research，2020，174：106315.（SCI 收录，检索号：OD4OO，5 年影响因子 3.541）

[4] 赵鹤，陶慕轩，聂鑫，等. 竖向承重与水平抗侧相分离的组合结构体系在地震作用下的受力机理分析. 建筑结构学报(EI 源刊，已录用)

[5] ZHAO H，NIE X，ZHU D，et al. Pullout behavior of steel beam-concrete wall pinned joints with T-shaped connectors. The 20th Congress of International Association of Bridge and Structural Engineering Congress：the Evolving Metropolis（IABSE）. New York，US，2019.（国际会议，EI 收录，检索号：20194507636337）

[6] ZHAO H，TAO M X，NIE J G，et al. Experimental study and numerical study on the pullout behavior of a new type of steel beam-concrete wall joint. Proceedings of the 7th International Symposium on Innovation and Sustainability of Structures in Civil Engineering（ISISS 2018），Xi'an，China. 2018：220-222.（国际会议）

[7] ZHAO H，TAO M X，NIE X，et al. Case study on seismic behavior of an innovative structural system for prefabricated construction. The 17th World Conference on Earthquake Engineering（17WCEE）. Sendai，Japan，2020.（国际会议）

[8] WANG C，ZHAO H，XU L Y. Cyclic hardening and softening behavior of the low yield point steel：implementation and validation. The 9th International Conference

on Steel and Aluminium Structures (ICSAS19),Bradford,2019.(国际会议,ISTP收录,检索号: BO2QR)

专　　利

[1] 聂建国,赵鹤,杨悦. 一种单元板以及具有该单元板的侧墙. ZL 202020067040.9.(授权实用新型专利)

[2] 聂鑫,赵鹤,聂建国,等. 采用板端不出筋预制板的装配式钢-混凝土组合楼盖体系. ZL 201920030571.8.(授权实用新型专利)

[3] 聂建国,聂鑫,赵鹤,等. 装配式综合管廊及其预制板体连接结构. ZL 202020222756.1.(授权实用新型专利)

[4] 聂建国,李嘉,赵鹤,等. 一种预制空心桥墩与承台的连接结构. ZL 202022446414.8.(授权实用新型专利)